U0313790

人力资源和社会保障部职业能力建设司推荐
冶金行业职业教育培训规划教材

电解铝生产工艺与设备

王　捷　编
史学红　主审

北　京
冶金工业出版社
2024

内 容 提 要

本书为行业职业技能培训教材，是根据企业的生产实际和岗位群的技能要求编写的，并经人力资源和社会保障部职业培训教材工作委员会办公室组织专家评审通过。

全书共分20章，分别介绍了电解铝生产的原理、工艺流程、技术指标和常见故障的预防与处理等内容。在内容的组织安排上，力求少而精，通俗易懂，理论联系实际，切合生产的实际需要，突出行业的特点。为便于读者自学，加深理解和学用结合，各章均配有复习思考题。

本书可作为电解铝生产企业岗位操作人员的培训教材，也可作为职业技术院校相关专业的教材或工程技术人员的参考书。

图书在版编目(CIP)数据

电解铝生产工艺与设备/王捷编 . —北京：冶金工业出版社，2006.9
(2024.7重印)
冶金行业职业教育培训规划教材
ISBN 978-7-5024-4002-2

Ⅰ. 电… Ⅱ. 王… Ⅲ. 炼铝—电解冶金—技术培训—教材 Ⅳ. TF821

中国版本图书馆 CIP 数据核字(2006)第 070732 号

电解铝生产工艺与设备

出版发行	冶金工业出版社	电 话	(010)64027926
地 址	北京市东城区嵩祝院北巷 39 号	邮 编	100009
网 址	www. mip1953. com	电子信箱	service@ mip1953. com

责任编辑 高 娜 美术编辑 彭子赫 版式设计 孙跃红
责任校对 白 迅 责任印制 禹 蕊
北京虎彩文化传播有限公司印刷
2006 年 9 月第 1 版，2024 年 7 月第 11 次印刷
787mm×1092mm 1/16；13 印张；400 千字；188 页
定价 35.00 元

投稿电话 (010)64027932 投稿信箱 tougao@ cnmip. com. cn
营销中心电话 (010)64044283
冶金工业出版社天猫旗舰店 yjgycbs. tmall. com
(本书如有印装质量问题，本社营销中心负责退换)

冶金行业职业教育培训规划教材
编辑委员会

山东钢铁集团有限公司山钢日照公司 王乃刚　　武汉钢铁股份有限公司人力资源部 谌建辉

山东工业职业学院 吕　铭　　西安建筑科技大学 李小明

山东石横特钢集团公司 张小鸥　　西安科技大学 姬长发

陕西钢铁集团有限公司 王永红　　西林钢铁集团有限公司 夏宏刚

山西工程职业技术学院 张长青　　西宁特殊钢集团有限责任公司 彭加霖

山西建邦钢铁有限公司 赵永强　　新兴铸管股份有限公司 帅振珠

首钢迁安钢铁公司 张云山　　新余钢铁有限责任公司 姚忠发

首钢总公司 叶春林　　邢台钢铁有限责任公司 陈相云

太原钢铁（集团）有限公司 张敏芳　　盐城市联鑫钢铁有限公司 刘　燊

太原科技大学 李玉贵　　冶金工业教育资源开发中心 张　鹏

唐钢大学 武朝锁　　有色金属工业人才中心 宋　凯

唐山国丰钢铁有限公司 李宏震　　中国中钢集团 李荣训

天津冶金职业技术学院 孔维军　　中信泰富特钢集团 王京冉

武钢鄂城钢铁有限公司 黄波　　中职协冶金分会 李忠明

秘书组　冶金工业出版社

高职教材编辑中心（010－64027913，64015782，13811304205，dutt@ mip1953.com）

序

吴溪淳

改革开放以来，我国经济和社会发展取得了辉煌成就，冶金工业实现了持续、快速、健康发展，钢产量已连续数年位居世界首位。这其间凝结着冶金行业广大职工的智慧和心血，包含着千千万万产业工人的汗水和辛劳。实践证明，人才是兴国之本、富民之基和发展之源，是科技创新、经济发展和社会进步的探索者、实践者和推动者。冶金行业中的高技能人才是推动技术创新、实现科技成果转化不可缺少的重要力量，其数量能否迅速增长、素质能否不断提高，关系到冶金行业核心竞争力的强弱。同时，冶金行业作为国家基础产业，拥有数百万从业人员，其综合素质关系到我国产业工人队伍整体素质，关系到工人阶级自身先进性在新的历史条件下的巩固和发展，直接关系到我国综合国力能否不断增强。

强化职业技能培训工作，提高企业核心竞争力，是国民经济可持续发展的重要保障，党中央和国务院给予了高度重视，明确提出人才立国的发展战略。结合《职业教育法》的颁布实施，职业教育工作已出现长期稳定发展的新局面。作为行业职业教育的基础，教材建设工作也应认真贯彻落实科学发展观，坚持职业教育面向人人、面向社会的发展方向和以服务为宗旨、以就业为导向的发展方针，适时扩大编者队伍，优化配置教材选题，不断提高编写质量，为冶金行业的现代化建设打下坚实的基础。

为了搞好冶金行业的职业技能培训工作，冶金工业出版社在人力资源和社会保障部职业能力建设司和中国钢铁工业协会组织人事部的指导下，同河北工业职业技术学院、昆明冶金高等专科学校、吉林电子信息职业技术学院、山西工程职业技术学院、山东工业职业学院、安徽工业职业技术学院、武汉钢铁集团公司、山钢集团济钢公司、云南文山铝业有限公司、中国职工教育和职业培训协会冶金分会、中国钢协职业培训中心、中国钢协人力资源与劳动保障工作委员会教育培训研究会等单位密切协作，联合有关冶金企业、高职院校和本科院校，编写了这套冶金行业职业教育培训规划教材，并经人力资源和社会保障部职业培训教材工作委员会组织专家评审通过，由人力资源和社会保障部职业能力建设司给予推荐，有关学校、企业的编写人员在时间紧、任务重的情况下，克服困难，辛勤工作，在相关科研院所的工程技术人员的积极参与和大力支持下，出色地完成了前期工作，为冶金行业的职业技能培训工作的顺利进行，打下了坚实的基础。相信这套教材的出版，将为冶金企业生产一线人员理论水平、操作水平和管理水平的进一步提高，企业核心竞争力的不断增强，起到积极的推进作用。

随着近年来冶金行业的高速发展，职业技能培训工作也取得了令人瞩目的成绩，绝大多数企业建立了完善的职工教育培训体系，职工素质不断提高，为我国冶金行业的发展提供了强大的人力资源支持。今后培训工作的重点，应继续注重职业技能培训工作者队伍的建设，丰富教材品种，加强对高技能人才的培养，进一步强化岗前培训，深化企业间、国际间的合作，开辟冶金行业职业培训工作的新局面。

展望未来，任重而道远。希望各冶金企业与相关院校、出版部门进一步开拓思路，加强合作，全面提升从业人员的素质，要在冶金企业的职工队伍中培养一批刻苦学习、岗位成才的带头人，培养一批推动技术创新、实现科技成果转化的带头人，培养一批提高生产效率、提升产品质量的带头人；不断创新，不断发展，力争使我国冶金行业职业技能培训工作跨上一个新台阶，为冶金行业持续、稳定、健康发展，做出新的贡献！

前　言

本书是按照人力资源和社会保障部的规划，受冶金工业出版社的委托，在编委会的组织安排下，参照行业职业技能标准和职业技能鉴定规范，根据企业的生产实际和岗位群的技能要求编写的。书稿经人力资源和社会保障部职业培训教材工作委员会办公室组织专家评审通过，由人力资源和社会保障部职业能力建设司推荐作为行业职业技能培训教材。

本书以培养具有较高专业素质和较强职业技能，适应企业生产及管理需要的高级技术应用型人才为目标，贯彻理论与实际相结合的原则，力求体现职业教育的针对性强、理论知识的实践性强、培养应用型人才的特点。

书中注重理论知识的应用、实践技术的训练以及分析解决问题和创新能力的提高，分别介绍了电解铝生产工艺的基础理论、操作技能和生产管理知识，不同电解槽型的工艺特点，铝的铸造工艺，烟气净化等内容；其中对侧插阳极棒式自焙槽和中间下料预焙槽两种生产工艺的技术条件控制与槽前操作、病槽原因及处理方法分别作了详细的介绍，对电解铝生产的新技术、新材料也作了扼要的介绍。在内容的组织安排上，力求少而精，通俗易懂，理论联系实际，切合生产的实际需要，突出行业的特点。为便于读者自学，加深理解和学用结合，各章均配有复习思考题。

本书由山西工程职业技术学院王捷编写，史学红副教授主审。在编写过程中得到了学院领导及薛巧英教授、金鑫副教授的大力支持；初稿曾由山西工程职业技术学院马青副教授、王明海副教授审阅并提出许多宝贵意见，在此一并表示衷心感谢。

由于编者水平所限，书中不妥之处在所难免，敬请广大读者批评指正。

编　者

2010 年 1 月

目　　录

绪　　论

A　铝的性质及用途

铝是一种银白色的轻金属,常温下密度为 $2.7\ g/cm^3$,铝(Al 99.8%)的主要物理性质如表1。

表 1　铝的主要物理性质

密度	$2.7\ g/cm^3$ (20℃)
	$2.3\ g/cm^3$ (660℃)
熔　点	660℃
沸　点	2467℃
电导率(20℃)	$(36 \sim 37) \times 10^{-4}$　$1/(\Omega \cdot cm)$
电化当量	$0.3356\ g/(A \cdot h)$

铝是两性化合物,既能与碱反应,又能与酸反应。

铝及铝合金已成为世界上最为广泛应用的金属材料之一。

铝因其在空气中的稳定性和表面处理后的极佳外观而在建筑业上得到广泛应用,其用量约占铝产量的 30% 以上。铝在建筑业中主要用于门窗、幕墙,还用于建筑构架、脚手架、踏板、模板,以及粮仓、储罐、桥梁,等等。随着国民经济,特别是房地产业的快速发展,建筑业铝用量增加很快,到 2003 年已增到 171 万吨。据预测,到 2010 年以前,我国建筑业用铝将在 2003 年的基础上以年均 8.5% 的速度继续快速增长。

铝的导电性良好,而密度只有铜和铁的三分之一,因此作为电气用品在无线电和电气工业中被广泛使用,其用量约占铝产量的 18%,主要用于架空导线、电力电缆、通信电缆、电器装备线缆和绕组线五大类。2003 年电工用铝已达到 80 万吨,预计到 2010 年以前,也将在 2003 年的基础上以年均 8.5% 的速度增长,用量将达到 140 万吨左右。

铝合金既有质轻的优点,又兼有优良的机械性能,因此在交通运输行业的使用也在快速增加,1987 年为 2.4% ,2003 年提高到 11% 。汽车用铝部件已达数十种,美国汽车用铝量占车自重从 1980 年的 5.0% 增加到 2001 年的 8.0% 。据统计,我国汽车用铝平均为 115 kg/辆,加上城市轻轨地铁、铁路列车、航空、航天、舰船及集装箱等用铝,预计 2010 年将达到 300 万吨左右。

铝具有良好的延展性,因此包装业也是用铝大户。2003 年我国包装领域消耗铝约 14 万吨,预计到 2010 年将增加到 30 万吨,增速为 11.5% 。

铝的化学活性大,在冶金工业中被用作还原剂、脱氧剂和发热剂。所以钢铁工业的发展对铝的需求量也在不断加大。

随着国民经济快速发展,我国已逐渐成为"全球加工基地",钢铁、有色金属等基础工业蓬勃发展。近几年来,电解铝产量猛增,自 1997 年产量突破 200 万吨后,本世纪以来以年均 18.9% 的速度高速发展,远高于国民经济的增长速度。2001 年突破 300 万吨,2002 年突破 400 万吨,2003 年突破 500 万吨,2004 年达到了 683 万吨,2005 年为 780 万吨,产量已居世界第一,成为世界铝生产大国。

但是,我们必须看到,目前我国电解铝产能大大超过需求,盲目建设有反弹压力。电解铝供过于求已使大量产能闲置,利用率仅约75% ~78%。

国务院9部委于2006年4月发布了关于加快铝工业结构调整的指导原则:以转变铝工业增长方式为中心,以结构调整为重点,按照结构优化、技术创新、科学规划、总量调控、降低消耗、保护环境的原则进行宏观引导,做到氧化铝行业实现有序发展、电解铝行业制止违规投资反弹、铝加工行业重点开发高附加值品种,推动企业技术装备水平的提高和产品结构的升级,促进铝工业走新型工业化道路,实现可持续发展。

B　电解铝对原料的要求

a　电解铝生产流程

现代金属铝的生产主要采用冰晶石-氧化铝融盐电解法。生产工艺流程如图1所示。

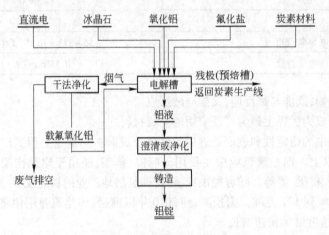

图1　电解铝生产流程

直流电通入电解槽,使溶解于电解质中的氧化铝在槽内的阴、阳两极发生电化学反应。在阴极电解析出金属铝,在阳极电解析出 CO 和 CO_2 气体。铝液定期用真空抬包吸出,经过净化澄清后,浇铸成商品铝锭。阳极气体经净化后,废气排空,回收的氟化物返回电解槽。电解槽温度控制在 940 ~960℃。

b　原料——氧化铝(Al_2O_3)

氧化铝是电解生产金属铝的原料。氧化铝是一种白色粉末,熔点为2050℃,真密度3.5 ~3.6 g/cm^3,堆积密度1 g/cm^3 左右,不溶于水而能溶解于熔融的冰晶石中。工业氧化铝一般含 Al_2O_3 98% 左右。为了得到优质金属铝,要求原料氧化铝化学纯度高、化学活性大、物理性能好及粒度适中。

(1) 化学纯度。氧化铝中含有少量杂质如 SiO_2、Fe_2O_3、TiO_2、Na_2O、CaO 等。在电解过程中,比铝更具正电性的金属氧化物(SiO_2、Fe_2O_3、TiO_2)将会被电解析出的铝还原成金属进入铝液,从而污染金属铝,降低质量品级。比铝更具负电性的金属氧化物(Na_2O、CaO)则会与冰晶石发生反应,从而使电解质成分发生改变而影响电解过程,增大氟盐的消耗。水分的存在同样会分解冰晶石,还能生成有害的氟化氢气体而污染环境,并增加液体铝中的氢含量。另外氧化铝应该具有较小的吸水性,潮湿料进入槽内会引起电解质的爆炸。所以,电解铝生产对氧化铝的纯度提出了严格要求。表 2 列出了我国的氧化铝成分质量标准。

表 2 我国氧化铝成分质量标准（YS/T 274—1998）

牌 号	化学成分/%				
	Al_2O_3 含量 不少于	杂质含量不大于			
		SiO_2	Fe_2O_3	Na_2O	灼减
AO-1	98.6	0.02	0.02	0.50	1.0
AO-2	98.4	0.04	0.03	0.60	1.0
AO-3	98.3	0.06	0.04	0.65	1.0
AO-4	98.2	0.08	0.05	0.70	1.0

（2）物理性能。氧化铝的物理性能对电解铝生产很重要。电解炼铝对氧化铝物理性能的要求如下:

1）氧化铝在冰晶石电解质中的溶解速度要快。

2）输送加料过程中,氧化铝飞扬损失要小,以降低氧化铝单耗指标。

3）氧化铝能在阳极表面覆盖良好,减少阳极氧化。

4）氧化铝作为电解铝生产的主要槽面保温材料,应具有良好的保温性能,以减少电解槽的热量损失。

5）氧化铝应具有较好的化学活性和吸附能力来吸附电解槽烟气中的氟化氢气体。

6）采用风动输送系统时,要求氧化铝的流动性要好。

可见电解铝生产除要求氧化铝能快速溶解于电解质中,还要求氧化铝对氟化氢气体有较好的吸附能力。氧化铝的晶型结构是决定其物化性能的主要因素,不同晶型结构的氧化铝其物化性能是不一样的:$\gamma\text{-}Al_2O_3$ 化学活性大,能较快溶解于电解质中,并对氟化氢气体有较好的吸附能力;而 $\alpha\text{-}Al_2O_3$ 化学活性小,在电解质中的溶解速度慢,对氟化氢气体的吸附能力较差,但导热系数低,保温性能好。所以要求氧化铝中 $\gamma\text{-}Al_2O_3$ 和 $\alpha\text{-}Al_2O_3$ 的比例要适当,既要容易溶解于电解质中,又不能吸附能力过大,造成氧化铝吸水性太强和保温性能差。

根据物理性能的不同,氧化铝一般分成三类:砂状、面粉状和中间状。表 3 列出了不同类型氧化铝的物理性能。

表 3 不同类型氧化铝的物理性能

氧化铝类型	安息角/(°)	灼减/%	$\alpha\text{-}Al_2O_3$ /%	真密度 /g·cm⁻³	假密度 /g·cm⁻³	比表面积 /m²·g⁻¹	平均粒度 /μm
砂 状	30~35	1.0	25~35	<3.7	>0.85	>35	80~100
面粉状	40~45	0.5	80~95	>3.9	<0.75	2~10	50
中间状	35~40	0.5	40~50	<3.7	>0.85	>35	50~80

从表 3 中看出,砂状氧化铝呈球状,颗粒粗,安息角小,$\gamma\text{-}Al_2O_3$ 含量较高,具有较大的化学活性和流动性,适于风动输送、自动下料的电解槽使用以及在干法气体净化中作氟化氢气体的吸附剂。面粉状氧化铝呈片状和羽毛状,颗粒较细,安息角大并且 $\alpha\text{-}Al_2O_3$ 含量达到 80% 以上,保温性能好。中间状氧化铝介于两者之间。

目前,大型预焙槽生产已成为电解铝生产的主要方式,对砂状氧化铝的需求越来越大。我国砂状氧化铝的质量标准见表4。我国砂状氧化铝标准分成 A、B 和 C 三种。A 型适用于有干法烟气净化设施的电解铝生产。B 型适用于无干法净化设施的电解铝生产。C 型是由于氧化铝生产工艺技术达不到 A 型和 B 型的标准而暂时制定的。表中的主要指标项目是必须达到的,从属指标项目则可适当放宽。

表4　我国砂状氧化铝的物理性能标准

项　目		A		B	C
		一　般	最　好		
主要指标	比表面积/m² · g⁻¹	45 ~ 65	50 ~ 60	40 ~ 55	> 35
	− 44 μm 粒子/%	< 15	< 10	< 20	< 35
	破损系数/%	< 18	< 12	< 20	< 40
	堆积密度/g · cm⁻³	0.95 ~ 1.05	0.95 ~ 1.05	0.95 ~ 1.05	0.95 ~ 1.05
从属指标	α-Al₂O₃	18 ~ 24	19 ~ 22	20 ~ 26	< 35
	灼减/%	0.8 ~ 1.2	0.9 ~ 1.1	0.68 ~ 1.0	> 0.55

表征氧化铝物理性能的概念释义如下:

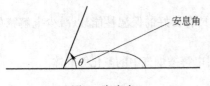

图2　安息角

1) 安息角:是指物料在光滑平面上自然堆积的倾角(图2中的 θ 角),是表示氧化铝流动性能好坏的指标。安息角越大,氧化铝的流动性越差;安息角越小,氧化铝的流动性越好。

2) 灼减:是指残存在氧化铝中的结晶水含量。

3) 比表面积:是指单位质量物料的外表面积与内孔表面积之和的总表面积,是表示氧化铝化学活性的指标。比表面积越大,氧化铝的化学活性越好,越易溶解;比表面积越小,氧化铝的化学活性越差,越不易溶解。

4) 堆积密度(也称体积密度):是指在自然状态下单位体积物料的质量。通常堆积密度小的氧化铝有利于在电解质中的溶解。

5) 真密度:是指不包括内外气孔体积的单位体积物料的质量(内气孔是指物料中不与大气相通的气孔,外气孔是指物料中与大气相通的气孔)。

6) 假密度:是指不包括外气孔体积的单位体积物料的质量。

7) 粒度:是指氧化铝颗粒的粗细程度。过粗的氧化铝在电解质中的溶解速度慢,甚至沉淀;而过细的氧化铝则飞扬损失加大。

8) 破损系数:是氧化铝的强度指标。是指氧化铝在载流流化床中循环 15 min 后,式样中 − 44 μm 粒子含量改变的百分数。

c　溶剂——氟化盐

电解铝生产中用的溶剂氟化盐有冰晶石、氟化铝以及作为添加剂使用的氟化钙、氟化镁、氟化锂等几种。

(1) 冰晶石(Na_3AlF_6)。冰晶石是氧化铝的溶剂,是组成电解质的主要成分。冰晶石呈白色粉末状,不溶于水,熔点为1000℃,是一种稳定的化合物。天然冰晶石储量很少,现代电解铝工业使用的冰晶石为人工合成冰晶石。表5列出了人造冰晶石的质量标准。

表5 人造冰晶石质量标准（GB/T4292—1999）

等级	化学成分/%									
	不 小 于		不 大 于							
	F	Al	Na	SiO_2	Fe_2O_3	SO_4^{2-}	CaO	P_2O_5	H_2O	灼减(550℃, 30 min)
特级	53	13	32	0.25	0.05	0.7	0.1	0.02	0.4	2.5
一级	53	13	32	0.36	0.08	1.2	0.15	0.03	0.5	3
二级	53	13	32	0.4	0.1	1.3	0.2	0.05	0.8	3

冰晶石作为溶剂,理论上,在电解过程中是不消耗的,但在实际中,由于存在挥发损失、炭素内衬的吸附和机械损失等原因,使冰晶石在生产中有一定的消耗量,一般情况下,每生产1 t铝的冰晶石消耗为5~15 kg。

(2)氟化铝(AlF_3)。氟化铝为人工合成产品,呈白色粉末状,其沸点为1260℃,挥发性很大。由于在电解生产过程中,一是电解质中的氟化铝会挥发,二是原料氧化铝所含的氧化钠(Na_2O)和水分(H_2O)在进入电解质中后,也会与电解质发生化学反应,生成氟化钠和氟化氢,从而使电解质成分发生改变,分子比升高,影响电解生产。所以添加氟化铝的目的就是调整电解质的分子比,保证电解质成分的稳定。其单位消耗量为20~30 kg/t铝。表6列出了铝电解用氟化铝的质量标准。

表6 氟化铝质量标准（GB/T4292—1999）

等级	化学成分/%							
	不 小 于		不 大 于					
	F	Al	Na	SiO_2	Fe_2O_3	SO_4^{2-}	P_2O_3	H_2O
特一级	61	30	0.5	0.28	0.1	0.5	0.04	0.5
特二级	60	30	0.5	0.3	0.13	0.8	0.04	1
一级	58	28.2	3	0.3	0.13	1.1	0.04	6
二级	57	28	3.5	0.35	0.15	1.2	0.04	7

(3)氟化钠(NaF)。氟化钠为白色粉末,具有碱性,是一种添加剂。在电解槽开动初期,由于电解质被炭素内衬选择性吸附钠盐造成的分子比下降而加入。氟化钠也能被碳酸钠代替使用,效果一样。工业上要求氟化钠中的NaF含量不小于94%。氟化钠质量标准见表7。

表7 氟化钠质量标准（GB4293—84）

级别	化学成分/%							
	NaF	Na_2CO_3	Na_2SiF_6	SiO_2	Na_2SO_4	HF	H_2O	不溶物
一级	98	0.5	0.5	0.5	0.5	0.5	0.5	0.5
二级	94	1.0	0.8	2.0	1.0	0.5	1.0	3.0

(4)氟化钙(CaF_2)。氟化钙(也称萤石)为天然矿物质,呈暗红色粉末状,是一种添加剂,能降低电解质的熔点和改善电解质的性质。常在电解槽启动装炉时用,目的是有利于形成坚固炉帮。对氟化钙的质量要求是:$CaF_2 \geqslant 95\%$,$CaCO_3 \leqslant 2\%$,$SiO_2 \leqslant 1.5\%$,$(Al_2O_3 + Fe_2O_3) \leqslant 0.5\%$,$H_2O \leqslant 1\%$。

（5）氟化镁（MgF_2）。氟化镁呈暗红色粉末状，是一种添加剂，比氟化钙更能降低电解质的熔点和改善电解质的性质。其单位消耗量为 3~5 kg/t 铝。

d　阳极材料

在电解过程中，阳极要在高温下直接与腐蚀性强的电解质接触，并且还要具有良好的导电性，能满足这种耐高温、耐腐蚀、电阻小、价格低廉等要求的只有碳素材料。

在电解过程中，由于炭素阳极会被氧化铝分解出来的氧所氧化，阳极会逐渐消耗，因此，需要定期添加块状阳极糊或更换预焙阳极块。

（1）阳极糊。阳极糊是在铝电解的自焙阳极电解槽上作为阳极导电材料使用的。这种导电材料在加到电解槽上之前未被烧结，而是在电解过程中自发烧结而形成阳极因此也称为连续自焙阳极。它不仅起导电作用，而且也参与电解过程中的电化学反应。之所以被称为阳极糊是因为在电解槽上导入电流的一端叫阳极。

阳极糊本身是电的不良导体，但在阳极壳体中由于受到电解槽高温电解质供热及阳极自身所产生的焦耳电阻热的作用，其阳极下部逐渐自行焙烧成导电性能较好的炭阳极锥体。在电解生产中，随着阳极下部不断被氧化消耗掉，阳极必须定期向下移动，同时焙烧带逐渐上移，使焙烧带保持在一定范围的水平上。为了连续不断地进行生产，还必须在壳体上部定期接上新铝壳及补充阳极糊。电解生产 1 t 铝锭，大约需要消耗 500 kg 左右的阳极糊。

阳极糊是由石油焦、沥青焦及沥青制成的。

阳极糊的产品规格有两种：一种是电解槽正常生产用的富油阳极糊（沥青含量约 27%~34%），另一种是新电解槽启动初期使用的贫油阳极糊（沥青含量 22%~26%）。这两种糊的原料及生产工艺流程完全相同，仅配料比不同。贫油阳极糊是根据使用单位特殊定货而生产的，常规生产的都是富油阳极糊。富油阳极糊按灰分含量分成三个等级，其成品质量指标见表 8。

表 8　阳极糊的质量标准

等　　级	灰分/%	电阻率/$\mu\Omega \cdot m$	抗压强度/$kg \cdot cm^{-2}$	空隙度/%
优级品	<0.5	<85	>270	<32
一级品	<1.0	<85	>270	<32
二级品	<1.5	不规定	>270	<32

对阳极糊的质量要求如下：

1）灰分少。因为炭素阳极在铝电解过程中会连续消耗并且数量很大，若灰分多，特别是铁、硅、铜、钛等氧化物存在，这些金属元素会同时电解析出进入铝液，从而影响了原铝质量，降低了铝的品位，因此要求阳极糊的灰分含量越低越好。该指标是阳极糊质量的主要控制项目。

2）导电性能好。由于阳极本身是用做导入电流的物体，故要求它的电阻要小。电阻小，阳极电压降低，当电解槽其他条件不变时，电耗自然也降低。电阻的大小，一般用电阻率表示。阳极糊的电阻率要求小于 85 $\mu\Omega \cdot m$。

3）具有一定的机械强度，亦称抗压强度。抗压强度一般用抗压力表示。在电解槽上的阳极，其本身的体积、质量都很大，而且全部由插入阳极内的阳极钢棒支撑和吊挂着，同时在阳极操作过程中会造成振动或受力不均，若阳极不具有一定的强度，就要产生裂纹和掉块，给电解生产带来不良影响。目前要求阳极抗压强度大于 27 MPa（270 kg/cm）。

4）孔隙度小。电解槽上的阳极糊在自焙过程中由于沥青挥发、焦化会产生一定的孔隙，这些孔隙不仅会使阳极的强度降低,电阻增加,而且会使阳极的氧化损失增加,使电解质中的炭渣增多,从而影响正常生产。目前要求阳极糊的孔隙度小于32%。

(2)预焙阳极块。预焙阳极块是将炭块糊经压挤或振动成形后,又经高温焙烧后制成的。预焙阳极块的尺寸根据阳极排列与组数的不同,长度各有不同;而宽度一般在500~750 mm之间;至于高度则要考虑阳极电压降和残极率的问题,高度如果偏高,会使阳极的电压降升高,高度如果偏低,残极率又会相对增大,增加炭耗,所以有一适宜高度,如550 mm。国外用振动成形法生产的阳极炭块,最大的尺寸为2250 mm×750 mm×2500 mm,单块重为2500 kg。

表9列出了预焙阳极块的理化标准。

表9 预焙阳极块的理化标准(YS/T285—1998)

牌 号	灰分 /%	电阻率 /μΩ·m	抗压强度 /kg·cm⁻²	堆积密度 /g·cm⁻³	真密度 /g·cm⁻³
	不大于		不小于		
TY-1	0.50	55	32	1.50	2.00
TY-2	0.80	60	30	1.50	2.00
TY-3	1.00	65	29	1.48	2.00

除上述物理指标外,在外观和杂质含量上也有要求:

1)成品表面粘接的填充料必须清理干净。

2)成品表面的氧化面积不得大于该表面积的20%,深度不得超过5 mm。

3)成品掉棱长度不大于300 mm,深度不大于60 mm,不得多于两处。

4)棒孔或孔边缘裂纹长度不大于80 mm,孔与孔之间不能有连通裂纹。

5)大面裂纹长度不大于200 mm,数量不多于3处。

6)组装炭块的铝导杆弯曲度不大于15 mm。

7)组装炭块焊缝不脱焊,爆炸焊片不开缝。

8)磷生铁浇注饱满平整,无灰渣和气泡。

9)杂质含量尽量少。

(3)铝导杆组的质量标准。铝导杆组是预焙阳极块与阳极水平母线的连接设施。预焙阳极块上有预先留出或铣出的圆锥台型孔(也称炭碗),铝导杆上的钢爪插入炭碗并被磷生铁浇注,从而使铝导杆与预焙阳极构成一体。铝导杆组是电解槽上重要的辅助器材,其质量标准如下:

1)铝导杆长度:电解槽电流强度的不同,其铝导杆长度是不相同的。一般边部下料预焙槽为1700~2000 mm,中间下料预焙槽为1800~2000 mm,低于1700 mm则不能使用。弯曲度每米不超过8 mm。

2)导杆表面应平滑,损伤面积累计不得超过90 cm²。

3)爆炸块表面平整光滑,不得有裂纹和炸裂现象。

4)爆炸焊块规格165 mm×165 mm×52 mm,铝钢结合面大于98%,抗拉强度不小于110 MPa。

5)钢爪棒径135 mm±1 mm,爪趾高280 mm。

6)钢爪顶面与四爪底面要求平行,四爪应在同一轴线上。

7)铝导杆与爆炸块与钢爪焊接要均匀,饱满,无夹渣气孔、咬边、裂纹等缺陷(所有焊接处不允许裂纹)。

8）铝导杆要与钢爪长度方向平行,与钢爪宽度方向垂直。

（4）磷生铁的质量标准。磷生铁是预焙阳极块与铝导杆进行连接的浇铸料,其质量标准如下:

1）化学成分应符合:

C 2.6% ~3.5% ,Si 2.5% ~3.5% ,P 0.8% ~1.6% ,Mn 不大于0.9% ,S 不大于0.1%。

2）铁水出炉温度在1400℃ ±50℃。

（5）成品阳极组质量标准

1）符合以上炭块、导杆组和磷生铁的质量标准。

2）浇注温度1350℃ ±50℃,浇注铁水应注满棒孔,凝固生铁上表面与炭块上表面的距离不大于10 mm。

3）铝导杆与炭块工作面垂直,垂直度偏差不得大于3°。

4）磷铁环要饱满、平整,炭块表面要清理干净。

e　铝电解槽的发展

电解槽是冰晶石-氧化铝熔盐电解制铝工艺的主要设备。由于技术的进步,从起初的几千安培的小电解槽到现在的几十万安培的大电解槽,从人工操作到计算机控制操作,电解槽的结构和容量在发生着巨大的变化。

国内在20世纪90年代之前,自焙电解槽是电解生产金属铝的主要设备。但由于环境保护意识的提高,以及技术条件的成熟,自焙槽纷纷停产而改为预焙电解槽,新建槽已全部为预焙电解槽,并且预焙槽的容量越来越大,电流强度从160 kA 到350 kA 都有,375 kA 的预焙槽也在筹建中。

复习思考题

0-1　铝的性质和用途有哪些?

0-2　电解铝生产的流程是怎样的?

0-3　电解铝生产对原料氧化铝有哪些要求?

1 电解铝生产原理

1.1 铝电解质的性质

冰晶石-氧化铝熔盐电解制铝是生产金属铝的主要方法。这是因为液态冰晶石作为溶解氧化铝的溶剂能满足生产电解铝的要求：

(1) 冰晶石不含有比铝更正电性的金属杂质，不会电解析出其他金属。

(2) 液态冰晶石能较好地溶解氧化铝。

(3) 在电解温度下，冰晶石-氧化铝熔体的密度比液态金属铝的密度小，能较好分层，且液态冰晶石在液态金属铝上层，减少了铝的氧化。

(4) 冰晶石-氧化铝熔体有导电能力。

(5) 冰晶石-氧化铝熔体有良好的流动性，有利于阳极气体的逸出和电解质的循环。

(6) 冰晶石-氧化铝熔体对炭素材料的腐蚀较小，槽内炭素材料耐用。

作为溶剂的液态冰晶石和作为溶质的氧化铝以及作为改善熔体物理化学性质的添加剂一起构成了阳极和阴极之间不可缺少的电解质液。所以为了更好地改善电解生产过程，有必要对电解质的性质作进一步的了解。

1.1.1 初晶温度

初晶温度是指液体开始形成固态晶体的温度。生产中的电解温度一般控制在电解质初晶温度以上 10~20℃ 左右。在生产上，为使电能消耗降低，电流效率提高，电解质挥发损失降低，冰晶石-氧化铝熔体的初晶温度越低越好。影响冰晶石-氧化铝熔体初晶温度的因素有氧化铝含量、电解质分子比(符号为 CR)和添加剂等。

(1) 氧化铝含量的影响。在氧化铝一定浓度范围(小于11%)下，冰晶石-氧化铝熔体的初晶温度随氧化铝含量的增加而降低。但如果氧化铝含量超过11%，则冰晶石-氧化铝熔体的初晶温度随氧化铝含量的增加会急剧上升，所以在自焙槽生产时氧化铝添加量不能超过这个数值。另外，氧化铝含量波动较大时，冰晶石-氧化铝熔体的初晶温度也会波动较大，见表1-1。所以预焙槽生产为稳定电解槽温度，平稳槽况，采用氧化铝自动化添加使电解质中的氧化铝含量在3%左右波动。

表 1-1 电解质(分子比 2.6~2.8，CaF4%~6%)中氧化铝含量与电解质熔点的关系

电解质中的氧化铝含量/%	电解质的熔点/℃
8	940~945
5	955~960
1.3~2	970~975

(2) 电解质分子比的影响。冰晶石-氧化铝熔体的初晶温度随电解质分子比的降低而降低。表1-2列出了含有8%氧化铝、4%~6%氟化钙的电解质初晶温度与分子比的关系。但是，氧化

铝在电解质中的溶解度会随着电解质分子比的降低而降低,所以,电解质分子比控制不能太低,否则会产生槽底沉淀。自焙槽一般在 2.6 ~ 2.8 之间,而预焙槽由于是自动计量准确下料,为保持低温操作,分子比则可控制得低一些,在 2.3 ~ 2.55 之间。

表 1-2 电解质初晶温度与分子比的关系

分子比	2.8	2.6	2.4	2.3	2.2	2.1
初晶温度/℃	945	940	935	930	920	910

(3) 添加剂的影响。添加剂(如氟化钙、氟化镁等)均能降低电解质的初晶温度。但这些添加剂都将降低氧化铝在电解质中的溶解度,所以,在一般情况下电解质中各种添加剂的总和不超过 10%。

表 1-3 列出了构成电解质的三种基本成分中某成分增加或减少 1% 时,对电解质初晶温度的影响情况。

表 1-3 电解质成分对电解质熔点的影响

电解质成分/%(质量)			初晶温度/℃	成分变化量	初晶温度降低值/℃
AlF_3	CaF_2	Al_2O_3			
7	6	5	953		0
7	7	5	950	+1% CaF_2	−3
8	6	5	949	+1% AlF_3	−4
7	6	6	947	+1% Al_2O_3	−6

1.1.2 密度

密度是指单位体积的物质的质量,单位为 g/cm^3。

电解温度下,铝液的密度变化小,维持在 2.3 g/cm^3。但电解质的密度会随着温度的升高和氟化铝、氧化铝含量的增加而降低。上层电解质的密度越小,与下层铝液的分层就越好,铝的损失就越小。在电解过程中,由于电解质温度是变化着的,电解质中的氧化铝也是不断消耗的,所以电解质密度会发生波动,有可能导致分层不清,造成铝的损失增加。因此,维持电解质的温度稳定和氧化铝含量稳定对生产是十分有利的。预焙槽的下料方式能够很好达到这个目的,使电解质维持在 2.1 g/cm^3 的水平上,与铝液分层清晰。

1.1.3 电导率

电导率也被称为比电导或导电度,它是物体导电能力大小的标志,生产上通常用比电阻的倒数来表示。单位为:$\Omega^{-1} \cdot cm^{-1}$。

提高电解质的电导率对电解铝生产是非常有意义的。因为工业生产中的电解质电压降占槽电压的 36% ~ 40%,改变电解质电压降对电耗的影响是非常大的。所以电解质导电性越好,其电压降就越小,越有利于降低生产能耗。

电解质熔体的电导率会受到电解温度、电解质分子比、炭渣、氧化铝及添加剂的影响。

(1) 电解温度的影响。在正常电解过程中,槽内只有少量炭渣时,电解质的电导率随温度升高而提高。这是因为温度高能使电解质黏度降低,离子间的内摩擦减小,离子运动速度加快所致。反之,温度降低则电导率下降。但是在生产中不能用提高电解温度的办法提高电导率,因为提高电导率的效益补偿不了电流效率降低的损失。

（2）电解质分子比的影响。电解质的分子比低时,电导率降低;而分子比高时,则电导率高。见表1-4。

表1-4 电解质分子比与电导率的关系

分 子 比	3.0	2.7	2.6	2.5	2.4	2.3	2.2	2.1
电导率/$\Omega^{-1} \cdot cm^{-1}$	2.66	2.049	2	1.953	1.934	1.852	1.798	1.75

（3）氧化铝浓度的影响。电解质电导率随氧化铝浓度的增加而降低。表1-5 显示了自焙槽在加料前后电导率的变化情况。在加料之后,电解质中氧化铝浓度增加,电导率减小,以后随着电解过程的进行,氧化铝浓度逐渐降低,电解质的电导率也随之逐渐提高。

表1-5 自焙槽加料前后电导率的变化

电解质成分		电导率/$\Omega^{-1} \cdot cm^{-1}$		
		加料后	中 期	下次加料前
分子比	2.5 ~ 2.7	1.85 ~ 1.75	2.05 ~ 1.95	2.25 ~ 2.15
	2.3 ~ 2.5	1.75 ~ 1.65	1.95 ~ 1.85	2.15 ~ 2.05
Al_2O_3 浓度/%（质量）		8	5	1.3 ~ 2.0

在预焙电解槽生产中,一方面为减少电解质压降,另一方面计算机是根据槽电阻的大小来进行自动控制的,所以,为维持正常槽电阻的稳定,给计算机控制提供条件,氧化铝含量的波动要小。

（4）炭渣的影响。电解质中的炭渣来自阳极掉粒和阴极破损。一般来说,当电解质中的含炭量为 0.05% ~ 0.10% 时,对电导率没有影响;但当达到 0.2% ~ 0.5% 的时候,电导率开始降低,到含炭为 0.6% 时,电导率就会降低大约10% 。这是因为当电流通过电解质的炭粒时,就会在熔融液与炭粒界面上发生电化学反应而形成电位差,而导致电解质的电导率降低。

（5）添加剂的影响。添加剂对冰晶石电导率的影响可分为两类:电解质中添加有氟化锂和氯化钠能改善电解质的导电性,特别是氟化锂效果显著;电解质中添加有氟化钙和氟化镁能降低电解质的电导率。

1.1.4 黏度

黏度是表示液体中质点之间相对运动的阻力,也称内部摩擦力,单位为 Pa·s(帕·秒)。熔体内质点间相对运行的阻力越大,熔体的黏度也就越大。

工业铝电解质的黏度一般保持在 3×10^{-3} Pa·s 左右,过大或过小,对生产均不利。

电解质黏度过大会造成:

（1）电解质流动性差,阳极气体不易排出,炭渣分离不清,增加电解质的比电阻。

（2）电解质循环不好,会造成其成分和温度不均,易形成阳极中心温度过高。

（3）电解质内部阻力大,会降低电解质的电导率。

（4）减缓了电解质中铝颗粒的沉降速度,增加铝的损失。

电解质黏度过小则会造成:

（1）会加快电解质的循环,加剧铝的溶解与氧化速度,增加铝的损失,降低电流效率。

（2）加快了氧化铝在电解质中的沉降速度,使氧化铝在电解质中没有足够的溶解时间,易生成氧化铝沉淀。

在生产中的电解质保持适宜黏度的标准是：电解质的流动性好、温度均匀、炭渣分离清楚、电解质干净和沸腾有力。

影响电解质黏度的因素，主要是电解质的成分和温度。温度能影响粒子的运动速度，温度升高，粒子的运动速度加快，则电解质黏度随之降低，反之则升高。氧化铝溶解在冰晶石熔融液中生成了铝氧氟络合离子，它的体积较为庞大，能引起熔融液黏度增大，数量越多则电解质黏度越大。电解质中氧化铝含量在10%以内时，生成的铝氧氟络合离子数目少，对黏度的影响也较小。但当超过10%时，则电解质的黏度开始显著上升。

1.1.5　电解质的湿润性

湿润性是表示液体在一定环境下对固体的湿润能力。液体对固体的湿润程度往往用液—固之间的接触角（θ）大小来表示，接触角（θ）是指液体的液面切线 AM 与固体的界面 AN 所夹的角度，一般称 θ 角为湿润角。如图 1-1 所示，当图 a 的湿润角 $\theta > 90°$，说明液体表面张力大，对固体湿润性不好；当图 b 的湿润角 $\theta < 90°$ 时，则说明表面张力小，对固体湿润性良好。

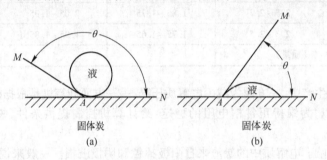

图 1-1　湿润角
(a)$\theta > 90°$；(b)$\theta < 90°$

电解铝生产过程中，电解质对炭素材料（包括炭渣）的湿润性好坏是非常重要的。炭渣能否顺利地从电解质中分离出来以及阳极效应的发生都与这个性质有关。电解质对炭渣的湿润性良好，则有利于炭渣的分离；电解质对炭阳极的湿润性恶化，则阳极效应发生。

电解质对炭素材料的湿润性随成分和温度的变化而变化：

（1）电解质中氧化铝含量的影响。电解质对炭素材料的湿润性随电解质中氧化铝含量的增加而变好，阳极效应的熄灭即是这个原因。但如果氧化铝在电解质中呈过饱和的未溶解悬浮状态存在时则相反，湿润性会大大恶化，难灭效应的产生即是这种原因。

（2）电解质分子比变化的影响。电解质中的氟化钠愈多，对炭素材料的湿润性愈好，而氟化铝增多则对炭素材料的湿润性变差。因此，阴极炭素材料对电解质中的氟化钠会产生强烈的吸收。在正常电解生产中，酸性电解质能使炭渣分离清楚，其原因是电解质中氟化铝含量增加，其对炭素材料的湿润性变差，使炭渣从电解质中排出。

（3）添加剂的影响。向电解质中添加氟化钙和氟化镁能降低电解质对炭素材料的湿润性，也能降低电解质对铝液的湿润性，其中氟化镁比氟化钙明显。由于对铝液的湿润性变差，铝液的溶解损失减少，可提高电流效率。并且也可防止和降低炭块由于吸收氟化钠等表面活性物质而引起的破坏程度。

（4）电解温度的影响。一般说来，电解温度升高时，电解质对炭素材料及铝液的湿润性良好，所以热槽时炭渣分离不好，铝溶解损失加大。

另外,在电解铝生产时,铝液对电解质以及铝液对炭素材料的湿润性对生产也有所影响。在电解槽中,铝液不能很好地湿润炭素材料。但铝液对炭素材料的湿润性与铝的纯度有关,当铝液中含有硅、铁,特别是钠时,能提高铝液对炭素材料的湿润性。另外存在于铝液中或炭块表面上的炭化铝也能强烈地提高铝液对炭素材料的湿润性。铝液对炭素材料湿润性的提高,使其有可能被炭素吸收或向炭块的孔隙中渗透。

1.1.6 各种添加剂对电解质性质的影响

在电解铝生产中,为了改善电解质的性质,有利于生产,通常向电解质中添加各种添加剂,藉以达到提高电流效率,降低能耗的目的。

物质能作为铝电解添加剂的条件为:

(1)在电解过程中不参与电化学反应,以免电解析出其他元素而影响铝的纯度。

(2)能够对电解质的性质有所改善。

(3)对氧化铝的溶解度不至于有太大影响。

(4)吸水性和挥发性要小。

(5)价格要低廉。

但是目前还未找到能够同时满足上述要求的添加剂,能够部分满足上述要求的添加剂除了氟化铝外,在工业上常使用还有氟化钙、氟化镁和氟化锂。这几种添加剂对电解质性质的影响列在表1-6。

表1-6 几种添加剂对电解质性质的影响

项目	初晶温度	密度	电导率	黏度	表面性质	挥发性	氧化铝溶解度
氟化铝	可降低初晶温度(添加10%,约降低20℃)	可减小电解质密度	可减小电解质电导率	可减小电解质黏度	减小电解质与铝液的界面张力,减小电解质与阳极气体的界面张力,增大电解质与炭素材料的湿润角	增大电解质的挥发性	减小氧化铝在电解质中的溶解度
氟化钙	可降低初晶温度(添加1%,约降低3℃)	可增大电解质密度	可减小电解质电导率	可增大电解质黏度	增大电解质与铝液的界面张力,增大电解质与炭素材料的湿润角	降低电解质的挥发性	减小氧化铝在电解质中的溶解度,有利于槽帮的形成
氟化镁	可降低初晶温度(添加1%,约降低5℃)	可增大电解质密度	可减小电解质电导率	可增大电解质黏度	增大电解质与铝液的界面张力,增大电解质与炭素材料的湿润角	降低电解质的挥发性	减小氧化铝在电解质中的溶解度和溶解速度
氟化锂	可降低初晶温度(添加1%,约降低8℃)	可增大电解质密度	提高电解质电导率	可减小电解质黏度	对电解质的表面性质影响小	降低电解质的挥发性	减小氧化铝在电解质中的溶解度和溶解速度

从表中可见,几种常用添加剂都具有降低电解质初晶温度的共同优点,这对电解铝生产极为有利。但共同的缺点是降低氧化铝在电解质中的溶解度和溶解速度。生产中为了减少其危害,通常采用低氧化铝浓度生产,使电解质中氧化铝浓度远未达到饱和状态,这样可以保证固体氧化铝及时溶解。

这些添加剂除了上述共同点外,又各具有其他不同的优点和缺点。氟化铝的最大缺点是增大电解质的挥发损失,从而恶化工人劳动条件。氟化钙在降低电解质初晶温度方面稍逊于其他几种,但氟化钙货源充足(一般使用天然萤石稍作加工即可),价格低廉,故应用十分普遍,氟化镁也是较为理想的一种添加剂,在我国使用较为广泛。氟化锂价格昂贵,这在一定程度上使其应用受到限制。

生产中为了有效地改善电解质的性质,通常将几种添加剂配合使用,控制其含量,尽量发挥各自的优点,避开其缺点。目前较为普遍的是将氟化铝、氟化钙、氟化镁等添加剂同时使用,其总量控制在10%左右,这样可使电解质初晶温度降低到930℃左右,其他物理性质也不会有明显的恶化,将电解生产工作温度控制在940~950℃范围内,这在生产中已收到显著效果。

1.2　铝电解的两极反应

电解质熔体中的离子主要有钠离子、铝氧氟络合离子(如 $AlOF_2^-$)、含氟铝离子(如 AlF_6^{3-})及少部分的简单离子(铝离子 Al^{3+}、氧离子 O^{2-}、氟离子 F^-),其中钠离子 Na^+ 是导电离子。

1.2.1　阴极反应

电解质熔体中的离子,在直流电场的作用下,阳离子移动到阴极附近,阴离子移动到阳极附近。根据离子的电位次序,虽然钠离子是导电离子,但在正常生产条件下,钠离子并没有在阴极放电,而是铝离子在阴极放电析出成为金属铝。

阴极反应过程为:
$$2Al^{3+}(络合) + 6e === 2Al$$

1.2.2　阳极反应

当氧离子移动到阳极时,会在有阳极碳参加的情况下放电析出并生成阳极气体(CO_2):
$$2O^{2-}(络合) + C - 4e === CO_2$$

1.2.3　阴阳两极的总反应

将上述两极反应合成:
$$2Al^{3+}(络合) + 2O^{2-}(络合) + 1.5C === 2Al + 1.5CO_2$$

1.2.4　阴阳两极附近电解质成分的变化

在电解过程中,含铝络离子在阴极放电析出铝:
$$3AlOF_2^- + 6e === 2Al + 6F^- + AlO_3^{3-}$$

在阴极液中就剩下氟离子和铝氧离子,导电的钠离子移动到阴极后不放电析出也会在阴极附近富集,这样,钠离子就会和氟离子、铝氧离子作用生成氧化钠:
$$9Na^+ + 6F^- + AlO_3^{3-} === Na_3AlF_6 + 3Na_2O$$

在阳极附近,钠离子由于导电而离开阳极附近的电解质,剩下的含铝络合离子放电析出氧:
$$3AlOF_2^- - 6e === 1.5O_2 + 3Al^{3+} + 6F^-$$

在阳极液中就会富集铝离子、氟离子和铝氧氟离子就会生成氧化铝和氟化铝:
$$3AlOF_2^- + 3Al^{3+} + 6F^- === 4AlF_3 + Al_2O_3$$

此时,电解质成分就会在两极附近发生变化,但在实际中,这种现象会由于两极之间距离小,并且阳极气体的逸出会带动电解质上下不停地循环,使阴阳两极的电解质混合多余的氧化钠和氟化铝消失:
$$3Na_2O + 4AlF_3 === 2Na_3AlF_6 + Al_2O_3$$

从上述过程可以知道,冰晶石在电解过程中理论上不会有损耗。

1.3　铝电解的两极副反应

在铝电解过程中,除前面讲的两极主反应外,同时在两极上还发生着一些复杂的副反应。这些副反应的发生对生产是不利的,生产中应尽量加以遏制。

1.3.1 阴极副反应

在阴极上除了铝的电化学析出反应以外,还有阴极副反应,其主要有:钠的析出、铝向电解质中的溶解、碳化铝的生成和电解质被阴极炭素内衬选择吸收。

这些副反应在电解铝生产实际中都很重要,前两个副反应对电流效率有直接的影响,而后两个副反应直接关系着电解槽的寿命。

1.3.1.1 钠的析出

A 钠的析出

钠在电解质中的溶解度很小,沸点又很低,所以除极少一部分溶解在铝液中,大部分钠自阴极表面蒸发出来,被阳极气体和电解液表面上的空气氧化燃烧生成氧化钠(Na_2O),使从"火眼"里排出气体的燃烧中带有黄色火焰。温度愈高,钠析出的愈多,则火焰就愈黄。这种现象常常能在铝电解异常时看到。

B 影响钠析出的因素

从现象可以知道,阴极上不仅有铝离子放电析出金属铝,而且由于电解条件的变化,还会有钠离子放电和化学置换反应发生而有钠的生成。这些影响条件是温度、阴极电流密度、电解质分子比、电解质中的氧化铝浓度。

(1)温度。温度的提高会使钠离子的放电电位降低,析出的可能性增加。

(2)阴极电流密度。阴极电流密度增加使阴极电位增加,即使钠离子的析出电位不变,也会使钠离子与铝离子同时放电析出。

(3)电解质分子比。电解质分子比的增加意味着钠离子在电解质中的浓度增加,使钠离子放电的可能性增加。

(4)电解质中的氧化铝浓度。电解质中的氧化铝浓度减小,同样会使钠离子放电的可能性增加。

C 析出钠的危害

钠的析出消耗了电流,使电流效率降低,并且析出的钠会被吸附进入电解槽炭素内衬,造成电解槽内衬的损坏。

D 降低钠析出的措施

(1)及时添加氟化铝,严格控制电解质分子比在较低状态。

(2)保持规整的炉膛结构,稳定阴极电流密度。

(3)维持槽况,及时处理热槽。

1.3.1.2 铝的溶解

铝液与电解质液在电解槽中依密度不同而良好分层。但在接触界面上由于铝与电解质相互作用的结果,使铝溶解在电解质中,其溶解度在1000℃时,为0.15%。但是由于电解质的强烈循环,溶解的铝被电解质由阴极带到阳极,这样在阳极附近被阳极气体中的CO_2或空气中的氧所氧化,电解质中溶解金属的减少,又促使铝继续向电解质中继续溶解,所以尽管铝在电解质中溶解度不大,但实际上确实造成铝的大量损失,降低了电流效率。

A 铝的溶解形式

(1)铝的物理溶解。铝在电解质中物理溶解可以在清澈的电解质中明显看到,这种现象被称为"金属雾"。

（2）铝生成低价化合物的溶解。电解质中存在的氟化铝或铝离子在铝液和电解质两个层面的界面处会与金属铝发生反应，生成低价化合物，从而使铝溶解进入电解质。反应式如下：

$$2Al + Al^{3+} =\!=\!= 3Al^+$$

（3）置换反应的溶解。金属铝与熔融盐之间的置换反应也是铝溶解的一种形式，其反应式如下：

$$Al + 6NaF =\!=\!= Na_3AlF_6 + 3Na$$

B　溶解铝的损失过程

由于电解槽阳极气体的逸出，造成电解槽内电解质形成了强有力的由下到上的循环，使溶解进入电解质中的铝随着阴极附近的电解质液体转移到阳极附近，为阳极气体中的二氧化碳与阳极气体中的氧所氧化，氧化反应式如下：

$$2Al + 3CO_2 =\!=\!= Al_2O_3 + 3CO$$

$$6AlF + 3O_2 =\!=\!= 2Al_2O_3 + 2AlF_3$$

$$3AlF + 3CO_2 =\!=\!= Al_2O_3 + AlF_3 + 3CO$$

上述反应被称为二次反应，被氧化的溶解铝被称为铝的二次反应损失。在电解槽中循环不断地进行这样的过程，就造成了铝的损失。二次反应铝损失越多，电流效率就会越低。

C　铝溶解的危害

铝溶解进入电解质中并被氧化，使电流效率降低，生产成本增加。

D　降低铝溶解的措施

具体措施将在 2.1.3 中介绍。

1.3.1.3　碳化铝的生成

A　碳化铝的生成现象

在大修电解槽拆下的阴极炭块中，常常看到在小缝隙中充满着亮黄色的碳化铝晶体，在较大的缝隙中充满着碳化铝和铝的混合物，这些碳化铝都是在电解条件下生成的。

B　碳化铝的生成反应

（1）在工业电解条件下，在槽底过热时铝和阴极碳作用生成碳化铝，其反应式如下：

$$4Al + 3C =\!=\!= Al_4C_3$$

（2）溶解在电解质中的铝与它接触到的炭渣相互作用也能生成碳化铝。

（3）高温下在熔融体中有过量的 AlF_3 存在时，低价氟化铝的生成可能性增加，而低价氟化铝能与碳生成碳化铝。

C　生成碳化铝的危害

（1）生成的碳化铝沉积在槽底上形成了碳化物薄层，因为碳化铝的电阻很大，所以增加了阴极上的电能消耗，同时又造成了铝的损失。

（2）渗入到阴极炭块体中的铝，在高温下与炭素反应生成了碳化铝，它会使炭块体积增大20%，炭块体积膨胀后内应力增加，加速了阴极炭块的破坏。

D　减少生成碳化铝的措施

（1）高温会促使碳化铝的生成，要避免电解槽局部过热现象发生。

（2）积极捞炭渣，始终保持干净的电解质。

（3）采用弱酸性电解质电解，降低低价氟化铝的生成。

1.3.1.4 电解质被阴极炭素内衬选择吸收

炭素内衬对电解质中的钠离子具有选择性吸收的能力，从而会减少电解质中钠离子的数量，造成电解质分子比的降低。这个副反应在电解槽焙烧及启动阶段对电解槽影响很大：一是炭素内衬选择吸收钠后会造成炭块早期破损；二是电解质被阴极炭素内衬选择吸收钠后，造成启动阶段电解质分子低，使生成的炉帮熔点低，易熔化。因此，电解槽在焙烧启动阶段需要添加氟化钠以弥补钠的减少，提高电解质的分子比。

1.3.2 阳极副反应

在电解生产中，阳极副反应主要是阳极效应，另外为溶解铝在阳极附近的氧化反应。溶解铝在阳极附近的氧化反应在 1.3.1.1 中已经介绍，本节仅介绍阳极效应。

阳极效应是熔融盐电解时独有的一种特征，这种特征在许多熔融盐电解时都能看到，只是采用冰晶石—氧化铝熔体电解时，阳极效应表现得更明显而已。

1.3.2.1 阳极效应现象的特征

在工业电解槽上发生阳极效应时，电压由 4.2 ~ 4.5 V，急剧地上升到 30 ~ 40 V，有时甚至上升到 100 V，在这种情况下与电解槽并联的小灯明亮，发出了效应信号，俗称"灯亮"。

阳极效应的外部特征：
（1）在阳极周围有明亮的火花，同时发出清脆的"劈啪"声。
（2）阳极周围的电解质像是被排挤要离开阳极表面，阳极上的气体已停止析出。
（3）电解质不再沸腾。
（4）与电解槽并联的低压灯泡发亮。

1.3.2.2 阳极效应发生的机理

对于阳极效应发生的机理目前有两种解释：一种解释是电解质的湿润性改变机理；一种解释是阳极过程改变机理。分别介绍如下。

A 电解质的湿润性改变机理

氧化铝是一种能使电解质对阳极湿润性改善的物质。当氧化铝在电解质中的含量足够时，电解质对阳极的湿润性很好，能轻易地将反应产生的阳极气体气泡从阳极底掌上排挤掉，使反应不断进行。

但是在氧化铝在电解质中的含量降低到一定浓度时，电解质对阳极的湿润性变差，不能将反应产生的阳极气体气泡从阳极底掌上排挤掉，相反，阳极气体却能排挤电解质，最终阳极气体布满整个阳极底掌形成了一层气体薄膜，阻碍了电流通过，反应停止，效应发生。当加入氧化铝后，效应停止。图 1-2 显示了正常生产与阳极效应时电解质对炭素阳极的湿润性情况。

B 阳极过程改变学说

随着电解的进行，电解质中氧化铝含量减少，阳极上的放电过程则由含氧离子的放电转变为含氧离子与含氟离子的共同放电：

$$4F^- - 4e + C = CF_4$$

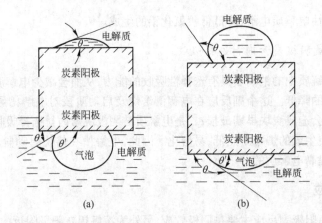

图 1-2　正常生产(a)与阳极效应(b)时电解质对炭素阳极
的湿润性及排出阳极气体气泡的情况

　　析出氟化碳(CF$_4$)气体,它们在电解质与阳极间构成一导电不良的气层,阻碍了电流通过,从而使反应停止,效应发生。当加入氧化铝后,效应停止。

　　总之,阳极效应的发生与电解质中氧化铝含量的减少有着密切的关系。电解生产中充分利用了这一特点并作为技术操作的关键部分。

1.4　电解质中氧化铝的分解电压

　　分解电压是指长期进行电解并析出电解产物所需的外加到两极上的最小电压。

　　在铝电解过程中,采用炭素材料作为阳极,电解温度为950℃,则理论计算氧化铝的理论分解电压为1.08~1.19 V,但实际中氧化铝的分解电压为1.5~1.7 V,实际值要比理论值高出0.4~0.6 V,这是由于在电解过程中阴、阳两极产生过电压所致。电化学中把实际的分解电压称为极化电压。极化电压的组成可用以下公式表示:

$$E_{极化} = E_{分解} + E_{过}$$

　　过电压与很多因素有关,但一般来说,温度越高、分子比越低、氧化铝含量越高,则电压越低。

　　电解质中其他成分的分解电压比氧化铝的分解电压高,例如温度为1027℃时,氟化铝分解电压为3.97 V,氟化钠分解电压为4.37 V,氟化镁分解电压为4.61 V,氟化钙为5.16 V。因此在电解生产正常时,如果电解质中氧化铝含量足够,其他离子放电析出的可能性就很小,只有氧化铝才会分解析出。

复习思考题

1-1　电解质的初晶温度会受到哪些因素的影响?

1-2　作为电解质的添加剂有哪些,各有什么作用?

1-3　作为铝电解的溶剂是哪种物质,为什么它能作氧化铝电解的溶剂?

1-4　铝电解的两极反应是如何进行的?

1-5　铝电解的两极副反应有哪些,对电解生产有哪些影响?

1-6　阳极效应发生的机理有哪两种学说?

2　铝电解的电流效率和电能效率

2.1　电流效率

2.1.1　电流效率概念

2.1.1.1　铝的电化当量

铝的电化当量是指在电解槽通过 1 A 电流经 1 h 电解,理论上阴极所应析出铝的克数,以 c 表示,该值为一常数 0.3356,单位为 g/(A·h)。

但是,工业上为统计电能消耗,会常用到铝的电化当量的倒数,以 q 或 Q 表示,单位为 A·h/g 铝或 A·h/kg 铝。

上述概念可用以下公式表示:

$$c = 0.3356 \text{ g 铝}/(\text{A·h})$$
$$q = 2.98 \text{ A·h/g 铝}$$
$$Q = 2980 \text{ A·h/kg 铝}$$

2.1.1.2　电流效率

电解铝的电流效率 (η) 是指在电解槽通过一定电量(一定电流与一定时间)时,阴极实际析出的金属铝量与理论应析出的金属铝量的百分比,是电解铝生产重要的技术经济指标之一。

$$\text{电流效率}(\eta) = \frac{\text{实际产铝量}}{\text{理论产铝量}} \times 100\%$$

在实际生产中,常按出铝量计算"出铝电流效率"即"铝液电流效率",但此值不是真实的电流效率,二者相差为周期始末槽中铝量差。如果该值要达到 ±1% 的精确度,必须要有半年以上的时间才能达到,所以短时间内的出铝电流效率只能是一个参考值。

比较精确的计算电流效率方法是将经盘存的槽中周期始末的铝量差再加上周期内的出铝量得出周期内实际产铝量,然后再与周期内理论产铝量相比。槽中铝液量的盘存方法见 5.2 节。

2.1.2　影响电流效率的因素

2.1.2.1　造成电流效率降低的原因

目前自焙铝电解槽的电流效率,大多在 85% ~ 90% 之间,预焙电解槽可达到 92% 以上。这就是说,仍有 10% 的电流,没有得到充分利用。

造成电流效率大幅度降低的原因,根据到目前为止的研究,可以归于以下三个方面:

(1)已电解出来的铝又溶解或机械混入到电解质中,并被循环着的电解质带到阳极空间或电解质表面为阳极气体中的 CO_2 或空气中的氧所氧化。这是电流效率降低的基本原因。

(2)其他离子的放电造成电流损失。这里主要是钠,钠离子放电后生成的金属钠在电解质中的溶解度很小,并且它本身的沸点又低(880℃),因此,大部分将以气体状态蒸发,小部分则随电解质一起转入阳极空间被 CO_2 或 O_2 所氧化:

$$6Na + 3CO_2 \longrightarrow 3Na_2O + 3CO$$

(3) 电流空耗。有如下几种情形:

1) 铝离子的不完全放电。

$$Al^{3+} + 2e = Al^+$$

这一反应,在阴极电流密度较低时,占有显著地位。因为在电流密度较低时,阴极表面的电子密度较小,不足以满足大量铝离子正常放电析出的需求。而在电流密度较高时,此过程将大为削弱。

在阴极生成的低价离子(或其相应的化合物)被循环着的电解质转移到阳极空间后,又会再被氧化为高价离子:

$$Al^+ - 2e = Al^{3+}$$

上述这个过程会不断循环,就会造成电流的无谓损失。

2) 电子导电。许多溶有它本身金属的熔盐,都具有电子导电性。

3) 漏电。通常是在槽帮结壳熔化,并且电解质液面上有大量炭渣时发生。在这种情况下,电流有可能通过炭渣由侧部漏出。但在一般情况下,侧部漏电的可能性是很小的。

因此,在上述三个方面中,第一项是造成电流效率降低的主要原因。

2.1.2.2　影响电流效率的因素

A　电解质温度

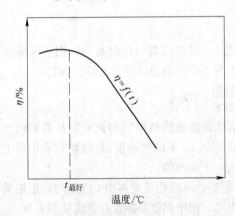

图 2-1　温度与电流效率的关系

根据对铝电解槽的测量表明,温度每升高10℃,电流效率大约降低1%~2%。见图2-1,温度对电流效率的影响是显著的。这是因为温度升高,电解质黏度降低,电解质循环强度和速度提高,从而使铝的溶解和损失速度加剧。因此,电解槽应力求避免热槽等现象,这对于提高电流效率是有好处的。

但是如果控制温度过低,电解质将会非常黏稠,黏度、密度都将增大,铝与电解质的分离不好,使铝的机械损失增加。另外,也使电解质电阻增加,导致槽电压升高,电解槽的热收入增加,反而会使槽温由冷转热,电流效率因此下降。

电解铝生产时,通过添加某些氟化物降低电解质的初晶温度来降低电解温度是十分有利的,添加剂的加入能使电解质在不增加黏度的情况下,降低电解温度,提高电流效率。

从图可看出,电流效率所对应的电解温度有一最佳值,在这个温度下,电流效率是最大的,高于或低于这个温度,电流效率都将降低。但是不同成分电解质的初晶温度不同,则这个最佳温度值也不同,这要根据电解质的性质而定。

表2-1列出了电解温度对技术及经济指标的影响。表中可见,温度除对电流效率有明显影响外,还对原材料的消耗有显著影响,温度下降能使物料消耗降低。但从表中也可看出,电耗会随着电解温度的下降略有升高。所以电解温度的选择要适宜。

表 2-1　电解温度对技术及经济指标的影响

温　度	电流效率	各种单耗			
		电耗/kW·h·t⁻¹	阳极/kg·t⁻¹	氟化盐/kg·t⁻¹	劳动生产率/h·t⁻¹
963℃	90.3	14100	501	51	6.0
957℃	92.6	14300	491	48	3.0

B　极距

极距是指阳极底掌到阴极铝液镜面之间的距离。随着极距的增大,电解质的搅拌强度减弱,因为相同的气体量所搅拌的两极间的液体量增加。搅拌减弱,电解质循环强度和速度降低,则使扩散层厚度增加,使铝损失减少,电流效率增加。

极距对电流效率的影响,见图 2-2。其他条件不变时,增加极距能使电流效率提高。电流效率的表现为最初增加很快,但后来随着极距进一步的增加则增加逐渐缓慢,以致最后不再变化。这是因为当其它条件不变时,极距增加,一是增加了溶解铝由阴极转向阳极的路程,使溶解铝的转移速度减小。二是阳极气体从电解质中溢出所造成的电解质循环强度减弱,溶解铝的转移速度同样也会减小。因此,增加极距时,能提高电流效率。

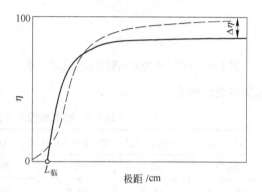

图 2-2　极距对电流效率的影响

但是,在生产中极距也不能随意增加,因为极距过分增大,会使电解质电压降增加,因而使槽电压增加,造成电能消耗增大。同时,在极距过大时还会造成电解槽热平衡遭到破坏,热收入过大,使电解质过热,反而会使铝的溶解增加,电流效率降低。

通过添加剂调整电解质成分,使电解质的电阻降低,则可以在不增加热收入的情况下,增大极距以增大电流效率。

因此,必须从电流效率和电能效率的综合结果来选择极距大小。

C　电解质分子比

当有过剩 AlF_3(即电解质分子比 CR 小于 3)时,电流效率提高。这是由于:

(1) 此时铝液—电解质的界面张力增大,有利于分散于电解质中的铝珠汇集。

(2) 铝液表面张力大,也使铝的溶解度减小。

(3) 在酸性电质中,Na^+ 的放电反应减弱。

但电解质分子比过小也有不利之处:

(1) 电解质中氟化铝的增加,会降低氧化铝在电解质中的溶解度。

(2) 电解质中氟化铝的增加,会加大电解质的蒸气压,氟化铝损失增加。

目前,电解铝生产均采用酸性电解质,但具体的电解质分子比大小则根据槽型的不同而不同。自焙槽是边部下料,下料量不精确,并且集气净化效果差,如果电解质分子比过小,就会减少氧化铝的溶解度,产生氧化铝沉淀,并且电解质挥发会对生产环境造成严重危害;预焙槽中部半连续自动下料,下料量精确,电解质中所控制的氧化铝含量低(3%),且每次加入的氧化铝数量少,所以电解质分子比小一些,对氧化铝的溶解度影响不大,这样加入的少量氧化铝可以充分溶解,另外大型密闭中间下料预焙槽,电解烟气可以集中收集和净化,减少了电解质挥发对生产环境的危害,所以加大了氟化铝的应用。目前的密闭型大型预焙槽,电解质分子比一般都控制在

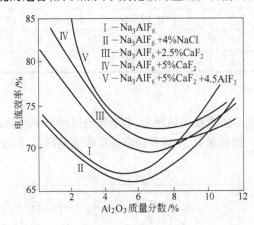

图 2-3 电流效率随氧化铝含量变化的关系

2.6 以下,有些已达到 2.2 左右(氟化铝过量近 10%)。所以自焙槽宜选取较高的分子比 2.5 ~ 2.8,预焙槽则选取较低的分子比 2.3 ~ 2.5。

D 电解质中的氧化铝浓度

在冰晶石—氧化铝熔体中,如果 Al_2O_3 含量在 5%(质量)时,电流效率为最低,Al_2O_3 含量大于或小于此值,电流效率均会升高,见图 2-3。这种现象对采用连续下料的预焙槽非常重要,连续下料时应设法避开电流效率最低值所相对应的氧化铝浓度。而采用其两侧的某一相应值。

表 2-2 列出了自焙槽打壳周期为 3 h 的电流效率变化情况。

表 2-2 铝电解槽在打壳前后电流效率的变化

项　目	打壳前 1 h 内	打壳前 0.5 h 内	打壳后 0.5 h 内	打壳后 1 h 内	打壳后 1.5 h 内	打壳后 2 h 内
CO_2/%	66.7	66.6	69.2	68.7	67.9	66.6
电流效率/%	86.8	86.8	88.1	87.8	87.4	86.8

从表可看出电解槽的电流效率在加料之后迅速提高,并在 0.5 h 内达到最高值,以后逐渐降低。所以,在自焙槽电解时,采用"勤加工少加料"的加工制度能维持较高的电流效率。

而对于预焙电解槽的半连续下料来说,由于加料间隔短,电解质中的氧化铝浓度变化幅度小,在生产过程中氧化铝浓度保持较为均匀,使电流效率稳定在较高的水平上(92% 以上)。

E 添加剂

选择能降低初晶温度的添加剂,对电解槽电流效率的提高无疑是有益的。氟化钙、氟化镁和氟化锂等均能起到这种作用。其中氟化锂价格高,限制了它的使用。氟化镁比氟化钙具有更大的优点。

电解槽在使用氟化镁时要根据加料方式的不同,来保持电解质中氟化镁的浓度。这是因为氟化镁能降低氧化铝在电解质中的溶解度。在自焙槽人工加料的情况下,对电解质中的氧化铝浓度要求高一些,所以在电解质中就不能添加过多的氟化镁,一般保持 4% ~ 5%。而在预焙槽中间半连续下料的情况下,电解质中的氧化铝浓度维持在较低的水平上,因而可以添加较多的氟化镁,一般保持 6% ~ 8%,以实现低温操作。

F 杂质

电解质中所含的 TiO_2、V_2O_5、P_2O_5 等氧化物杂质,在电解过程中,能被电解析出的金属铝还原为低价氧化物,随后这些低价氧化物被循环的电解质转移到电解质表面,重新氧化成高价氧化物,然后又重新被铝还原,不断循环,使铝的损失加剧,电流效率降低。

所以减少原料中的杂质,提高阳极质量对电流效率的提高有着重要意义。

G 阴、阳两极的电流密度

(1)阴极电流密度。图 2-4 表示了阴极电流密度对电流效率的影响。图中有三个特点：

1)在阴极电流密度降到零以前,电流效率已经为零。

2)在其他条件相同时,电流效率随阴极电流密度的增大而提高,在较低的电流密度下提高较快,但在较高的电流密度下提高幅度减小。

3)当阴极电流密度增加到一定值时,电流效率开始降低。

第一个特点是由于在阴极电流密度低到一定值(0.28 A/cm^2)时,铝离子产生不完全放电:$Al^{3+} + 2e = Al^+$；不能析出金属铝；或者析出的

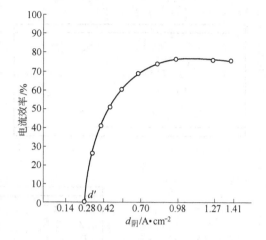

图 2-4 阴极电流密度对电流效率的影响

铝量极少,远远小于铝的溶解量,电解析出的铝立刻就被溶解,而不能形成金属铝液。第二个特点是因为随着阴极电流密度的增加,析出金属铝量的速度大于铝溶解损失的速度,电流效率就提高。当增加到一定程度时,继续提高阴极电流密度,会有少部分钠离子同时放电析出,从而使铝的析出增加量值减小,电流效率的提高幅度就减小。第三个特点是因为阴极电流密度提高到一定值时,钠离子开始大量放电析出,从而使电流效率降低。

实践证明,维护好炉帮结壳,保持规整炉膛,缩小阴极铝液镜面,保持较高的阴极电流密度,使槽底电流分配趋于均匀,减小水平电流密度,能够减弱磁场的不良影响,得到较高的电流效率。

目前工业铝电解槽上,自焙侧插槽的阴极电流密度一般为 0.6 A/cm^2 左右。

(2)阳极电流密度。阳极电流密度对电流效率的影响,有两种情况:第一是电流强度与阴极电流密度不变,改变阳极面积而改变阳极电流密度;第二是在阴极电流密度与阳极面积不变,改变电流强度来改变阳极电流密度。

第一种情况,在电解槽设计时予以考虑,一旦建成投产,则不能变动阳极面积。

第二种情况,在阴极电流密度不变的条件下,增大电流强度,亦即增大了阳极电流密度,会使电流效率下降。这是因为,当其他条件不变时,固定阴极电流密度,则阴极上放电析出的铝是一定的,而阳极电流密度增大时,在阳极底掌单位面积上析出的阳极气体 CO_2 量却增多,排出速度增大,使电解质的循环加强,同时 CO_2 深入到电解质内部,也增大了同溶解铝进行接触的机会。所以在第二种情况下增加阳极电流密度往往使铝损失增加,使电流效率降低。

在电解铝生产中,对阳极电流密度大小的选择是随着电流强度的增加而减小的。这是因为在保证电解槽有适当大的产量下,能够以较低的电能消耗生产。在电流强度小的电解槽上,为维持电解槽的热收入,采取高电流密度进行生产;而在电流强度大的电解槽上,能量大,所以为平衡电解槽的热收入,采取低电流密度进行生产。

自焙电解槽一般为 1 A/cm^2 左右。预焙阳极电解槽的阳极电流密度为 0.7 A/cm^2 左右,国外先进的大型预焙槽则达到 0.85 A/cm^2。

H 槽龄

槽内铝液在磁场作用下的流速随着槽龄的增加而提高,并且流动形式也在变化。根据研究,从新槽开动起直至停槽的生产期内,槽内铝液的对流形式可分三种(见图 2-5)。

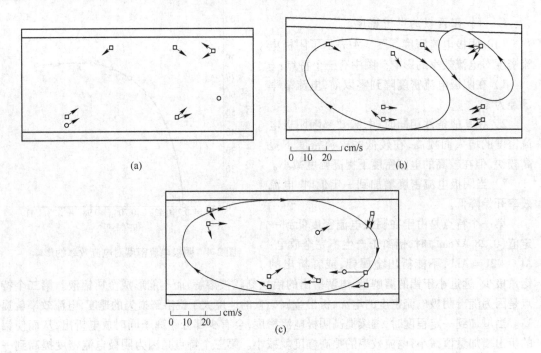

图 2-5　槽内铝液的对流形式

（1）平静型（图 a）。在新槽启动后第 2～3 个月内，铝液流速很慢，没有固定的对流形式。

（2）8 字型（图 b）。在启动后第 9～15 个月内，铝液流速加快，平均流速达 6 cm/s，其对流形式为呈扭曲的 8 字。

（3）环流型（图 c）。启动后第 18 个月起直至停槽，铝液流速更快，对流形式逐渐变为环状，同时紊流增多。

从上述三个过程可知：槽龄越长，铝液流速越快，而铝的溶解损失也就越快，所以电流效率也就降低。

在生产中，电解槽在启动后的 2～3 个月内，电流效率达到最高值，因其铝液的对流形式为流速很慢的平静型。

2.1.3　提高电流效率的措施

通过对电流效率与各相关因素的分析可以知道，电解铝生产提高电流效率的原则是：

（1）尽可能保持液层平稳，要创造条件少捞炭渣少扒沉淀，以免电解质和铝液波动的加大而使溶解铝损失加剧（二次反应）。

（2）尽可能降低电解温度，以降低铝溶解损失的速度。

（3）保持规整的炉膛内型，使电流尽可能均匀垂直地通过两个液层。

（4）自焙槽采用"勤加工少加料"的制度，保持电解质中氧化铝浓度稳定在 3%～6% 的范围内，每次加料不要过多，防止槽内产生沉淀；预焙槽保持在 1.5%～3% 的范围，调整好加料间隔。总之要尽可能保持电解槽的稳定运行。

（5）根据槽型保持适当的电解质分子比。

目前，大型预焙槽由于其槽型大，并且是在计算机控制下的均匀下料制度，所以其工艺控制遵循低分子比、低槽温、低氧化铝浓度、低效应系数、高极距即"四低一高"的原则进行参数选择，在这种参数条件下,电解铝生产能够取得较好的电流效率。

2.2 电能效率

2.2.1 电能效率概念

电能效率是指在电解槽生产一定量铝时,理论上应耗电能($W_{理}$)与实际消耗电能($W_{实}$)之比,以百分数表示。

$$\eta_{电能}(\%) = \frac{W_{理}}{W_{实}} \times 100\%$$

但工业上一般不采用这种方法来表示电能效率,而用"吨铝直流电能消耗"(简称"吨铝直流电耗")表示电能效率,即每 1 t 铝的实际消耗电能(ω)来表示,单位为 kW·h/t。

$$\omega = \frac{IV_{平均}\tau \times 10^{-3}}{0.3356 I\eta\tau \times 10^{-6}} = 2980\frac{V_{平均}}{\eta} \quad kW·h/t$$

式中 I——电解槽的电流强度,A;

$V_{平均}$——电解槽的实际电压即平均电压,V;

τ——电解时间,h;

0.3356——铝的电化当量,g/(A·h);

η——电解槽的电流效率。

例如,当 $\eta = 0.92$,$V_{平均} = 4.3$ V 时,直流电耗为:

$$\omega = 2980 \times \frac{4.3}{0.92} = 13928 \ kW·h/t$$

2.2.2 提高电能效率的意义

根据热力学计算,电解槽每生产出 1 t 铝,理论上大约需要 6500 kW·h 电能,但实际生产消耗却远远高于此数。一般铝电解槽的电能效率只有 40% ~50%,其余 50% ~60% 的电能则损失掉。因此,节省电能,提高电能效率是电解铝企业降低生产成本的重要环节。

从吨铝直流电耗的公式可知,直流电耗与槽平均电压成正比,与电流效率成反比。因此构成吨铝直流电耗的两个基本因素就是槽平均电压和电流效率。因此降低槽平均电压,提高电流效率均能降低电耗。

例如:当电流效率为 92% 时,槽平均电压每降低 0.1 V,则生产 1 t 金属铝将节省电能:

$$\Delta\omega = 2980 \times \frac{0.1}{0.92} = 324 \ kW·h/t\ 铝$$

如果年产铝量为 10 万吨,电价每消耗 1 kW·h 为 0.35 元,则企业全年将因此节约生产成本:

$$100000 \times 324 \times 0.35 = 11340000(元) = 1134(万元)$$

又例如:当槽平均电压为 4.2 V,电流效率由 92% 提高到 93% 时,则生产 1 t 金属铝将节省电能:

$$\Delta\omega = 2980 \times \frac{4.2}{0.92} - 2980 \times \frac{4.2}{0.93} = 146 \ kW·h/t\ 铝$$

如果年产铝量为 10 万吨,电价每消耗 1 kW·h 为 0.35 元,则企业全年将因此节约生产成本:

$$100000 \times 146 \times 0.35 = 5110000(\text{元}) = 511(\text{万元})$$

有关电流效率的内容在 2.1 节中已作介绍,本节介绍降低槽平均电压的途径及方法。

2.2.3　降低槽平均电压的途径

槽平均电压是由槽工作电压、效应分摊电压和系列线路电压的分摊值(俗称黑电压)组成:

$$V_{\text{平均}} = V_{\text{工作}} + V_{\text{效应}} + V_{\text{黑}}$$

其中:

(1) 槽工作电压($V_{\text{工作}}$)

$$V_{\text{工作}} = E_{\text{极化}} + V_{\text{阳极}} + V_{\text{电解质}} + V_{\text{阴极}} + V_{\text{母线}}$$

式中　$E_{\text{极化}}$——分解与极化压降,V;

　　　$V_{\text{阳极}}$——阳极压降,V;

　　　$V_{\text{电解质}}$——电解质压降(极距之间),V;

　　　$V_{\text{阴极}}$——阴极压降,V;

　　　$V_{\text{母线}}$——电解槽内母线压降(阴、阳两极母线),V。

(2) 效应分摊电压($V_{\text{效应}}$)

$$V_{\text{效应}} = \frac{k(V_{\text{效应}} - V_{\text{工作}})\tau}{1440}$$

式中　k——效应系数,次/(槽·日);

　　　$V_{\text{效应}}$——效应时电压值,V;

　　　$V_{\text{工作}}$——槽工作电压,V;

　　　τ——效应持续时间,min;

　　　1440——一昼夜的分钟数,min。

(3) 槽外系列母线电压降的分摊值($V_{\text{黑}}$)

$$V_{\text{黑}} = \frac{\text{总电压} - \text{槽工作电压总和} - \text{效应分摊电压总和}}{\text{生产槽台数}}$$

表 2-3 给出了侧插槽和预焙槽的平均电压各部分电压平衡值。

表 2-3　侧插槽和预焙槽的平均电压各部分电压平衡值

项　　目	侧　插　槽	预焙槽(不连续)
母线压降和线路分摊压降/V	0.25	0.17
极化压降/V	1.7	1.7
电解质压降/V	1.55	1.42
阳极压降/V	0.45	0.25
阴极压降/V	0.35	0.37
效应分摊压降/V	0.1	0.11
槽平均电压/V	4.4	4.02

从槽平均电压的构成上可见,减少阳极效应次数,并缩短效应时间,能够节省电能。为此,电解生产采取连续或半连续下料或"勤加工、少下料"的操作方法,可使电解质内经常保持一定浓度的氧化铝,这对于减少阳极效应次数是很有效的。但在生产正常情况下,效应系数作为工艺技术指标一般是不变的。

黑电压的降低则可以从改善导体的接触点和电解槽的绝缘性能,增加导电母线的截面积着手,但要增加对设备的投入资金,所以在电解槽已建成时潜力不大。

因此,在生产中降低槽平均电压的可能途径只能是从降低槽工作电压入手。下面分别予以讨论。

2.2.3.1 降低极化压降

极化压降是氧化铝分解电压与两极过电压之和,一般为 1.6 V 左右。其中氧化铝分解电压为固定值(1.08~1.20 V),阴极过电压较小只有 10 mV,而阳极过电压为 400~600 mV,所以降低极化压降主要是降低阳极过电压。

影响阳极过电压的因素很多。阳极电流密度的减少和电解质中氧化铝浓度的增加以及添加剂均能减少阳极过电压。所以在设计时要考虑减少阳极电流密度。而在生产中,主要是通过降低电解质分子比、添加氟化钙和氯化钙等措施来降低阳极过电压。

2.2.3.2 降低电解质压降

电解质电压降约占槽平均电压的 25%~40%,是降低平均压降的主要目标。

电解质电压降与其电阻率、阳极浸入电解质的表面积、铝液镜面面积、极距等因素相关。其中最主要的是电阻率和极距。

A 减小电解质的电阻率

在工业电解槽里经常有炭渣。一部分炭渣漂浮在电解质表面上,一部分却悬浮在电解质内部。据测定,正常生产槽的电解质内部平均碳含量约为 0.04%,炭渣直径约为 1~10 μm,炭粒主要是从阳极上掉下来的,0.04% 的碳对于电解质导电率的影响较小。但炭粒越细,夹杂在电解质里的数量愈多,则电解质电导率受的影响就越大。当电解质里夹杂 1% 炭渣时,电导率将减小11%。因此,在电解生产中分离炭渣的工作很重要,主要办法是采用分子比低的电解质,并添加氟化钙和氟化镁,使炭渣漂浮起来,而减少电解质电压降。

在预焙槽上,阳极易于氧化,掉落炭渣较多,因此宜用氧化铝覆盖在阳极上面,以保护阳极不被氧化。新阳极表面上的炭渣和炭粉,清理干净后再使用。而在自焙槽上,应防止淌糊。

除了炭渣以外,在工业电解质里还有一些悬浮的固体氧化铝和碳化铝,它们也会增大电解质的电阻率。因此,在加料之时宜严格控制加入电解质内的氧化铝数量,以免造成大量的不溶性氧化铝。

添加锂盐或氯化钠能够提高电解质的电导率,一般可添加 3%~5% 氟化锂(或用碳酸锂代替氟化锂)或氯化钠。

B 适当缩短极距

据工业电解槽测定,每 1 cm 极距所对应的电解质电压降,旁插棒槽为 400~450 mV;预焙槽为 300~350 mV。缩短极距以降低平均电压潜力很大。但在生产中对降低极距要采取慎重的态度,因为极距缩短会降低电流效率。

2.2.3.3 改善导体接触点

在电解槽中,金属导体之间的接触点很多,每槽的接触点电压降约为 20~40 mV,电能损失很大,因此需要改善。压接点应定期清刷,使接触面保持平整和干净;焊接点也应保持接触面平整和洁净。

2.2.3.4　降低阳极电压降

自焙槽阳极电压降是指电流从阳极棒头到阳极底掌通过时所产生的电压。

预焙槽阳极电压降是指电流从卡具到阳极底掌通过时所产生的电压。

阳极电压降由三部分组成:阳极棒本身电压降(或铝导杆电压降)、阳极棒与阳极锥体接触电压降(或钢爪与阳极炭块接触电压降)以及阳极锥体(或预焙阳极炭块)本身的电压降。

自焙槽降低阳极电压降,要从以下几个方面入手:

(1)保持工作阳极棒都通电,如果连接阳极棒的导板(小母线)被烧断,应及时更换或焊接。

(2)减少阳极棒与阳极锥体接触压降,要求阳极表面光洁、钉棒质量高、钉棒时间适宜,根据阳极锥体烧结情况,及时转接。

(3)为减少阳极锥体本身压降,要求通电均匀,使锥体烧结质量高。锥体烧结焦化得好,比电阻就小,压降就小。另外尽量保护阳极不氧化不掉块,否则由于阳极导电截面积减小,电流密度增大,造成阳极锥体电压降升高。

(4)阳极棒至阳极底掌,这一段电流行程越短,电压降也就越小。因此转接母线不易过早,棒距也不宜过大,钉棒要有一定的深度和角度。增加小母线的片数,增大阳极棒的长度和直径,对于节省电能来说是有利的。

预焙槽降低阳极电压降,除提高预焙阳极炭块质量外,主要是改善钢爪-炭块之间接触电压降,因其占阳极压降的 20% 以上,约为 150～200 mV。

降低钢爪-炭块之间接触电压降的方法有:

(1)改善磷生铁成分,改进浇铸方法,增加铸铁与炭块的接触面积。

(2)用氧化铝覆盖在钢爪-炭块的接触部位上,提高 Fe-C 接触点的温度,可以有效地减小 Fe-C 接触压降。

2.2.3.5　降低阴极电压降

阴极电压降是指从铝液至阴极棒头一段导体中的电压降。在工业电解槽上,该值通常为 300～400 mV。

阴极炭块组(新)本身的压降约为 190～200 mV,但阴极压降却比它大 100～200 mV。其原因主要是由于在炭块表面上沉积着炭化铝、电解质结块和氧化铝沉淀,在炭块内部有炭化铝和凝固的电解质,它们都会增大炭块的电阻。因此控制下料量,防止大量氧化铝沉积下来,是减小阴极电压降的一项重要措施。

2.2.3.6　减少热损失

电解过程是在高温下进行的,电解槽的热损失(传导、对流与辐射)约占输入槽内总能量的 50% 左右。因此,减少电解槽的热损失,是节省电能的一个重要方面。另外,在减少电解质电压降的时候,应当照顾到电解槽的热平衡发生的变化,也就是说,电解质电压降减少以后,电解槽收入的能量降低,为了保持新的热平衡条件,相应地应当减少电解槽的热损失量,因此,减少电解槽的热损失量可以说是减少电解质电压降的一个先决条件。

电解槽热损失分布情况见表 2-4。

表 2-4　电解槽的热损失分布

项　目	侧插棒式自焙阳极电解槽	预焙阳极电解槽
	比　例	比　例

经阳极损失	20%	40%
经氧化铝壳面和电解质液面损失	20%	20%
经槽壳上部、侧部和底部损失	60%	40%
合　计	100%	100%

从表中可见侧插棒式自焙阳极电解槽,经槽壳上部、侧部和底部的热损失量约占其总量的60%。而在预焙阳极电解槽上,经阳极和槽壳的热损失量各占其总量的40%。因此,在侧插槽上应减少其经槽壳的热损失量,例如增加槽面保温料、缩小电解槽的加工面、减少大加工的次数、增加槽底和槽壁的保温性能等,都能减少自焙电解槽的热损失,有助于降低槽电压。而在预焙槽上应在槽面和阳极块上增厚氧化铝的覆盖层,这对于减少预焙槽的热损失作用很大,特别是冬季尤其明显。

复习思考题

2-1　电解槽的电流效率概念是什么?

2-2　影响电流效率的因素有哪些?

2-3　生产中如何提高电流效率?

2-4　电解铝生产的电能效率概念是什么,生产上常用什么指标来表示电能效率?

2-5　槽平均电压有哪些部分组成?

2-6　生产上提高电能效率的途径有哪些?

3 铝电解槽及附属设备

铝电解槽是电解铝生产的主要设备。分为自焙阳极电解槽和预焙阳极电解槽。其中自焙阳极电解槽分为侧插阳极棒式(见图3-1)和上插阳极棒式(见图3-2)两种槽型。预焙阳极电解槽分为连续式(见图3-3)和不连续式两种槽型,其中不连续预焙阳极电解槽根据下料部位的不同又分为中间下料(见图3-4)和边部下料(见图3-5)两种槽型。自焙阳极的电解槽由于环境污染和自动化程度低,目前已逐渐被淘汰,而预焙阳极电解槽的操作比较简单,阳极电压降比自焙阳极低,且易于实现电解生产的机械化和自动化,有利于电解槽向大容量方向发展,并且消除了电解过程中的沥青烟害,环境污染小,所以预焙阳极电解槽已成为当今电解铝工业的主流槽型。新建或扩建的电解铝厂都采用预焙阳极电解槽,并且槽容量呈越来越大的趋势。目前我国最大的电解槽容量为 350 kA。而世界上最先进、容量最大和产量最高的电解槽是三台法国彼施涅公司的 AP50 电解槽,槽长度 18 m,电流 500 kA,槽日产量 3825 kg 铝,阳极效应为 0.041 ~ 0.05 次/(槽·d),这种电解槽投资成本比一般电解槽高出 15%,但生产成本却降低 10%。

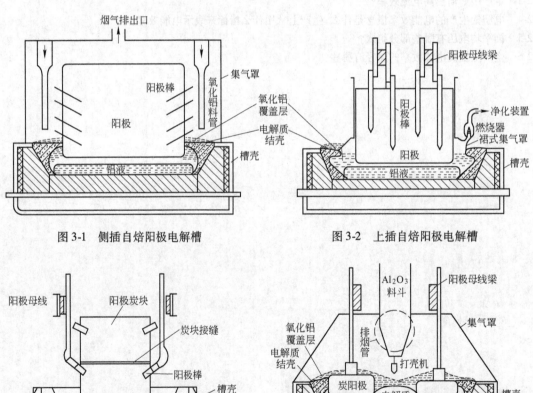

图 3-1 侧插自焙阳极电解槽 　　　图 3-2 上插自焙阳极电解槽

图 3-3 连续预焙阳极电解槽 　　　图 3-4 中间下料预焙阳极电解槽

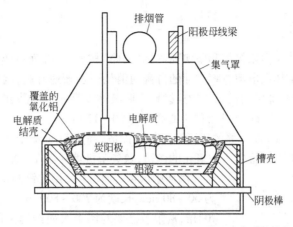

图 3-5　边部下料预焙阳极电解槽

本书内容仅介绍侧插式自焙阳极电解槽和中间下料预焙阳极电解槽的生产。

3.1 侧插式自焙阳极电解槽的结构

铝工业电解槽的构造通常分为五个部分:基础部分、阴极装置部分、阳极装置部分、上部金属结构部分和导电母线装置和绝缘措施部分。

3.1.1 槽基础部分

电解槽一般设置在地沟内的混凝土基础上,在基础上用耐火砖砌成宽一砖半见方的砖垛,基础垛上铺以绝缘石棉板,然后将钢制电解槽壳安放在其上面,对基础的要求要有较大耐压性能、绝热性能和绝缘性能。

3.1.2 阴极构造部分

铝电解槽通常采用长方形钢体槽壳。其外侧用工字钢或型钢加固,周围用厚为 2 ~ 3 mm 钢板焊成,在槽底钢板上按设计要求每隔一定距离焊有承重的大型钢轨,在槽壳上面焊有槽缘板,在槽缘板上焊有挡料板,以防原料等淌出。在钢制矩形槽壳的底面上铺设一层或二层石棉板,其上铺设硅藻土保温砖和黏土耐火砖,在黏土耐火砖上面扎有 40 mm 厚的炭素垫在扎固的炭素垫上按长短交错安装焊有阴极钢棒的

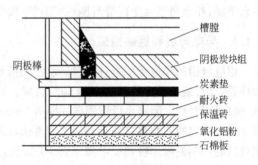

图 3-6　槽体断面图

阴极炭块组,其缝隙用底糊填充扎固。在电解槽四个侧面的最外层由外向内依次铺有 10 mm 厚的石棉板两层、耐火砖 1 ~ 2 层并留有 30 ~ 40 mm 的伸缩缝,其中填充耐火颗粒或氧化铝。然后砌二层侧部炭块。最后将底部炭块的缝隙用炭糊扎固,使之成为一个整体。槽体断面图见图 3-6。

由槽底炭块和侧部内衬围成的空间称为槽膛,其深度一般为 500 ~ 600 mm,槽膛四周下部用炭糊捣固成斜坡,被称为人工伸腿,以帮助铝液收缩于阳极投影区内,使电流垂直通过电解质。

3.1.3　阳极构造部分

铝电解槽的阳极体是由阳极糊和坚实固体炭（锥体）构成,其外面有铝板制成的铝箱和钢质框套。阳极体下部的锥体在电解过程中伴随自身的消耗而逐渐地升高,因而在上面的铝箱内必须周期性地添加阳极糊,确保阳极工作的连续性。阳极体总高一般保持在 140～160 cm,其中上部液糊中心高度为 40～60 cm,下部锥体中心高度为 90～110 cm。

铝箱是用厚度为 1 mm 左右厚的压延铝板铆接而成,高度为 1 m,形状为长方框形。其作用是盛装阳极糊以及保护下部锥体不被氧化的作用,随着阳极消耗而在上部定期铆接新铝箱。

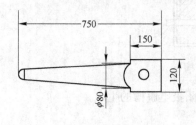

图 3-7　60 kA 侧插槽阳极棒

侧插阳极棒(见图 3-7)用软钢制作,呈圆锥体形状,直径为 60～80 mm,长度为 700～800 mm,与阳极的平面成 15°～20°角,从阳极框架的两个大面经框架的框翅穿透铝箱插入炭糊内。上下钉有四排,其棒数根据槽容量和单棒负荷大小而定,共计 90～100 根,其中最上面的两排棒不导电以待备用,下面两排棒导电并有部分棒承担阳极体的悬挂,上下两排棒之间的距离为 200 mm。

阳极框架位于阳极体的外部,由槽钢和角钢焊制而成。框架内部尺寸与阳极断面尺寸相同。框架下部框翅挂有 U 形吊环与阳极棒搭挂而挂住阳极体,框架的上部四角处有滑轮组通过钢丝绳与上部金属平台升降装置的卷筒相连,从而使整个阳极及框架悬于电解槽之中。阳极框架具有保持炭素体定形和承担阳极体升降的作用。

3.1.4　上部金属结构

包括支柱、平台、氧化铝储箱,阳极升降机构,槽帘、排烟管路等。四个支柱装置在槽壳四角的上面,起承担槽上全部金属结构、阳极体和导电母线重量的作用。阳极母线束用吊挂挂在金属平台下面,在金属平台上面焊有围栏,围栏下面焊有挡料板,在金属平台内设有氧化铝储箱。

3.1.5　导电母线和绝缘措施

铝电解槽的导电母线有:阳极母线束、阴极母线束和立柱母线束。这几种母线束一般采用铝质压延母线,或铸铝母线(80～400 mm)制成。另外阳极小母线用铜板和厚 1 mm 厚的软铜片焊成,每束约 20 片。阴极小母线用铜片厚为 1 mm 焊接而成,每束 20 片。为防止电解槽对地漏电,在金属结构之间或金属结构与母线之间都采取绝缘措施,以防电流短路造成人身设备的危害和浪费电能。其绝缘部位和要求如下表 3-1 所列。

表 3-1　电解槽绝缘部位表

序　号	部　位	绝缘材料	绝缘电阻/Ω
1	槽壳—立柱	石棉水泥板	0.5
2	槽壳—槽帘	石棉橡胶板	0.5
3	金属平台金属吊挂耳环	石棉橡胶板	0.5
4	氧化铝仓—下料管	石棉橡胶板	0.5
5	阳极框架—滑轮	石棉橡胶板	0.5
6	金属平台—阳极母线束	石棉橡胶板	0.5
7	排烟管—地坪	石棉水泥板	1

序 号	部 位	绝缘材料	绝缘电阻/Ω
8	槽壳—砖垛	石棉板与瓷砖	1
9	阴极母线束—砖垛	石棉板与瓷砖	1
10	地 坪	沥青碎石与砂浆	1

3.2 预焙阳极电解槽的结构

预焙阳极铝电解槽也是由基础、阴极结构、上部结构、母线结构和电气绝缘五大部分组成。

3.2.1 基础

铝电解槽通常设置在地沟内的混凝土地基上面。也有采用两层式结构,电解槽由钢筋混凝土所做成的基座所支撑。在电解槽安装之前,要在地基或基座上放置绝缘材料(如石棉板)。因为整流器的输出电压很高,达千伏以上,所以电解槽的基础应具有安全可靠的电绝缘。

3.2.2 阴极结构

阴极结构指电解槽槽体部分,是由槽壳和内衬构成。

3.2.2.1 槽壳

槽壳为长方形钢体,外壁和槽壳底部用型钢加固,槽壳内用内衬砌体。它不仅是盛装内衬砌体的容器,而且还起着支承电解槽重量、克服内衬材料在高温下产生热应力和化学应力迫使槽壳变形的作用,所以槽壳必须有较大的刚度和强度。预焙电解槽一般采用刚性极大的摇篮式槽壳。

3.2.2.2 内衬

内衬砌体的构造,是根据工艺要求、槽容量和材料性能计算确定的,不同类型、不同容量、不同材料的槽内衬结构有所不同。某 80 kA 中心下料预焙槽的内衬构成如图 3-8 所示。

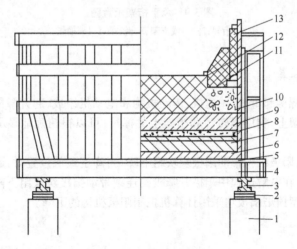

图 3-8 预焙槽槽壳断面图

1—混凝土支柱;2—绝缘块;3,4—工字钢;5—槽壳;6—石棉板;7,9,11—耐火砖;
8—氧化铝;10—混凝土;12—侧部扎糊;13—侧部炭块

底部首先铺一层 10 mm 的氧化铝粉,其上铺一层 65 mm 厚的硅酸铝绝热板,用氧化铝找平后,其上干砌两层 65 mm 的保温砖。用氧化铝找平后,再在其上用灰浆砌三层 65 mm 的耐火砖。耐火砖上直接安装已组装好阴极钢棒的阴极炭块组,槽壳上的阴极钢棒引出口均用水玻璃、石棉灰调和料密封,以防止炭块与空气接触而氧化。侧部四面砌有石棉板,侧部用一层 115 mm 厚的侧部炭块粘结围成槽内衬。侧部炭块与槽壳之间的缝隙用氧化铝填充。中间下料预焙槽,从工艺上要求底部应有良好的保温,以利于炉底洁净,侧部应有较好的散热,以促成自然形成炉膛,所以其侧部保温层有所减薄。

3.2.3 上部结构

槽体之上的金属结构部分,统称上部结构,分为承重桁架、阳极提升装置、打壳下料装置、阳极母线和阳极组、集气和排烟装置。

3.2.3.1 承重桁架

承重桁架下部为门式支架,上部为桁架,整体用铰链连接在槽壳上。桁架起着支承上部结构其他部分的作用,并承担包括预焙阳极块等在内所有槽体上部结构的重量。承重桁架的示意图见图3-9。

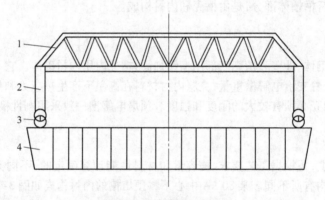

图 3-9　承重桁架示意图
1—桁架;2—门或支架;3—铰接点;4—槽壳

3.2.3.2 阳极提升装置

阳极提升装置由螺旋起重机、减速机、传动机构和电动机组成,起升降阳极作用。提升机构安装在上部结构的桁架上,利用回转计和桁架上的标尺,可以很精确地显示阳极母线的行程位置。

随炭阳极的消耗,阳极机构带动阳极炭块组下降,当降至最低位置时,通过抬升母线作业把水平母线提高,以保证在电解过程中阳极升降机构连续带动阳极炭块组下降,使阴、阳极间的间距相对稳定。现代大型预焙阳极均采用计算机控制阳极机构的下降。

3.2.3.3 打壳下料装置

在中间下料预焙槽的上部大横钢框梁上设有打壳下料装置。打壳装置的作用是自动打开壳面往电解质中添加原料氧化铝,它由打壳气缸和打击头组成。打击头为一长方形钢锤头组成,通过锤头杆与气缸活塞相连。当气缸充气活塞运行时,便带动锤头上下运动,打击熔池表面的结壳

（见图3-4）。打壳锤头的数量根据电解槽的容量而定。

下料系统由槽上氧化铝料箱、下料器组成。筒式下料器安装在料箱的下部。

每个氧化铝料箱设打壳锤头一个，每隔一定时间自动击穿电解质结壳，同时从下料器中淌下一定数量的氧化铝。锤头设在电解槽的纵向中央部位上。这样，整个电解槽可以在密闭的条件下进行打壳和加料。因此这种型式的电解槽就被称为中间下料预焙槽。

3.2.3.4 阳极母线和阳极组

两个阳极大母线两端，悬挂在螺旋起重机丝杆上，阳极组通过卡具卡紧在大母线上。阳极大母线既承担导电，又承担阳极重量。

阳极组（见图3-10）是由阳极炭块、钢爪和铝导杆预先组装而成。钢爪与炭块用磷生铁浇注连接，与铝导杆为铝-钢爆炸焊连接。阳极炭块是用石油焦、沥青焦为骨料，煤沥青为黏结剂制造并经焙烧而成，具有稳定的几何形状，一般为长方体。在其导电方向的上表面预先制有 2 ~ 4 个直径为 160 ~ 180 mm、深为 80 ~ 110 mm 的炭碗。在阳极组装时，钢爪安放到炭碗中，通过磷生铁浇铸，使铝导杆与阳极炭块连为一体，组成阳极炭块组。阳极炭块根据电解槽电流的大小和工艺的不同而有不同的尺寸，但通过它的电流密度一般为 0.70 ~ 0.90 A/cm²，使用周期为 20 ~ 28 天。

每组阳极炭块组由 1 ~ 3 块阳极炭块构成。炭块组的数量视电解槽的电流强度和阳极电流密度而定（一般为 10 ~ 40 组）。这些炭块组在槽内对称地排列在阳极水平母线的左右两侧，炭块组的铝导杆靠可转动的卡具固定在水平母线上，铝导杆起输送电流和吊挂炭块组的双重作用。

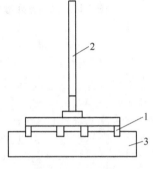

图 3-10 阳极组
1—钢爪；2—铝合金导杆；
3—预焙阳极块

3.2.3.5 集气排烟装置

预焙槽上部结构盖板和槽的周围有可人工移动的铝合金槽罩密封。槽罩分为大面罩、角部罩和小面罩。具体数量要根据槽的不同容量而不同。

槽子产生的烟气由上部结构下方的集气箱汇集到支烟管后，再进入到墙外总烟管去净化系统。

3.2.4 母线结构

整流后的直流电通过铝母线引入电解槽，槽与槽之间通过铝母线串联而成，所以电解槽有阳极母线、阴极母线、立柱母线和软带母线。阳极母线属于上部结构。

母线不仅被看成是电流的导体，而且更应注意它所产生的磁场对电解过程的影响。中小型自焙槽的母线配置通常采用纵向排列，单端进电，阴极母线沿槽大面直接汇集的简单排布方式，见图3-11。而预焙槽电流强度大，磁场的影响也更大，母线配置尤其重要。所以，对预焙槽的进电方式与母线配置上作了许多研究。在我国前三个 165 kA 大型中间下料预焙槽上均采用了横向排列，双端进电，出电侧阴极母线沿槽大面汇集，进电侧阴极汇集母线绕槽底中心然后转直角由小面中心引出的母线配置方案，见图3-12。另外还有一种阴极两侧的母线电流直接引入下一台槽的阳极母线的母线配置方案，见图3-13。随着技术进步，又摸索出可有效降低铝液中垂直磁场的大面多点进电和与之相适应的母线配置方案，如等电流五端进电，阴极母线采用不对称母线配置及铺设补偿母线等新方案。目前国内新建成及在建的铝厂大多选用多点进电的母线配置。

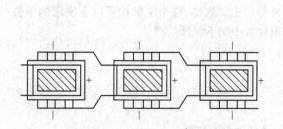

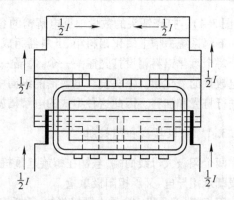

图 3-11　纵向排列母线连接图　　　　图 3-12　有补偿线的横向排列双端进电母线配置

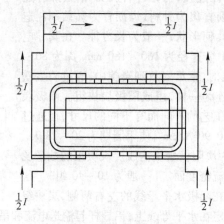

图 3-13　横向排列双端进电母线配置

3.2.5　电气绝缘

为保证设备和人身的安全,需要在电解槽上设置绝缘。电解槽系列上电压达数百伏,甚至上千伏。一旦发生短路、接地等现象,容易造成电器设备,特别是电子控制设备事故,一旦人手触摸构成与地回路,还会发生人身事故。电解槽系列使用大功率的直流电,而槽上电动机、回转计使用的是交流电。若直流电窜入交流电的回路,也会引起设备事故。因此,对两者也有进行绝缘的必要。

电解时,直流电依次通过各槽的电解反应区,即阳极—电解反应—阴极—下一槽的阳极。通常,槽壳与阴极同电位,上部结构与阳极同电位。但是,由于上部结构与槽壳紧紧相邻,槽壳又通过铁制件在各处彼此连接,可能造成直流电通过相连接处直接流走。为避免这部分直流电不参加电解反应而从旁路走掉,必须采取必要的绝缘。

具体设置绝缘物的部位是:

(1)为防止接地,在阴极母线(含汇流母线)—母线墩、槽壳—槽壳支柱、上部结构支烟管—主烟管之间设置绝缘体。

(2)为隔离交、直流电,在马达底座、回转计底座处要装有绝缘体。

(3)为防止直流电从旁路走掉而不进入电解反应区,要在门型支柱-槽壳、槽罩的上下端,阳极铝导杆—上部结构顶板、打壳气缸安装处的底座、打壳锤头杆—集气箱之间安有绝缘体。

(4)在短路口处,为防止一部分电流不从压接面而从压接螺栓通过,在螺栓上也要配备绝缘的套管和垫圈。

3.3　电解铝生产车间

　　电解铝生产通常是将一个整流器出来的直流电流所流经的所有电解槽作为一个生产系列。一个生产系列可设在一个电解厂房内,也可设在两个厂房内,但通常都设在两个厂房内。在两个厂房之间设有氧化铝贮仓,以供整个系列使用,见图3-14。

　　直流电的电源一般是硅整流器,安装在整流所内。整流所靠近系列,这样的配置可以减少母线投资,降低母线电耗。

　　系列中电解槽为串联连接。直流电从整流器的正极经铝母线送到第一个电解槽的阳极,经电解质和铝液层流过阴极,然后通过该槽的阴极母线和在槽体底部的联络母线、到下一槽立柱母线和软母线与下一槽的阳极母线连接,从而使电流进入下一槽的阳极,依此类推,就将电解槽一个一个串联起来,从最后一台电解槽阴极出来的电流返回整流器的负极,这样构成了一个系列。

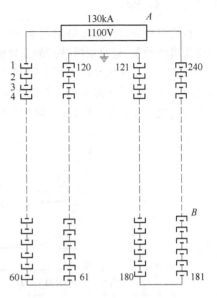

图3-14　电解铝生产系列

A—整流所;*B*—电解槽

　　电解槽设在电解厂房内。电解槽在厂房内的设置一般是自焙槽采取纵向双行排列,见图3-15。大型预焙槽则采取横向单行排列,见图3-16。

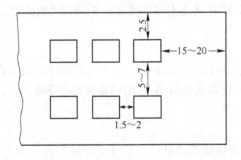

图3-15　自焙槽纵向双行排列

图3-16　预焙槽横向单行排列

　　为了降低母线电流密度,减少母线电压降,降低造价,电解槽均采用大断面的铸造铝母线,只有在转带和少数异型连接处采用压延铝板焊接。

3.4　电解铝生产的辅助设备

　　电解铝生产所用的主要辅助工具随电解槽型的不同有所不同。

3.4.1　侧插式自焙阳极槽所用工具

　　在侧插式自焙阳极槽电解铝生产厂房中,主要生产工具有打壳机、拔棒机、钉棒机、直棒机、吊车等。

3.4.1.1　打壳机

打壳机是自焙阳极电解槽用来敲打槽面氧化铝硬壳使之破碎而达到向槽内添加氧化铝的一种常用机械设备,是自焙槽打壳的主要设备,其结构示意图见图3-17。它运转和打壳的动力是用压缩空气。它是在风动的小车上装有打壳装置即气缸和机头,其工作原理是带有一定压力的空气经过气缸推动活塞的作用来带动机头上下往返运动,产生动能而实现打壳。由于小车和打壳的动力均是压缩空气,故必须连接较长较重的粗胶管。

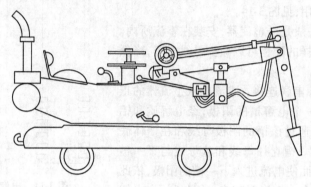

图 3-17　打壳机结构示意图

3.4.1.2　拔棒机和钉棒机

拔棒机、钉棒机是侧插槽型用来拔、钉阳极棒的一种常用机械设备。它的动力同样是压缩空气。其原理是利用压缩空气在气缸里推动活塞往返运动,从而带动连杆来实现其拔、钉棒的机械功能。

3.4.1.3　桥式起重机

在每个生产厂房里面有1~2台桥式起重机,这种设备是国家标准设备。它的作用就是在厂房内部吊运原材料及重大设备,如往槽上氧化铝料仓加氧化铝,吊运出铝真空抬包等等。

3.4.2　预焙阳极电解槽所用工具

预焙槽所用的辅助设备主要有吊车联合机组和母线提升机。

吊车联合机组是一种多功能的大型桥式起重机。在桥式起重机上安有打壳和加料装置,承担了更换阳极,往阳极上添加氧化铝保温料、出铝、大面及小面打壳和输送氧化铝到电解槽料箱等任务。

母线提升机是进行母线提升的专用设备,作用是将铝导杆固定在提升机上,避免阳极在提升阳极母线时发生移动。

复习思考题

3-1　铝电解的槽型有几种?
3-2　铝电解系列电解槽的排列有几种?
3-3　侧插自焙槽的结构由几部分构成?
3-4　预焙阳极中间下料电解槽由几部分构成?

4 铝电解槽的焙烧及启动

铝电解槽的焙烧与启动是电解铝生产过程中两个重要阶段。不论是新建系列槽，或大修理后单个电解槽，或因某种原因临时停产后未经大修又需重新投产的电解槽(称二次启动)，均需经过焙烧与启动两个阶段才能转入正常生产。这两个阶段虽然时间很短，仅几天或十几天。但技术性强而且较复杂，其工作的好坏将影响到以后的生产和槽寿命。故此必须予以足够重视。

4.1 焙烧方法简介

4.1.1 铝电解槽焙烧的目的

自焙阳极电解槽和预焙阳极电解槽的焙烧目的有所不同。

自焙阳极电解槽焙烧的目的如下：

(1) 将已铸型好的阳极通过焙烧烧成一个能供给电解铝生产连续使用的阳极。

(2) 焙烧阴极。通过焙烧使阴极炭块之间的炭糊，或全部用炭糊捣固成的阴极槽衬进行烧结，成为一个完整的炭素槽膛。

(3) 烘干槽底内衬并进一步提高槽膛温度，使之接近于生产温度(约900℃左右)，以利于下一步的启动。

而预焙阳极电解槽焙烧目的为上述第(2)、(3)两项。

至于二次启动槽，不管槽型为哪类，其焙烧目的仅为上述第(3)项。

4.1.2 焙烧方法

为了实现上述焙烧目的，在生产中有各种焙烧方法，根据电解槽的具体情况采用不同的方法。

4.1.2.1 焦炭焙烧

我国最早在新建侧插自焙阳极电解槽系列中采用了这种方法。在电解槽两极之间铺设18～20 cm厚的焦炭层，利用其通电后的焦炭电阻热焙烧两极。通电采用逐步升电流的方式，以有利于两极焙烧温度稳步上升，对被焙烧的两极质量有利。但是缺点为焙烧时间长、劳动强度大、环境条件差、需停电清炉、耗费的电能和材料较多。目前该法已遭淘汰。

4.1.2.2 焦粒焙烧

焦粒焙烧法适用于任何类型电解槽，这是对焦粒焙烧方法的改进。在铝电解槽的阴阳两极之间铺设一层2～4 cm焦粒(粒度1～5 mm，系列启动严格控制1 mm下的颗粒，因电解质被循环使用则使炭渣越聚越多)，使两极紧密接触，利用通电后焦粒电阻热和两极电阻热来焙烧两极，焦粒焙烧法示意见图4-1。

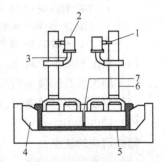

图4-1 焦粒焙烧法示意图

1—螺旋卡具；2—阳极大母线；
3—软连接；4—冰晶石；5—焦粒；
6—铝导杆；7—中缝

焦粒焙烧的优点：

（1）阴、阳极可从常温下逐渐升温预热。避免了铝液预热法中开始灌入高温液态铝时强烈的热冲击。

（2）焦粒层保护了阴极表面免受氧化，不存在阴极炭块烧损问题。

（3）在使用分流器的情况下，可以控制预热速度。

（4）部分热量产生在阴极炭块中，可使阴极内衬得以从内部烘干。

（5）如果阴极表面产生了裂缝，则可在启动时被高熔点的高分子比电解质填充而不是高温铝液，有利于防止内衬早期破损。

（6）上升电流较快，焙烧时间较铝液焙烧方法为短（约少4天），而且不必清炉就可以启动，并且不需要复杂设备。

（7）一次可以焙烧多个电解槽。

焦粒焙烧的缺点：

（1）电流上升较快，调整阳极电流的均匀分布较为困难。

（2）阴极表面温度不很均匀，可能产生局部过热。

（3）需要接入和拆除电流分流器和阳极导杆导电软带，复杂了操作过程，增加了操作难度。

（4）槽四周扎糊带预热不良。

（5）启动后电解质中炭渣多，需要清除炭渣，费工费料。

4.1.2.3 铝液焙烧

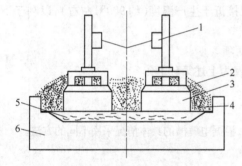

图 4-2 铝液焙烧法示意图
1—阳极母线；2—冰晶石保温料；
3—阳极；4—电解质和冰晶石粉；
5—铝液；6—槽体

铝液焙烧法适用于预焙槽和二次启动槽。凡是不需要焙烧阳极的电解槽均可采用此法。向电解槽两极之间灌入相当数量的液体铝后即通电，利用铝液导电并依靠两极的电阻热进行焙烧，短时间即可升至额定电流。铝液焙烧法示意见图4-2。

铝液焙烧的优点：

（1）方法简便，易于操作，不需要增加任何其他临时设施。

（2）槽内温度分布均匀，不会出现严重的局部过热现象。

（3）阴极炭块中升温梯度小，温度上升均匀，可减小阴极炭块热裂纹。

（4）阴极炭块不受氧化。

（5）用冰晶石粉覆盖阳极，可完全避免阳极氧化。

（6）启动后电解质清洁，省工省料。

（7）烟气量小。

铝液焙烧的缺点：

（1）灌高温铝液（800～900℃）的瞬间，会使阴极炭块受到强烈的热冲击，影响阴极内衬寿命。

（2）熔点低、黏度小的铝液优先渗入内衬裂纹中以及填缝糊，这种焙烧缺陷无法在焙烧结束后检测到，并及时加以补救，这在一定程度上影响炭糊烧结质量。

（3）由于电阻小，预热温度上升较慢，故预热时间较长。

4.1.2.4 燃气焙烧

燃气焙烧法是利用液化石油气和天然气作燃料,在电解槽阴、阳极之间的炉膛空间用火焰加热,依靠传导、对流和辐射,将热量传输到其他部位,来对电解槽进行预热焙烧。采用该法进行焙烧需要可燃物质、燃烧器,同时阳极上面要加保温罩,使高温气体停留在槽内,防止冷空气窜入。该法适用于预焙阳极电解槽。燃气焙烧法示意见图4-3。

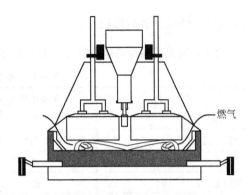

图4-3 燃气焙烧法示意图

燃气焙烧法的优点:

(1) 容易控制加热速度,并可移动加热器,使阴极表面均匀受热,不存在电流分布问题。

(2) 启动后不需要清除焦粒。

(3) 对同系列生产槽的运行无影响。

(4) 升温速度快,焙烧时间短,节省电能。

(5) 对边部扎糊和扎缝的焙烧效果要优于其他焙烧方法。

(6) 在启动时,内衬及人造伸腿因焙烧而出现的裂缝会首先被高熔点的高分子比电解质填充而不是高温铝液,有利于防止内衬早期破损。

燃气焙烧法的缺点:

(1) 操作较为复杂,为了放入燃烧器,不得不在阴、阳极间留出较大空当,使之多耗燃料。

(2) 燃烧时所用的过量空气会使阴极和阳极表面氧化,尤其阴极表面氧化将会严重引起启动后阴极破损,当温度低于650℃,氧化程度较小,而温度接近950℃,氧化则相当严重,所以生产中采取的是较低温度600℃进行焙烧。

(3) 预焙槽的保温及防氧化比自焙槽要困难。

应该注意的是:采用燃气法时,焙烧后填缝糊的强度比采用其他焙烧方法时要大,并有可能超过阴极炭块的强度。当遇到较大的热冲击时,炭块有可能断裂而造成电解槽破损。因此,采用燃气法和抗震性较差的阴极炭块时,应适当调整填缝糊的配方,以减小其焙烧后的强度。

4.1.2.5 石墨粉焙烧

石墨粉焙烧与焦粒焙烧相近,只是将焦粒换成性能更好的石墨粉。

石墨粉焙烧法的优点是:

(1) 石墨粉的电阻率较焦粒低,即使不用分流器,冲击电压也只有4.5 V左右。

(2) 所铺的石墨粉较厚,相对焦粒又较软,因此与阳极底部接触良好,使电流分布较焦粒更加均匀。

(3) 由于受到石墨粉的保护,阴极炭块不被氧化。

(4) 焙烧时间短,节省电能。

(5) 冲击电压小,电解槽内衬损坏小,有利于延长槽寿命。

石墨粉焙烧法的缺点是:

(1) 石墨粉价格贵。

(2) 启动前需要清理石墨粉。

所以虽然石墨粉焙烧法比焦粒焙烧为优,但是由于石墨粉价格较贵,限制了其在焙烧上的使用。

4.1.2.6　焙烧方法的比较

表4-1列出了各种焙烧方法定性分析后的优缺点。

表4-1　焙烧方法的定性比较

项　目	铝液焙烧法	焦粒(石墨)焙烧法	燃气焙烧法
对阴极的热冲击	大	较小	小
焙烧时间	长	短	较短
升温控制	难	较易	易
槽寿命	短	较长	长
裂缝的填充物	铝	电解质	电解质
能量利用率	低	高	较高
温度分布均匀性	较均匀	较均匀	均匀
送电的难易程度	较易	难	易
焙烧效果	较好	较好	好
操作的难易程度	易	较易	难
焙烧辅助设备	无	较多	多
阴阳极氧化程度	少	少	多
对人造伸腿的焙烧效果	差	差	好
对电解槽启动的影响程度	小	较大	大
焙烧费用	大	小	较小

从表中可见,铝液焙烧的成本是所有焙烧方法中最高的,并且该法对电解槽的早期破损的影响非常大,槽寿命也低,但在电解槽二次启动时应用较多。燃气焙烧法虽然焙烧效果最好,但会受到设备及气体燃料资源的限制。石墨焙烧法与焦粒焙烧法相比,电流分布更均匀,焙烧效果也好,并且也不用复杂的焙烧设备,但是石墨价格高是该法的最大缺陷。因此综合各方面考虑,焦粒焙烧法是目前新电解槽焙烧启动的首选。

4.2　自焙阳极电解槽的铸型与焙烧

4.2.1　自焙阳极电解槽的铸型与装料

新建自焙槽需要进行阳极铸型,是自焙电解槽安装的最后一道工序。所谓阳极铸型,就是用热阳极糊铸成外观为生产中使用的阳极形状,但这是未焙烧的生阳极,需经过焙烧后才能投产使用。本节仅介绍侧插槽的阳极铸型。

阳极铸型前要为下一步焙烧做好准备工作,以便对应将来所采用的焙烧方法。侧插槽一般用焦炭焙烧和焦粒焙烧。

4.2.1.1　用焦炭焙烧的阳极铸型

在铸型前应仔细清扫槽底,并用压缩空气吹净。在干净的槽底上铺上一层 10～20 mm 厚的焦粒,在焦粒上均匀地铺一层 180～200 mm,粒度为 30～50 mm 的干燥焦或冶金焦,并用木槌扎实打平,然后在焦粒上再铺一层 20～30 mm 厚的炭粉,上层炭粉面积比阳极的投影面各边大 100～150 mm 即可。炭粉的作用是找平和改善接触面,使电流分布均匀。在炭粉的上面再用一块或几块 3 mm 的钢板覆盖。用多块钢板时其接缝处的搭接宽度应不少于 150 mm,钢板四周比阳极框架每边宽出 100 mm 左右。

在阳极铸型时,将阳极框架位置放低,使得第一排阳极棒眼中心距钢板 355 mm 的高度,再将预先做好的铝壳安装在阳极框架内坐在钢板上,接缝不得处于框套四角处和钉棒处,铝壳底边向内弯曲 100～150 mm,铝壳用厚为 1～2 mm 的薄铝板做成,高 150 cm 左右。下部铝壳露出框翅,并在外面用厚 2 mm,高 250 mm 的钢带围住。为保证强度而不变形,电解槽侧衬和钢带之间用砖支柱顶住,一般是每隔 700 mm 左右设置一砖支柱。然后按设计尺寸在阳极棒插入位置用穿孔器穿孔,孔径应较阳极棒的平均直径小 10～22 mm。

完成上述准备工作之后,即向铝壳中填充阳极糊,糊温应不低于 130℃,要有足够的流动性。底层填充 250 mm 厚的贫脂糊,其上填富脂糊,富脂糊根据棒距分层填,每填完一层插入一排棒,并用方形木块支持,插完棒后将糊填至所要求的高度。填糊时应防止阳极四角出现蜂窝孔洞。为使各糊层连结好,可在前一层凝固的糊上扎上一些眼,起到连接作用。

阳极糊的填充高度,视阳极大小而定,一般是 600～1200 mm,铸型结束后,盖好阳极盖,在铝壳不严密处用石棉水玻璃涂封。阳极四周与槽内壁充填适当高度的炭粒或焦粒。几天后,将木块拆除,并用钢筋将阳极棒头与框架焊接,以防止焙烧时因糊体熔化变软而使棒头松动,其焊接方式如图 4-4。

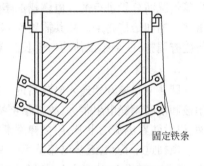

固定铁条

图 4-4 阳极棒的焊接固定

4.2.1.2 用焦粒焙烧的阳极铸型

首先在槽底上均匀铺一层规定厚度(一般为 30～40 mm)的焦粒。粒度为 2～4 mm。焦粒面积要宽于阳极投影四周的 30～50 mm,然后将阳极框架放低至适当高度(距槽底 150～200 mm),把有底铝壳箱安装在框架中的炭粉上,露出框翅的铝壳四周用和电解槽衬绝缘的铝锭顶住(代替焦炭铸型的砖垛),全部采用贫脂糊铸型。为了防止漏糊,先只填充 700 mm 左右的糊,待底部焦化后陆续加入富脂糊并提至要求的高度。

焦粒焙烧的阳极铸型操作和焦炭焙烧的阳极铸型操作一样。

4.2.1.3 自焙阳极电解槽焙烧的装料

除焦炭焙烧外,其他焙烧法均应在铸型同时装好启动时用料。其装料程序如下:

(1)炉底阳极处四周铺一层氟化钙,数量按电解槽容量计算,一般 6～8 万 A 槽为 500～700 kg。应注意不得装在阳极底掌下面和灌铝口处,以免影响导电面积。

(2)在两大面中央各用块状电解质砌筑一个不小于 400 mm 宽的灌铝口及排气口(大型槽可以多设)。

(3)在氟化钙上面加电解质块数吨,块要小一些,冰晶石数吨。按电解槽容量大小具体确定,加至与炉膛平。

(4)氟化钠或碳酸钠可混在冰晶石内贴阳极四周加入,添加数量中型槽(6～8 万 A)为 800 kg 左右。

（5）也可以在上面盖少量氧化铝。

4.2.2　自焙阳极电解槽的焙烧工艺

自焙电解槽的焙烧目的，因新建槽和旧槽而异，新建槽的焙烧目的主要是使阳极烧结成锥体，并且干燥电解槽内衬，除掉水分，烧结槽底底缝，预热电解槽槽体；而旧槽由于已有阳极锥体，焙烧目的只是干燥电解槽内衬及烧结槽底底缝，预热电解槽槽体。

阳极焙烧的原理是：通以直流电流经过焦粒与炭粉时产生焦耳电阻热，电流愈大、发热量也愈大，阳极中的沥青成分从而产生热变，在 360～400℃时沥青中析出焦油物质。沥青变得浓稠并发生结构变化。500～700℃，焦油物质产生裂化生成结焦炭。结焦炭具有黏结能力，能使颗粒炭粘结在一起，形成固体锥体，而析出的碳氢气体在更高的温度下（700～900℃）发生热分解，生成二次焦和气体（甲烷和氢），二次焦沉积在颗粒料之间使烧结锥体更加密实。通入电流愈大则产生热量亦愈大，其焙烧速度亦愈快。

4.2.2.1　自焙阳极电解槽的焦粒焙烧工艺

在一般情况下新系列电解槽的焙烧，是根据操作人员配备情况和整流所设备的剩余电压多少等情况而分批进行的。电解槽的焙烧过程是连续进行的，可划分为三个阶段——即焙烧初期、焙烧中期和焙烧终期。总共需要 5～7 天左右的时间。在操作中要根据各个阶段的不同特点，进行检查调整，使烧结锥体均匀生长。现以 60 kA 侧插自焙槽为例说明之。

　　A　焙烧初期

即从电解槽开始通入电流后的一到二昼夜期间被称为焙烧初期。在焙烧初期由于温度低，阳极和槽底糊缝电阻很大，故其焙烧特点为通入的电流不大并且通电区域仅限于阳极四角及小面，以后随着电流的上升，阳极棒逐渐向大面中间接通。

根据这个特点，起步电流从 500 A 开始，槽电压为 0.7～1 V 左右，然后每隔 2 h 提升一次电流，在 20 h 内每次升 600 A，在 22～40 h 期间内每次升 1000 A 电流，到两昼夜末达到全电流的30%，此时槽电压达到焙烧过程的最高值 4.5 V 左右。其阳极底端开始烧结，阳极小面及角端开始大量熔化，从熔化处冒出大量黄色沥青烟，阳极铝壳向外膨胀，从阳极棒眼处渗出沥青油或糊。故此时要注意防止淌糊，同时应及时调整电流的分布状态，注意检查每根阳极棒的通电情况，及时调整使其电流分布均匀。其检查方法为：

（1）用手试阳极棒和小母线的温度，温度高者电流通入多，反之温度低者通入电流少。

（2）观察阳极冒烟情况，冒烟多的通入电流较多。

（3）观察铝壳颜色变化情况，铝壳呈暗红色甚至熔化，则证明通入电流多，反之铝壳颜色不变则说明通入电流少。

（4）检查阳极糊熔化和淌糊情况，也可用小木棒敲打阳极棒周围铝壳来判断，如棒眼附近的阳极糊大量熔化甚至从棒眼流出，或在棒眼附近的铝壳变成黑色，或被沥青烟熏成黄色且发软，则证明该处通电较多，反之则少。

检查后，根据情况及时调整，使之各部通电均匀为原则。其调整办法是转接阳极棒，断开通电多的阳极棒，以及更换通电不良处的焦粒，具体操作方法见 B 的内容。

　　B　焙烧中期

即从焙烧开始通入电流后，第三到第四昼夜被称为焙烧中期。这个阶段的特点为：温度略有升高，阳极糊中的挥发分大量排出并冒出浓黄色的烟，且阳极容易淌糊和着火，阳极下部开始烧结。这段时间是决定焙烧质量的关键阶段。

在这个阶段开始时因阳极角部和小面的锥体已基本形成,所以应逐渐加大电流的上升速度,在 42~60 h 内每次升电流 1500 A,并在 62~102 h 内每次提升电流 2000 A,至 104 h 达到全电流。由于电流上升速度加快,为防止阳极通电不均,产生阳极畸形,应加强对阳极电流均匀性的检查以做到及时调整,所以其调整母线和转接阳极棒的工作量较大。

其检查方法为:

(1) 检查小母线、阳极棒和铝壳等是否发红。

(2) 观察阳极棒四周流出糊是稀或稠、颜色是黑或灰以及阳极着火情况。

(3) 用木棒敲打检查锥体情况,已烧结的变硬,未烧结的较软。

如果有通电不均的情况则进行以下调整:

(1) 接卸阳极棒。避免阳极棒负荷过大,将通电流少的阳极棒先转接上,然后卸下通电流多的阳极棒,要注意先接后卸。

(2) 换焦粒。将通电不良地方的焦粒扒开,换上发红的焦炭以减少电阻,增加通入电流。

(3) 培焦粒。将局部锥体过低的地方用炭粉培起来,加强保温,待温度升高后电流自然增加。

(4) 接分流片(或用钢钎子)。接分流片的作用为:

1) 在电流通得少的阳极棒上接分流片,使之与炉底相通,减少电阻并加热炉底。

2) 当个别阳极棒发红甚至相对应的阴极棒发红时,用分流片从阳极棒头接向地沟阴极母线,可以保护阳极棒,阴极棒不被熔化。

C 焙烧末期

即从焙烧开始通入电流后,第五、六、七昼夜被称为焙烧末期。这个阶段的特点是阳极锥体迅速成长,温度较高。

在这个阶段除继续保持全电流外,主要的工作是检查调整锥体的成长情况。其检查调整方法为:

(1) 用木棒检查铝壳的软硬情况,根据铝壳外观特征判断锥体情况,如果流出的糊与铝箱不粘结已脱离开,或铝壳变成暗白色,或发红,表明该处阳极锥体已经形成。

(2) 用铁钎子(直径 10 mm)插入阳极糊中测量锥体高度和成长情况,测定阳极锥体方法如图 4-5 所示的九点测量法进行测量。测量锥体高度时,要注意有可能顶部糊未融化,使钎子插不下去而造成的假象,从而使判断失误。为避免这种错误判断,一定要连续测量,并做好记录。

当锥体四周达 40~50 cm,中央为 60~70 cm 以上时,表明该槽已具备启动条件。

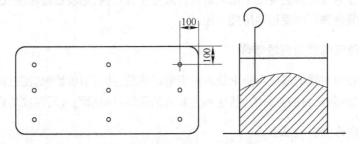

图 4-5 侧插槽阳极锥体九点测量法

D 阳极焙烧好的标志

(1) 阳极锥体均匀成长为馒头形,四周高度 40~50 cm,中央高度为 60~70 cm。

(2) 阳极四周没有大的裂纹。

　　E　焙烧时异常情况的处理

　　在整个焙烧过程中,除通电不均匀外,还有下述异常情况要处理:

　　(1)阳极棒周围铝箱淌糊流油而引起着火时,要及时用黄泥水打灭,以防烧坏铝箱。但不能盖住阳极棒颈,以免发红时发现不了,烧坏阳极棒。

　　(2)阳极棒、阴极棒、铜母线发红是由于通电过多所致。除调整负荷外,可以采取风冷或临时切断该处电流。

　　(3)漏糊是因棒松动或铝箱烧破而此处还尚未生成锥体,则较容易发生漏糊,要及时用纸或破布堵塞。已漏出的糊要及时清除。

4.2.2.2　自焙阳极电解槽的铸铝快速焙烧工艺

　　铸铝快速焙烧法方法如下:

　　(1)已建好的电解槽炉底首先预热,清除水分。然后采用分区分批用液体铝铸成铝板块,厚度 40～60 mm。由于采取一次浇注成整张铝板,冷却后铝板收缩四周上翘与炉底脱离,缩小了导电面积,在通电时使电流集中不均匀,电压过高。所以采取将整个炉底面积划分若干区(小块),分批地浇注铝液,使之能互相渗透,改善了铝块与炉底的接触面积,从而使通电后电流分布比较均匀。

　　(2)然后在铸铝板上进行阳极铸型,方法与一般侧插槽相同,但为了提高启动后的原铝质量,炉膛内所有支撑阳极四周及底部的钢板全部改用铝板或铝锭。然后四周按顺序装好启动用料(除焦炭焙烧外,其他焙烧方法由于是不经过清炉就启动,所以均要在铸型同时装好启动用料)。

　　(3)除大面中央留 2～3 根棒外,其余的棒均通电。升电流时开始为数千安培,经过数小时或十几小时即升为额定电流。当电流升至 50% 时,要着重检查有无阳极棒、阴极棒发红现象,要及时调整过负荷的阳极棒,这些情况消除之后即可升至额定电流,此时铸铝板已熔化,阳极底掌已烧结,通电就更为均匀。

　　采用此法一般 4～5 天即可以烧成锥体,而且省工省料,节约能耗,启动后原铝质量上升快。

4.3　预焙阳极电解槽的焙烧

　　预焙铝电解槽的焙烧目的是烘干电解槽内衬及烧结槽底底缝的扎糊,预热电解槽槽体使阴阳两极温度达到正常生产的温度。采用的焙烧方式是焦粒焙烧、铝液焙烧和燃气焙烧三种方式,其中焦粒焙烧是目前被广泛使用的焙烧方法。

4.3.1　预焙阳极电解槽的焦粒焙烧

　　焦粒焙烧是在电解槽的槽底阴极上放入一定量的焦粒,并与阳极接触,使电流通过焦粒产生电阻焦耳热,来达到焙烧目的。目前,新建和大修后的预焙电解槽均采用焦粒焙烧。

4.3.1.1　焙烧前的检测与准备

　　预焙阳极电解槽的焙烧与启动同样是分批进行的,其分批程序和每批焙烧槽的多少,也是根据操作人员配备情况及整流所设备剩余电压的多少等情况而定。在焙烧前,首先确定出焙烧槽的数目和槽号,通常两台要进行焙烧的槽之间要隔一台正常生产槽或未焙烧槽,目的是便于操作和电流分布均匀,然后根据焙烧槽的数目进行以下相应的工作。

A 焙烧前的检测

(1) 通电前,要做好净化系统、铸造系统、供电系统、空压系统、下料系统及电解专用设备的试运行和调试工作。

(2) 对焙烧槽的上部机械部分进行检查,看各部件是否连接紧固、到位,同时检查各运转机构是否灵活,运转到位,如发现问题要及时处理。

(3) 检查槽控机各控制板、件及附属电气设备是否安装齐全,上、下联机是否通路,控制盘上各种控制按钮是否灵便和制动项目是否有效,显示装置是否清楚无误。

(4) 检查送风系统是否通畅、有无漏风之处,氧化铝输送系统有无堵塞、跑、冒现象,发现问题及时处理。

(5) 电解维修人员检查打壳下料机构的下料阀有无安装错误,每个下料点排出的料是否符合设计要求,有误的必须调整。

(6) 要对全系列进行耐压和短路试验。根据试验情况对电解槽及母线的绝缘部存在的隐患进行排除,对断口的打火现象要及时处理,接点压降超过 50 mV,温度大于 150℃ 应处理。

(7) 对炭缝糊的扎固记录和炭块安装记录进行审阅分析,以备焙烧启动时参考。

(8) 对电解槽上部裸露的胶皮管进行包装。

(9) 烤好出铝用真空抬包。

B 原材物料的准备

根据要进行焙烧的电解槽数目,计算准备好以下材料及用量:冰晶石(见表 4-2)或电解质块(按每吨电解质块折合冰晶石 1.4 t 计算)、氟化钙、工业纯碱($NaCO_3$)、氧化铝(保温料及建炉膛用料)、预焙阳极块(根据不同容量选择块数)、焦粒、液铝。

表 4-2 新槽启动用和大修用冰晶石用料

槽容量/kA	启动用料/t	大修用料/t	槽容量/kA	启动用料/t	大修用料/t
60~70	7	5	140~160	17	14
71~75	8	7	180~190	21	18
80~90	9	7	200~250	26	22
100~110	12	10	260~290	28	28
120~135	14	12	>300	30	30

C 主要工器具的准备

根据要进行焙烧的电解槽数目,计算准备好以下工器具:烤好的真空抬包、炭渣箱、棘轮扳手、铁锹、小盒卡具、磨光机、铁制钢爪冷却风管、风包、栅栏式框架、绝缘板、流槽、软连接(每块阳极一套)、钢制分流器、测量温度所用热电偶保护套管及其它操作工具。

D 测试仪器

测温仪、热电偶、万用表、配套用阳极电流分布测量钎。

4.3.1.2 装炉操作

A 铺焦粒

首先将炉底清扫干净,然后开始铺焦粒,焦粒厚度为 1.5~2 cm。铺焦粒时将制作好的栅栏式框架沿电解槽长度方向平整地摆放在阳极投影区,然后将粒度为 1~3 mm 的焦粒倒入框内

（用板尺刮平），从电解槽的一端向另一端连续铺设，铺好 A 侧后，再铺设 B 侧。铺平一块，放上预焙阳极炭块，压接面小于90％时进行调整。

B　安装阳极（挂极）

铺好焦粒后开始安装阳极，安装阳极时，先将阳极大母线置于离最低限位 5 cm 处，以保证电解槽启动后接近最高位置，以便在启动半个月内，阳极可以自由降落而不必再抬母线。然后将阳极按位置安装到槽内（要注意阳极应先卡在阳极母线上，但能够下滑靠自重压接到焦粒面上），然后将小盒卡具放在挂钩上并使之处于松弛状态。安装每组阳极时要把阳极底部的杂物清除干净，阳极导杆要紧靠阳极母线，安装完阳极后，要检查每块阳极的窄面是否有空隙，如有空隙必须填实焦粒。

C　安装软连接

安装软连接的目的是使阳极重量全部压在炭粒上以保证阳极底掌与焦粒的良好接触而导电均匀。

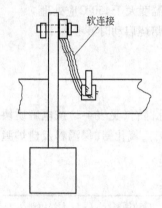

图 4-6　预焙槽的软连接

安装软连接是在安装好阳极后进行，首先将软连接的一端用夹具固定在阳极母线上，另一端用螺杆、螺母与阳极铝导杆固定在一起（见图 4-6）。每块阳极均要安装软连接。安装完后要逐一检查是否牢固。安装软连接时，软连接面需处理成平整光亮。

D　装炉

装炉时，先将每两组阳极间的缝隙和中缝用纸壳盖好，然后开始装料，装料时先把氟化钙均匀地铺撒在人造伸腿上面，再装电解质块，装时将大块电解质放在人造伸腿上面，将人造伸腿遮盖住。装完电解质块后，再在电解质块上装纯碱（$NaCO_3$）与冰晶石的混合粉，将槽壳装满，阳极上留有 2 cm 厚，（阳极间缝和中间缝可以装料，也可以先不装料）。

E　测温点的布置

为了测得槽内各区域的温度上升梯度及掌握焙烧末期槽内各区域的温度是否达到启动所要求的温度，并给其他槽和后续焙烧启动槽提供数据以做参考，在首批焙烧启动的电解槽上，装炉时在槽中埋设钢管测温点，以便于测量焙烧启动时各点温度。其测点布置见图 4-7。

烟	1	4	7	出
道	2	5	8	铝
端	3	6	9	端

注：2、5、8点设在中缝处，1、3、4、6、7、9点设在人造伸腿下面，距底部1~3cm。

图 4-7　预焙槽焦粒焙烧时的测温点示意图

F　安装分流器

安装分流器的目的：一是控制升温速度，使扎固糊烧结均匀；二是降低起步电流的冲击，尤其是采用这种电阻值大的焦粒焙烧法时，更应控制条件避免超大电流的猛烈冲击和骤然升温对槽内衬所造成的损害。

　　系列的首批焙烧启动槽电流强度大小的控制由整流所控制,不需要安装分流器,但后续焙烧启动槽在焙烧时需连接分流器。每台槽装若干组分流器,每组铁制分流器上有8片厚2 mm的钢片。安装时将分流器的一端用卡具固定在阳极大母线上,另一端用夹板固定在下一台槽的立柱母线两侧(或用钢带将阳极钢爪与本槽的阴极钢棒连接进行分流),见图4-8和图4-9。

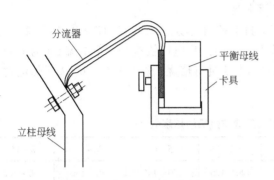

图4-8　与立柱母线连接的分流器

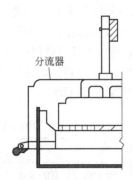

图4-9　与本槽阴极钢棒连接的分流器

安装分流器的注意事项如下:

(1) 安装前检查接触面是否平整,是否有氧化层,并进行处理。

(2) 夹具一定要上紧,通电前要派专人进行复查。

(3) 夹具接触板尽量不与其他构件接触,以免烧坏其他部件,必要时应用软石棉垫板绝缘。

(4) 系列末台槽需采用钢带分流,用钢带将阳极钢爪与本槽阴极钢棒连接进行分流。

4.3.1.3　通电焙烧的电流制度

　　在装炉工作结束后,通知整流所送电。

　　A　首批焙烧槽的焙烧电流制度

　　焙烧电流制度要根据焙烧时的升温曲线来定。而焙烧的升温曲线则应主要根据填缝糊的特性来制订。这是因为填缝糊在焙烧过程中发生大的化学和物理变化(主要由黏结剂沥青的碳化引起),而已经过高温处理的阴极炭块和侧部炭块只有较小的物理变化。影响填缝糊烧结质量的关键温度区间为200~500℃,在这一温度范围内的升温速度必须缓慢。升温速度过快,沥青的分解和挥发速度也加快,分解和挥发量增加,填缝糊的裂纹增多增大,机械强度下降。这是导致电解槽寿命短和操作困难的主要原因之一。由于焙烧过程的升温曲线是以阴极炭块的表面温度为准,而填缝糊的温度滞后于阴极炭块的温度,故实际焙烧过程一般从300~350℃开始才降低升温速度。应当指出的是,一般填缝糊的温度滞后于炭块的温度是有利的。因为这意味着填缝糊能较长时间地保持塑性,从而有利于消除焙烧过程中产生的膨胀应力。

　　由于槽底糊缝电阻很大,故起步电流不宜过大,并且焙烧电流的提升要稳妥,不能急升,特别是在焙烧温度300~600℃(对应的填缝糊温度约200~500℃)范围内的升温速度尤其要缓慢稳妥,具体根据槽容量的大小来定。一般在8~12 h内升至全电流。表4-3为200 kA预焙电解槽的焙烧电流制度。

表4-3　200 kA预焙电解槽的焙烧电流制度

时　间	0 min	15 min	30 min	2 h	4 h	6 h	8 h	10 h	12 h
电流/kA	20	30	50	80	100	120	140	160	160~200

　　通电时的冲击电压保持 5 V 左右,如果冲击电压超过 6 V,立即通知整流所适当降低电流强度。

　　当电流升到全电流以后,继续焙烧 16 ~ 48 h,具体情况视槽内温度变化而定。焙烧时间一般为 3 天左右。

　　B　后续焙烧槽及大修启动槽的焙烧电流制度

　　后续焙烧槽及大修槽进行的焙烧,因已有首批电解槽启动,为保证已启动槽的热平衡,系列电流为全电流,所以后续焙烧槽的焙烧均要安装分流器。将电流快速升至全电流后(通电至全电流一般为 15 min),然后采取逐步拆除分流器的方法进行焙烧。表 4-4 为 200 kA 预焙电解槽后续焙烧槽的焙烧电流制度。

表 4-4　200 kA 预焙电解槽后续焙烧槽的焙烧电流制度

时间/h	0	1	2	3	5 ~ 6	7 ~ 8	8 ~ 15
电流/kA	90 ~ 95	100 ~ 105	105 ~ 115	120 ~ 125	130 ~ 140	150 ~ 160	160 ~ 200

　　焙烧时间与首批槽一样,为 3 天左右。

4.3.1.4　焦粒焙烧期间的操作

　　A　首次焙烧槽的通电操作
准备工作就绪后,通知整流所送电。

　　B　后续焙烧槽及大修槽的通电操作
首先与整流所联系停电,确认停电后,每台焙烧槽的每个短路口处各安排 2 人,用预先准备好的扳手快速松开短路口处的螺栓,插入短路片,再紧固螺栓,然后通知整流所送电。

　　C　焦粒焙烧期间的检查
　　(1)通电后,要立即检查阳极母线—软连接—铝导杆间的连接是否牢固;铝导杆—阳极炭块间焊接部位的爆炸焊片是否有熔化的状况;分流器是否和周围导体接触。

　　(2)通电半小时后测量一次钢爪和槽内温度,其后每隔一定时间就进行测量,并做好记录。通常间隔时间为 2 h。

　　(3)通电后,测一次阴极电流分布,出现异常情况,加测异常点附近阴极电流分布,做好记录。

　　(4)通电第一天每 4 h 测一次阳极电流分布,第二、三天每 6 h 测一次阳极电流分布,并做好记录。

4.3.1.5　焦粒焙烧期间异常情况的处理

　　(1)发现钢爪或钢爪横梁发红时,应扒开周围保温料散热,严重时用风管吹风冷却。

　　(2)出现阳极脱落,先拆除软连接,取出铝导杆,启动前再取出阳极,装上新极。

　　(3)若测得某导杆电流偏大时,可用铁制工具临时向槽壳分流;若相邻的两导杆流经的电流相差过大,也可用铁工具搭在两个钢爪横梁上,使部分电流直接导入电流小的阳极,也可用半小时松紧一次处理偏流。

　　(4)当阳极因裸露而使阳极氧化时,可用冰晶石将裸露处盖好。

　　(5)在到达启动时间时,如果槽底温度还低于 850℃ 时,要推迟启动时间,并加强保温。

（6）在到达启动时间以前，如果槽底温度超过950℃，应考虑提前启动。

（7）焙烧期间严禁将大量冰晶石推入槽内，以防槽内温度过低，同时也防止局部温度过高，应该是在高温熔化区不断缓慢地加入冰晶石混合粉。

（8）焙烧期间如果出现阴极钢棒周围发红的情况时，要用风管吹发红处，并做好记录。

（9）启动前一天，槽内冰晶石几乎全部熔化完，此时应继续加入冰晶石熔化成电解质液。

4.3.2 预焙阳极电解槽的铝液焙烧

铝液焙烧是在电解槽内灌入一定量的铝液，覆盖在阴极表面上，并与阳极接触，使电流通过铝液产生电阻焦耳热，来达到焙烧目的。由于铝液有良好的导热性，所以阴极表面热量分布极为均匀，阴极焙烧程度均匀，但是焙烧时间要比焦粒焙烧要长。目前多用于二次启动焙烧槽。

4.3.2.1 焙烧前的检测与准备

与焦粒焙烧相同，只是将焦粒准备改为铝液准备。

4.3.2.2 装炉操作

A 安装阳极

在开始安装阳极前，先将阳极大母线定位，以保证电解槽启动后接近最高位置，以便在启动半个月内，阳极可以自由降落而不必再抬母线。然后进行阳极安装，要求阳极底掌距槽底30～50 mm，其底掌要找平，使每个炭块组的底部均在同一水平面上。安装每组阳极时要把阳极底部的杂物清除干净。

B 装炉

装炉时，用电解质块在前后大面各砌两个长0.5 m的口，以便通入铝液。用纸将炭块外部堵好，防止料进入阳极底部。装料时，在阳极四周人造伸腿上面先均匀地铺撒适量的氟化钙，再装电解质块，装时将大块电解质放在人造伸腿上面，将人造伸腿遮盖住。装完电解质块后，再在电解质块上装纯碱与冰晶石的混合粉，将槽壳装满。

C 灌铝液

将准备好的适量铝液灌入槽内，使铝液掩埋阳极3～5 cm，但不能直接冲入槽底。

D 加保温料

由于铝液焙烧总发热量不大，所以阳极上需要特别加强保温。在灌铝后，要往阳极和阳极间缝上添加冰晶石粉，要有一定厚度，但不能埋住钢爪，否则钢爪发红时不能被看到。

4.3.2.3 通电焙烧的电流制度

在上述工作准备结束后，通知整流所送电。铝液焙烧的电流制度是快速升至全电流，然后通过控制阳极与槽底距离来调节入槽热量。一般在焙烧初期，电压为2～2.5 V。在启动前4～5 h，可抬高电压至3～4 V。首次启动槽焙烧时间通常为8～9昼夜，二次启动槽焙烧时间通常为2～3昼夜。

4.3.2.4 铝液焙烧期间的检查

与焦粒焙烧大致相同。

4.3.2.5　铝液焙烧期间异常情况的处理

　　焙烧期间如果通电不均,过负荷的炭块组就会发红,并且它的钢爪或钢爪横梁也会发红,此时应进行调整。调整方法为:在母线与导杆的接触面上垫一张牛皮纸进行绝缘以减少其电流。调整时应注意每台槽同时切断电流的炭块数目不能超过总块数的20%,即总垫数不超过3个,并且每个大面不超过2个。其他异常情况的处理与焦粒焙烧相同。

4.3.3　预焙阳极电解槽的燃气焙烧

4.3.3.1　燃料及原材料准备

　　(1)燃料的准备。液化石油气或天然气或液化柴油罐。
　　(2)隔热盖板。为保持燃烧热量,需要将槽膛严密保温。隔热材料采用硅酸加水泥附在金属板上制成。
　　(3)绝热材料。石棉板。
　　(4)燃烧器。检查空气管路,燃烧器是否好用。

4.3.3.2　焙烧前的准备

　　(1)挂极。将预焙阳极块放到槽底,用卡具将铝导杆卡紧,然后抬起阳极使回转计读数从375至50。
　　(2)安装燃烧器。
　　(3)燃烧器安装完毕后,在电解槽大面、小面以及中缝覆盖上隔热板,并将阳极块的间缝用石棉塞住。

4.3.3.3　焙烧

　　一切准备好后,开始点火进行焙烧。

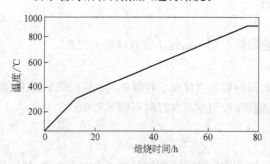

　　焙烧升温曲线见图4-10。保持升温速率为10℃/h。升温速度通过调节燃料的流量来控制。

　　在焙烧期间,通过预装的热电偶观察槽内各部位的温度,通过移动燃烧器的位置来保证槽内各部位的升温速度均匀。经过72 h的焙烧使槽内平均温度达到启动温度850℃。

图4-10　燃气焙烧法升温曲线图

　　当槽内温度已能满足启动要求时,熄灭燃烧器,灌入液体电解质并将阳极降至回转计读数为290左右后,结束焙烧,开始启动操作。启动通电时快速升至全电流,随后抬阳极进行效应启动。效应时间持续0.5 h。经过24 h熔料后灌入一定量的铝液,使电解槽转入非正常生产期。

　　在燃气焙烧启动时,应该注意到通入的助燃空气要保持尽可能低的过剩系数,以减少阴、阳极炭块的氧化。

4.4　大修理后电解槽的焙烧

大修理后各种类型电解槽的焙烧均采用铝液焙烧方式,方法如前述。

4.5　铝电解槽的启动

当铝电解槽的焙烧温度升高到 900～950℃ 时,即可进行启动。启动的目的是在槽内熔化足够的液体电解质,以满足生产的需要。其启动方法分为两种:干法启动和湿法启动。干法启动是指在没有熔融电解质时而直接用粉状冰晶石等原料启动的方法。湿法启动是指用熔融电解质进行启动的方法。两种启动方法中,湿法启动能缩短启动时间,并且减轻阳极和阴极的损坏程度,要优于干法启动,所以要尽可能采用湿法启动。

启动过程又分为无效应启动和效应启动。无效应启动是指在启动时,槽电压不超过 10 V,在阳极不来效应的情况下,慢慢融化固体物料。无效应启动时要求焙烧时的炉底温度要高,使之接近生产温度,这样才能使灌入的电解质不会冷凝,保持电压稳定。另外采用无效应启动时,由于在启动过程中,温度较效应启动的温度低,炭渣与电解质分离不好,所以在槽第一次来效应时,必须将捞炭渣作为首要工作,保持电解质的清洁。而效应启动是指在启动时把阳极抬高,槽电压超过 10 V 以上,在阳极来效应产生大量热量的情况下,快速融化固体物料。目前,电解铝厂通常都采用效应启动。

电解槽的启动质量好坏对电解槽的正常生产和槽的使用寿命有密切的关系。所以在启动过程中必须遵循以下原则:

(1)启动初期,因槽的热平衡还未建立,所以应保持较高的电压 8～9 V 和较高的温度 970～980℃。

(2)启动初期,电解质应保持较高的分子比(3 左右),以及较高的电解质水平。这是因为槽的炭素内衬会强烈吸收电解质中的氟化物以及为保证所加的氧化铝溶解而不在槽底沉淀和结壳。

(3)在启动初期要及时捞出阳极和内衬所掉的炭粒以防止启动时电解质含炭。

(4)在非铝液焙烧时,启动前要向槽内加入铝液,使之均匀分布在槽底,避免在槽底直接析出铝而生成碳化铝。

(5)为保证炭渣与电解质分离良好以及保护槽底,要向槽内加入适量的氟化钙。

(6)为消除电解槽熔料初期,熔化大批氟化盐而使铝品位降低的影响,必须在启动后期向槽内加入一批质量高的铝来提高产品质量。

4.5.1　侧插自焙阳极电解槽的启动

4.5.1.1　清炉

侧插自焙槽在启动前,如果是焦粒焙烧则不需清炉,直接进入启动阶段。如果焙烧是采取焦炭焙烧,则需要进行清炉,其一般操作步骤如下:

(1)首先在阴极母线上连接好短路片,使电解槽断电。

(2)清刷阳极上所有小母线铜片,刷干净后与阳极棒连接好(最下面二排),同时检查阳极承重吊环的受力情况,使吊环受力均匀。

(3)快速清除槽内的焦粒,将焦粒清除干净。

(4)用钢刷刷阳极底掌和清扫槽腔。

（5）再把阳极落到与槽底距离为 3～5 cm 的位置,然后进行装料操作。

4.5.1.2　装炉

在清炉结束后,按预先计算的装料数量往槽中装料。

装料顺序如下:

（1）首先将萤石粉（CaF_2）均匀地铺在槽底上,其目的是避免启动时液体电解质和液体铝直接接触槽底,引起槽底早期破损。另外,氟化钙有利于槽帮的形成,使槽帮坚固。

（2）在电解槽膛两大侧面的中央部位用电解质块砌成两个宽约为 30～40 cm 的洞口,其中一个用作灌铝液和电解质,另一个洞口用来观察槽内情况和排除气体。

（3）装入电解质块并沿槽壁四周砌成斜坡状。

（4）装入氟化钠与粉状冰晶石的混合料。

（5）装入新鲜冰晶石直到二排棒的位置为止。

4.5.1.3　启动

A　效应启动

在装料结束后,开始启动电解槽。

效应启动电解槽的操作步骤如下:

（1）从所砌洞口处向槽内灌入液体铝,使槽中约有 5～6 cm 高度的铝液,使阳极浸入到铝液中。

（2）拆除短路片通入全电流,然后再注入液体电解质。

（3）逐渐抬高电压使效应灯泡发亮为止。此时槽电压为 40～60 V,而后慢慢熔化所加入的原料,使电压保持稳定,直到所加冰晶石等原料全部熔化为止。

（4）当阳极四周有炭渣浮现时,要仔细地用漏铲捞出。控制好槽温,不要产生电解质局部过热现象。

（5）温度达到 1000℃ 左右,用大耙刮阳极底掌使效应熄灭。

整个启动过程所需时间约为 40～50 min（视启动效应电压高低而定）。此种方法称为效应启动。一般多用在新建系列启动第一批电解槽与焙烧锥体不太高的电解槽上。优点是启动温度高对槽底寿命有益,但缺点是消耗电能大、原料挥发大、劳动强度大。

B　无效应启动

无效应启动的步骤基本上与效应启动相同,所不同的是在电解槽被注入液体铝和电解质后,提升阳极使槽电压抬起保持 9～10 V,不使电解槽发生效应,而慢慢熔化物料,大约需要 6～8 h 可将全部物料熔化完毕。

无效应启动的优点:

（1）系列电流稳定,不致因发生效应而使系列电流降低。

（2）能均衡的组织生产,避免劳动力过分紧张。

（3）减少物料的挥发损失。

（4）节省电能和劳力。

但其缺点为:因启动温度低,槽底温度也较低,对槽底寿命有不利的影响。

4.5.2　预焙阳极电解槽的启动

预焙铝电解槽的启动通常采用湿法效应启动,以避免内衬的早期破损。

4.5.2.1 启动前的准备

(1) 首先检查预备启动的电解槽其阴极表面温度是否达到 900℃ 以上、耐火砖层 600 ~ 800℃、保温砖层 300 ~ 400℃，达到才可启动。

(2) 如果是焦粒焙烧，启动时则需拆除软连接。拆除时先在导杆上画上平行线，再用卡具把阳极铝导杆紧固在阳极母线上，然后逐步拆除软连接。

(3) 拔出槽内的热电偶保护套管。

(4) 安放好灌电解质用的流槽。

(5) 通知准备液体电解质，并在启动时尽快将电解质运到现场。

(6) 通知整流所做好启动准备。

4.5.2.2 启动操作

A 灌电解质

当槽中两极间熔化的电解质水平达到 10 ~ 20 mm 时，用真空抬包沿流槽向电解槽灌入温度不低于 980℃ 的适量液体电解质。在灌电解质的过程中缓慢提升阳极，在灌入 1/2 左右的电解质时，开始抬电压，产生效应进行熔料，效应电压可以保持较高，如 30 ~ 50 V。直到电解质水平达到 30 cm 左右，角部冰晶石已熔化时，投入氧化铝，插入木棒熄灭效应。效应持续时间约 30 ~ 40 min。在效应期要及时清理阳极上及阳极周围的结壳。

效应熄灭后，电压保持 8 ~ 9 V，如果电解质水平低于 28 cm，可保持 8 V 以上，再加冰晶石熔化。效应熄灭后取电解质试样分析分子比。

采用无效应启动时，保持电压 7 ~ 8 V，熔化电解质水平到 28 ~ 32 cm 的水平，分子比大于 2.8。在启动 24 h 内保持 1 ~ 2 次效应。

B 捞炭渣

焦粒焙烧时会有大量的炭渣，即使采用铝液焙烧也会有内衬和阳极掉渣所形成的炭渣，这些炭渣会使电解质发黏并生成碳化铝，所以要在启动时的高温条件下，利用炭渣与电解质分离良好时尽快捞出，这是一项重要的工作。当槽温升到 980℃，电解质已熔化时，就开始捞炭渣，但控制槽温不超过 1000℃。

C 灌铝液

电解槽在 8 ~ 9 V 的槽工作电压条件下保持 10 ~ 16 h 后，再开始向槽内灌入适量铝液。这样做的目的是使电解质先行渗透到内衬的各种裂缝和空隙中，以避免高温铝液渗透到内衬中而破坏内衬。灌铝时分 1 次或 2 次从出铝端灌入。灌完铝液后将槽工作电压降至 5 V 左右，槽温要适当，不能过低。待电解质结壳后，封好炉面，并在阳极上加保温料 16 ~ 18 cm。

4.5.2.3 启动初期各项技术条件的控制

电解槽启动初期是指人工效应熄灭后到第一次出铝的期间，一般为 2 ~ 3 昼夜。

A 槽工作电压的控制

封好炉面后，在 3 h 内将槽工作电压逐步降至 4.3 V 左右。电压降至 4.3 V 后的 24 h 之内，电压由人工控制，24 h 后改由计算机控制。

B 槽温的控制

启动后，槽温达到 985 ~ 990℃，灌铝液后电解质温度降至 980 ~ 985℃。启动初期，仍有部分固体物料未熔化,为使电解槽不产生炉底沉淀,温度要略高,要保持槽温不低于970℃。

C　加料操作

由于新启动槽热损失大,为避免损失过大使槽温降低,灌铝后必须在阳极上加氧化铝保温层,并且在人工效应熄灭1 h后开始手动加料,加料间隔要比正常加料时的间隔大,每隔40 min加料一次并封好壳面,3 h后进行自动加料。

D　启动时应注意的问题

从灌铝到第一次出铝,电解槽的技术条件会发生较大变化。首先,槽工作电压以较快速度下降,从灌铝后的5 V左右下降到4.3 V左右;其次是电解质温度从近1000℃下降到980℃左右时,应特别注意电解质水平的下降速度。到第一次出铝时,电解质高度要不低于25 cm,若下降过快,必须加强阳极保温和放慢电压下降速度,同时,添加冰晶石以补充电解质。

电解槽启动初期必须控制好电压和槽温,一方面能保持槽有足够的液体电解质,另一方面又能使边部扎固糊良好焦化,延长电解槽寿命。那种启动后电解质水平严重收缩,或短时间内红槽壳的情况,既不利于电解槽转入正常生产,也将会使边部内衬受到严重破坏,缩短电解槽寿命。

4.5.2.4　启动时异常情况的处理

启动时出现异常情况可做如下处理:
(1)若效应不易熄灭,可再投入氧化铝并在多处插入木棒熄灭。
(2)若液体电解质数量不够,可适当延长效应时间。
(3)若有脱极,可在效应熄灭1 h后换上新极。
(4)若启动温度过高,电解质不结壳,要加快降低电压。如果因电解质水平过高,降不下来,要及时从槽内取出电解质,以利于降低电压。同时可根据电解质分析报告及槽内质量进行计算,适当添加一些氟化镁、氟化钙和碳酸钙等添加剂。
(5)封炉面时若炉面局部没有形成结壳,应先用电解质块堵好,再加保温料。

4.5.2.5　启动过程中技术条件的检测

技术条件检测如下:
(1)在灌完电解质2 h后取电解质试样,灌铝后再取1次样,试样要立即分析分子比。
(2)灌完电解质后测电解质水平,此后在灌铝液前的1 h,再测1次。
(3)在启动过程中,每隔1 h测温1次,测点为 *AB* 大面各两点,烟道端及出铝端各一点。
(4)灌完铝液后,开始测量铝水平,每班测量1次。

4.5.2.6　启动后期各项技术条件的控制与操作

启动后期是指从启动初期结束到正常生产的一段过渡时期,目的是在电解槽内建立稳定的热平衡状态。在电解槽启动后,经过2~3天高温阶段,各项技术条件发生大幅度变化后,便开始出现一个相对平稳阶段。这期间在电解槽内,电解质的温度、分子比和电解质高度等逐渐发生趋向降低的变化,而铝液高度和产品金属铝的质量等逐渐趋向提高。虽然技术条件变化缓慢,但电解槽的运行却发生着质的变化:一是各项技术条件慢慢演变到正常生产的控制范围;二是在电解槽四周逐渐形成一层规整坚固的槽帮结壳。如此使电解槽逐渐转向正常运行,最终达到正常生产所要求的各项技术条件。这个阶段的操作好坏会影响到电解槽投入正常运行所需时间的长短及各项生产指标的好坏。当这些变化完成以后,电解槽就进入了正常运行阶段。

A 电解质水平的控制

新槽启动时,电解质水平要求较高(28~30 cm),其目的是通过液体电解质储蓄较多热量,使电解槽在启动初期散热较大和内衬大量吸热的情况下,也能具有较好的热稳定性,以及增加溶解氧化铝的能力,减少沉淀。但是这个水平高于正常生产的水平,因此在启动后期电解质水平会逐步降低。

一般对电解质水平的要求是:在电解槽灌入铝液后,电解质水平保持28~30 cm,保持一周后逐步降低电解质水平,随后经过2~3个月降到正常生产要求的20 cm左右,并长期保持。在降电解质水平时要与铝液水平和电压适应,并且为了使阳极尽可能充分利用并获得较好的原铝质量,电解质水平不得超过最低阳极的上表面,否则,液体电解质会浸泡到阳极钢爪,从而使钢爪熔化,降低原铝质量。

电解质水平的高低主要是通过控制槽工作电压和冰晶石添加量来控制。电解槽启动后随着槽工作电压的降低,槽内热收入减少,电解温度下降,电解质便沿着四周槽壁结晶成固体槽帮,从而使电解质水平逐渐下降。

B 铝水平的控制

新槽启动后灌入的铝液要超过正常槽的在槽铝量,但由于新启动槽炉膛较大,铝水平仍然不高,一般在15~18 cm。以后随着槽工作电压逐渐降低,槽帮逐渐形成,炉膛容积逐渐变小,铝液水平就会增加。一般在启动后的20天左右,应将铝水平调整到19~20 cm,并以此作为基准水平长期保持。

铝水平的高低通过出铝量的多少来控制,出铝时,铝水平低于15 cm时,可少出铝或不出铝,铝水平高于20 cm时,每次的出铝量适当超出实际产铝量。

C 电解质成分控制

对于新启动电解槽,电解质成分主要是指分子比,其他添加剂是在正常生产后逐渐添加的。新启动槽的电解质分子比要求较高,第1个月应保持在2.8以上,目的是满足电解质能够以高分子比结晶形成坚固的炉帮,保证进入正常生产期后具有稳定规整的炉帮内型,另外新启动电解槽的阴极内衬会以较快速度吸收含钠氟化盐,为满足内衬的吸钠,也需要在启动初期电解质保持较高的分子比,但不能过高,否则钠会大量析出,破坏阴极炭素内衬。

随着运行时间的延长,阴极内衬吸收钠盐逐渐达到饱和,炉膛也逐渐形成和完善,电解质分子比也应逐渐降低。一般中间下料预焙槽在启动后第1个月要求分子比在2.8以上,第2个月下降到2.7~2.8,第3个月下降到2.6左右,即达到正常生产期的要求。

对电解质分子比的调整,一般是向槽内添加一定量的苏打(Na_2CO_3)或氟化钠(NaF)。添加方法如下:

(1)在电解槽装炉焙烧时,以装炉料的形式装入电解槽。

(2)启动后进行分子的调整,是将苏打(或氟化钠)与冰晶石粉混合,利用阳极效应将其加到电解质的液面上。

D 电解槽工作电压的控制

电解槽在启动初期阶段,槽工作电压由8~9 V下降到4.3 V左右,但正常生产槽的工作电压只有4.1~4.2 V,因此必须在启动后的非正常期内逐渐将电压降到基准值。电解槽启动后的第1个月,由于炉膛还未形成,尤其在启动后的前半月,边部槽帮很小散热量很大,另外,这期间阴极内衬仍处于吸热阶段,也需要大量热量,因此电压还需保持较高状态。一般要求电解槽启动后的第1个月的前半月槽工作电压保持4.3 V左右。当进入第2个月后,炉膛逐渐形成,并朝着完善和规整的阶段发展,槽四周散热大大减少,同时电解质分子比逐渐降低,使电解质初晶温度有所下降,电解槽热需求逐渐减少,相应的就要逐渐降低热输入,故槽工作电压要缓慢降低,不能急降。

在两个月内将电压从 4.3 V 缓慢降到正常生产的 4.1 ~ 4.2 V。

E　效应系数的控制

启动前期,由于在新启动电解槽的四周无电解质结壳建立起的炉膛保温,故散热量很大。另外,前期内衬吸热,电解槽热支出较大,再加上电解质分子比高,其初晶温度也高,虽然前期有较高电压维持热收入,但炉底仍然容易出现过冷现象,致使电解质在炉底析出,形成炉底结壳。一旦出现这种情况,很容易导致形成畸形炉膛,严重影响电解槽转入正常生产期。因此新启动电解槽前期必须保持足够的炉底温度,方法是适当增大效应系数,通过效应产生的高热量使炉底沉淀及时被熔化掉,保持炉底干净;效应增多还能清洁电解质。

随着时间延长,炉膛逐渐形成,已建立起稳定的炉底热平衡,若再过多输入热量,将无益于炉膛的建立,因此第 1 个月保持 0.5 ~ 1 次/(槽·d)以上的效应系数,第 2 个月开始,效应系数下降为 0.3 次/(槽·d)。

F　电解槽温度的控制

在启动后期,槽温一般保持灌铝液后的温度(980 ~ 985℃)1 周,然后逐步调整槽温,2 ~ 3 个月后调整至正常温度(950℃左右)。

G　出铝

灌铝后的第 2 天开始出铝,开始 3 周内,每天出铝前在出铝端测量确定出铝量。3 个月后,每周进行测量来确定出铝量。

H　更换阳极

启动 2 ~ 6 天开始更换阳极。换极时,若槽内炭渣多,可借机捞炭渣。若电解质水平低,可借机补充冰晶石,同时可彻底补修槽帮。

I　取电解质试样

灌完铝取 1 次样,随后每天取样 1 次,连续取 10 天,以后按正常生产取样。

4.5.2.7　启动后期应注意的问题

在启动后期,规整炉膛的建立是一个长时间缓慢的过程,因此在技术指标控制上一定要保持稳健,要根据槽的实际情况确定技术参数,不能频繁改变。

在启动后期,要加强对电解槽的维护,尽量不要产生病槽。

4.5.3　铝电解槽的二次启动

所谓二次启动是指已生产的电解槽因故停产后未经大修又重新投产的操作。

4.5.3.1　停产前的准备和停电过程

如果是计划停产,则在停电前要做好以下工作:

(1)采用加工调整的方法,处理好炉底,尽量使炉底干净,减少沉淀。不能采用扒沉淀的方法,避免将来二次启动时通电不均。

(2)自焙槽要加强阳极四角和两端部的保温料,促使锥体长得好一些。

(3)停电前要尽量保持壳面完整,出铝降阳极时避免塌壳。这在一定程度上能保护边部不受风化。

（4）停电前如槽内电解质太多可取出一些,通常不用取出,任其停电后凝固在铝液表面上,使之能起到保护铝液镜面不被氧化的作用。

（5）停电前后可以把铝液抽尽,也可留一些在槽内成镜面状,便于二次启动时均匀通电。

（6）抽铝尽量接近停电前进行,抽到阳极能与铝液短路为止,剩余部分停电后再抽出。

（7）停电后要立即将阳极抬出炉面,抬阳极时动作要稳,速度要慢,以使面壳不塌,并保持液面平稳,自然冷却。

（8）停电后自焙槽阳极顶部应遮盖好,防止落灰。

如果是事故性突然停电,则不能像计划停电那样处理,只能临机处理。在处理时要特别注意,必须使阴阳极脱离,尽可能取出铝液和电解质。

4.5.3.2 二次启动步骤

（1）需要检修所有机电设备及辅助设施是否还正常,有问题要尽快解决,清理厂房地沟等。

（2）正确地制订二次启动方案。如果全系列停产则可以参考新系列投产时的情况并结合现在条件分期分批启动,电流可按一次送额定电流考虑;如果两个厂房在同一系列中有一个生产,另一个停产时,当需要二次启动时,在制订方案时,应考虑到以下问题:

1）按照供电能力,分批通电。

2）尽量减少对生产槽系统的影响。

3）结合电解槽焙烧时电压不断下降的特点,设法减少供电量的波动。

（3）焙烧步骤如下:

1）清炉:对准备通电的电解槽清除炉底电解质凝固层,使之露出铝镜面,四周结壳若不影响阳极下降时可以不清。刮阳极底掌,使所粘上的电解质脱落。

2）重新清刷母线与阳极棒或铝导杆的接触点,并重新压紧。

3）侧插槽在通电前尽可能不要拔阳极棒。预焙槽要采用新阳极炭块组。

4）装炉可采用两种方式,一种是先装料后灌铝,即清炉后将阳极下降离炉底3~5 cm,在前后大面各砌400 mm宽的灌铝及排气口。然后在四周装料(阳极与炉膛之间),主要是冰晶石和电解质碎块,随后灌入铝液把阳极埋入3~5 cm。另一种是先灌铝后装料,即将阳极下降至炉底3~5 cm后,即灌入铝液使之埋住阳极并铺满炉底,然后在铝表面装料,这样导电面大,但由于铝液多,温度会低一些。

5）电解槽灌完铝后即可通电焙烧,起步电流为50%。观察槽况,主要看槽电压有无过高的情况,1 h内升至全电流,焙烧期间第一天加强调整阳极电流使之分布均匀。经过4~5天焙烧使槽温达到启动温度,即进行效应启动。启动前几小时可以适当提高电压至3 V左右,以提高炉底温度。

（4）二次启动步骤:以预焙电解槽的二次启动步骤为例说明。

1）启动条件的准备:

电解槽焙烧后,使槽温达到900~950℃。

准备使用设备及工器具:多功能吊车、铁铲、风管、钎子、铝耙、炭渣箱、叉车、手推车、清扫车、溜槽、工作台等。

准备原材料:数吨电解质液(根据槽容量的不同准备量也不一样)。

2）启动前的检查:

检查温度,电解质水平是否达到启动所必须具备的条件。

检查各有关设备是否运转正常。

各原辅原料是否已准备就绪。

是否安放好灌注电解质的注入溜槽。

是否与计算机联系好启动槽号。

3）灌入液体电解质：

将电解质液（根据炉内电解质的数量决定）一次灌入启动槽。

当电解质液经溜槽注入启动槽时，提升阳极，将电压控制在 20~30 V，产生人工效应，保持 15~20 min。

人工效应过程中要用铁铲、铝耙等工具将阳极四周的冰晶石推入槽内，使其熔化。

当槽内电解质温度达到 960℃，水平达 15~20 cm 时，投入氧化铝，插入木棒熄灭人工效应。

效应熄灭后，槽电压保持 6.8~7.2 V。

启动完毕马上取电解质试样分析分子比。分子比应在 2.45~2.48 范围内。如分子比在 2.45 以下，则加入 Na_2CO_3 调整至 2.45~2.48 范围内（灌铝前调整）。

启动后降电压：前两小时内，每 0.5 h 降一次，速率为 0.2 V/次；2 h 后，每 0.5 h 降一次，速率为 0.1 V/次。总原则是在灌铝前将槽电压调整至 5~5.5 V。

4）灌铝操作

启动 4 h 后，槽温达 1000℃以上时，从出铝口一次灌入铝液（如温度较低则 6 h 后灌铝）。

灌铝速度和抬电压同步进行，灌铝完毕后，电压保持在 5~5.3 V（视温度决定）。

在启动后，将该槽并入自动控制状态。

槽电压至 4.50 V 之前按 0.05 V/h 的速度降电压。至 4.50 V 以后，按 0.02 V/h 的速度降电压，调至 4.30 V 以后保持。

启动后第 1 天设定电压：4.25~4.30 V；第 2 天设定电压：4.20~4.25 V；第 3 天开始根据实际情况保持设定电压（不能低于 4.10 V）。

灌铝后，隔日开始出铝，进入启动后期管理。

4.5.3.3　二次启动时的注意事项

仍以预焙槽的二次启动为例。

（1）抬阳极必须严格执行规程，每次只能抬一个回转计读数，每班由专人负责。若温度上升过慢，可适当加快抬阳极的速率，但两次抬阳极间隔时间不得低于 0.5 h，以避免阳极脱落。

（2）通电后至上抬阳极前应截断槽控箱主电源，以防止误动槽控箱造成事故。

（3）二次启动槽有时也会出现炉帮发红现象，现场应准备风管，以便及时吹风冷却。

（4）安排好定时对电解槽各部的巡视检查工作，以便及时发现问题，及时处理。一切以预防为主，防患于未然。

（5）制订与供电所的联系程序，电解厂房规定专人指挥。

（6）若出现阴极钢棒渗铝，钢棒周围发红，炉帮发红等现象，应及时用高压风冷却，并上报。另外准备适当的镁砂、镁砖，以备电解槽破损时补炉用。

由于二次启动槽内有原来炉膛，槽的热绝缘好，因此启动后期要尽快下降电压，加工时注意侧部炉帮熔化，一般两个星期即能转入正常生产。由于阳极长时间暴露在空气中，表面氧化较为严重，掉渣比较多，所以启动后期应添加冰晶石清洁电解质，并在效应时捞好炭渣，改善电解质的导电性。

二次启动槽的质量上升较快是由于所加的新原材料少所致。只要二次启动处理得好，槽寿命仍可达4~5年。但经过二次启动后,炉底电压降容易升高,原因是电解质渗入炭块与阴极钢棒连接处的表面,造成接触电阻增大,这是很不利的。因此对于铝生产来说还是应该避免中断生产。

4.6 炉膛内型的形成及意义

4.6.1 炉膛内型的形成

电解槽进入正常生产阶段的重要标志为:一是各项技术条件达到正常的范围;二是沿槽四周内壁建立起了规整稳定的炉膛内型。

炉膛内型是一层由液体电解质析出的高分子比冰晶石和刚玉(α-Al_2O_3)所组成的、均匀分布在电解槽内侧壁上,形成一个椭圆形环的固体结壳(60%~80%的α-Al_2O_3和20%~40%的Na_3AlF_6)。这层结壳环是电和热的不良导体,能够阻止电流从侧壁通过,并减少电解槽的热量损失;同时它还使电解槽侧壁炭块和四周炉底不直接接触高温电解质和铝液,保护其不受侵蚀;另外它把炉底上的铝液挤到槽中央部位,使铝液的表面积(铝液镜面)收缩,这对于提高电流效率,降低磁场的影响是有益的。因此,现代电解铝生产上十分重视炉膛内型的建立,要求炉膛内型规整而又稳定,让电流全部均匀地通过炉底,防止边部漏电和局部集中,使电解槽热场均匀,以获得电解槽稳定运行和良好的经济指标。新启动槽生产管理在启动后期的重要任务就是让电解槽建立稳定规整的炉膛内型。

4.6.1.1 不同状态的炉膛内型

图4-11绘示出了三种不同炉膛内型。(a)为过冷槽,边部伸腿长得肥大而长,延伸到阳极之下,炉底冷而易起沉淀,电解质温度太低而发粘,氧化铝溶解性能差,时间长了炉底便长成结壳,使电解槽难以管理,为了维持生产,不得不升高槽工作电压。(b)为热槽,它的边部伸腿瘦薄而短,甚至无边部伸腿,铝液、电解质液摊得很开,直接与边部内衬接触。这种槽一是铝损失量大;二是易出现边部漏电,大幅度降低电流效率;三是易烧穿边部,引起侧部漏槽。(c)是正常槽。正常槽的边部伸腿均匀分布在阳极正投影的边缘,铝液被挤在槽中央部位,电流从阳极至阴极成垂直直线通过。具有这种炉膛内型的电解槽技术条件稳定,电解槽容易管理,电流效率较高。

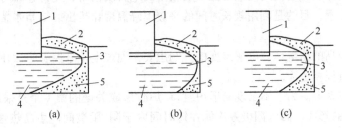

图4-11 铝电解槽炉膛内型
(a)过冷槽;(b)热槽;(c)正常槽
1—阳极;2—槽面结壳;3—电解质液;4—铝液;5—边部伸腿

因此,在新槽炉膛建立过程中,必须避免形成过冷或过热槽炉膛。

4.6.1.2 新槽炉膛的形成过程

新槽炉膛的形成过程,对于不同加料方式的电解槽有所不同。

A　边部加料槽的炉膛形成过程

边部加料的电解槽其氧化铝物料是沿槽四周边部加入，每次加料需将表面结壳部分地或全部地扎入槽内，再在表面添加常温的氧化铝，每个槽每班至少进行一次，多的每班数次，这样，电解槽由于每天多次扎大面，边部散热快，使得边部伸腿形成较快。边部加料槽启动后一般在一月左右，便可使炉膛建立完善，电解槽进入正常生产阶段。这种炉膛的形成过程属于强制形成过程，这样形成的炉膛热稳定性差，易于熔化、变形，但边部加料槽可利用每次加料大面时进行人工弥补规整，使炉膛仍可始终保持在较理想的状态下。

B　中心自动下料槽的炉膛形成过程

中心自动下料预焙槽，边部除了换阳极时扎一小部分外，其余时间原则上不动，电解槽四周大面被槽盖板严密封闭，炉膛全靠通过控制槽温和边部自然散热而使电解质自身结晶形成，这一过程属于自然形成炉膛。自然形成炉膛的速度较慢，因此，中心自动下料槽的炉膛形成过程需要比边部加料槽更长的时间，而且形成过程中各项技术条件要求严格，但这样形成的炉膛具有较高的热稳定性，这正适应了中心下料槽不作边部加工，仍可保证有稳定的炉膛内型的要求。

中心下料预焙槽启动后，随着电压和槽温的降低，便沿着边部自然析出高分子比的固体电解质结壳，即炉膛开始建立，直到启动后的3个月内，随着各项技术条件的演变，炉膛才能建立完善。

为了使建立起的炉膛热稳定性好，启动后应采用"五高一低"的工艺技术：

（1）启动的第一个月必须采用高分子比的电解质成分。因为低分子比成分的电解质初晶温度低，形成的炉膛热稳定性差，很易熔化而使炉膛遭到破坏。随着炉膛的逐渐完善，分子比也应逐渐降低，向正常生产期的范围变化。

（2）必须控制好电解温度的下降速度，维持一定的高温。温度下降过快，虽然可以加速电解质结晶，促进炉膛快速形成，但这样形成的炉膛结晶不完善，稳定性差，同时结晶速度过快，容易出现伸腿生长不一，形成局部突出或跑偏（一边大，一边小）的畸形炉膛；而如果电解温度下降过慢，则不利于边部伸腿的结晶生长，长时间建不起炉膛，使边部内衬长期浸没在液体电解质中，严重侵蚀边部内衬，影响电解槽寿命。所以一般在启动后的前3天，要求槽温下降快些，使其尽快在槽四周内壁结晶一层较薄的电解质槽帮，先将边部内衬保护起来，之后槽温下降适当放慢，目的是利用较长时间的平缓下降温度让析出的结晶体晶格完善，建立的炉膛坚实、稳固。

（3）保持适当高的槽电压。电解温度的控制主要是通过电压来控制的，因此，电压管理曲线也应与炉膛形成过程相适应。

（4）增加效应系数。为了不出现畸形炉膛，在炉膛形成关键的第1个月采用增加效应系数的方法，规范炉膛的形成。因为阳极效应能在短时间内于阴、阳极间产生高热量，可有效地熔化炉底沉淀和边部伸腿的局部突出部分，保证炉膛均匀规整。

（5）保持较高的电解质水平，以储蓄较多热量，使电解槽在启动初期散热较大和内衬大量吸热的情况下，也能具有较好的热稳定性，以及增加溶解氧化铝的能力，减少沉淀。

（6）保持较低的铝水平，以减少散热损失，维护槽温。

C　炉膛形成期间应注意的问题

在炉膛形成过程中，除了严格控制好各项技术条件外，还应利用各种机会检查炉膛形成情况，如预焙槽换阳极或自焙槽加料时触摸边部伸腿状况，发现异常苗头，及时调整技术条件使之纠正,否则,畸形炉膛一旦形成,再纠正十分困难,甚至会造成电解槽长期不能进入正常运行状态。

另外,也有将边部加料槽炉膛建立的方法用于中心下料槽上的做法,即新槽启动后采取人工边部投入电解质块,用打壳机扎边部快速形成炉膛。此法虽能使炉膛形成而且容易规整,但这样形成的炉膛热稳定性极差,很易熔化。这可能是导致有些槽长期建不起炉膛而必须经常用打壳机扎大面的原因之一,所以应慎重采用。

4.6.2 电解槽建立规整炉膛内型的意义

规整炉膛内型的建立将对电解槽的正常运行和使用寿命有良好作用:

(1) 规整稳定的炉膛内型可大幅度地提高电流效率,一般可提高3%～5%。形成规整炉膛后,避免了侧部漏电,从而可提高阴极电流密度,使阴极电流密度基本上等于阳极电流密度,减少了水平电流,从而可较大幅度地提高电流效率。

(2) 规整稳定的炉膛内型可大幅度地提高原铝质量。形成规整炉膛后,侧部内衬便被保护起来,电解质不会熔化内衬中的铁,因而原铝中的铁含量不会上升。

(3) 规整稳定的炉膛内型可大幅度地延长电解槽的使用寿命。形成规整炉膛后,除非槽阴极炭块中部破损,一般不会从侧部破损漏槽,因为侧部有一层坚固的电解质结壳。

(4) 由于延长了电解槽寿命,因此可以节约一大笔电解槽大修费用,降低成本。

(5) 由于提高了电流效率,可较大幅度地降低吨铝直流电耗。

(6) 建立和保持规整的炉膛,可以有效地调节电解质温度。当电解槽发生阳极效应时,效应所产生的热量可以熔化一部分电解质炉帮,使电解质温度不致上升过多;当电解温度降低时,液体电解质会在固体电解质炉帮上结晶析出,放出大量的热,缓解了电解质温度的降低。

(7) 在保持同一铝液水平的条件下,有规整炉膛的槽子可减少槽内在产铝量,缩小阴极表面积(又称铝液镜面),增大阴极电流密度,对提高电流效率有利。

(8) 建立并保持规整炉膛的电解槽,其经济技术指标往往比较优良。这是因为在有规整炉膛的情况下,电解槽的生产技术条件都比较稳定,没有大的波动,所以一切生产过程都是在较理想的状态下进行的。这样,铝的二次反应就会处在较低水平,电流效率相对较高。

未建立规整炉膛内型和炉膛不规整则有如下缺点:

(1) 在电解槽未建立规整炉膛时,由于高温且强腐蚀性电解质和高温铝液直接与侧部炭块、底部炭块和底部边糊缝接触,在得不到保护的情况下,电解质和铝液深入缝隙中,形成冲蚀坑,造成对内衬的破坏。有的会深入到阴极钢棒,熔化部分阴极钢棒和耐火砖,使原铝中含铁量和含硅量有不同程度的上升,有时甚至导致破损漏槽。

(2) 电解槽炉膛不规整时,电解槽中的液体电解质和铝液的循环流动受炉膛的畸形干扰,其运动变得紊乱,工作电压提高;另一方面使铝和电解质接触面变得模糊不清,铝的溶解和二次反应增多,降低电流效率。

(3) 电解槽炉膛不规整时,增加了操作的困难。如伸腿过大时,有可能造成压槽,导致生产更趋紊乱。

由以上分析可知,建立规整稳定的炉膛对电解铝生产是非常重要的。

复习思考题

4-1 铝电解槽焙烧的目的是什么？

4-2 铝电解槽有几种焙烧方法，各有什么优缺点？

4-3 铝电解槽有几种启动方法，其特点是什么？

4-4 铝电解槽启动后期的技术控制是怎样的？

4-5 什么叫二次启动，如何进行？

4-6 规整炉膛对电解槽的意义有哪些，如何建立规整的炉膛？

5 铝电解槽正常生产时的工艺技术条件

新槽启动后,经过3个月的调整,逐渐形成规整的炉膛,电解槽进入正常的生产阶段。在正常生产期,需要对各项工艺技术条件进行控制管理。这些工艺技术条件包括槽工作电压、加料量、铝水平和电解质水平、阳极效应、槽温等,在保证电解槽操作过程质量的前提下,控制好这些技术条件,电解槽才能长期在稳定状态下工作,获得高的电流效率和低的能量消耗。

5.1 槽电压

5.1.1 电解槽生产的不同电压名称及其关系

电解铝生产时,电压统计报表上有槽平均电压、槽工作电压、效应分摊电压和黑电压之分。计算机控制的电解槽还有设定电压的数值。

槽工作电压(也称净电压)是指电解槽阳极母线至阴极母线之间的电压降,是与电解槽并联的直流电压表上反映出的计算机控制后的实际槽电压。

效应分摊压降是分摊到每台槽上的效应电压,通过对效应系数和效应时间的长短来进行控制。

系列线路电压降的分摊值(生产上也称作黑电压)是指槽上电压表测量范围以外的系列线路电压降的分摊值。如槽与槽之间的线路电压降等。此值取决于线路材料,一旦安装完毕,其本身压降即确定。

设定电压(也称公称电压)是操作者根据槽况等情况预先设定的最佳工作状态下的计算机控制电压,以便计算机根据该值调节槽电压的大小,该值是人为设定的参考值。

槽平均电压是生产上计算电能消耗所采用的数值,为经济指标值。它的构成在2.2节中已作介绍。

5.1.2 槽工作电压

在正常生产期,操作者要控制稳定的槽工作电压,因为槽工作电压对电解温度有明显的影响,过高或过低的电压都会给电解槽的运行带来变化。

槽工作电压过高会造成:

(1)浪费电能。

(2)电解质热量收入增多,会使电解走向热槽,炉膛被熔化,铝质量受影响。

(3)铝损失速度加快,降低电流效率。

槽工作电压过低会造成:

(1)最初因热收入减少可能出现低温时的好处,但由于电解质冷缩,产生大量的沉淀,很快使炉底电阻增加而发热,由冷槽转为热槽,其结果是损失可能比高电压时要大得多。

(2)槽电压过低还可能造成压槽,阳极周边突出,滚铝和不灭效应等技术事故。

所以,在生产中决定各种情况下的槽工作电压保持标准(设定电压)要谨慎。正常生产的槽工作电压值应该是稳定的。如果出现波动,说明阴极铝液波动或两极之间有异常电压,应该查明原因及时处理。

5.1.3　槽工作电压的组成

自焙阳极电解槽的槽工作电压由阴极压降、分解与极化压降、电解质压降（极距之间）、阳极压降、阳极母线压降、阳极软母线与阳极钢棒间的接触面压降以及阳极钢棒与阳极锥体间的接触面压降组成。

预焙阳极电解槽的槽工作电压由阳极母线压降、卡具压降、铝导杆压降、爆炸焊压降、钢爪压降、阳极炭块压降、阴极压降、分解与极化压降、电解质压降（极距之间）组成。

5.1.3.1　阳极母线压降

阳极母线压降由母线本体压降和焊接点压降组成。

阳极母线压降在电解槽运行期间基本不变，其实际值取决于电解槽的母线配置及安装。母线配置一经确定，母线本体压降即确定。

焊接点压降取决于第一次安装时焊接的质量，但立柱母线与阳极大母线间焊接点的压降每次大修后视接触面清理程度而有变化，电解槽通电后此值不会改变。

5.1.3.2　阳极压降

不同槽型的阳极压降的组成是不同的。

A　自焙阳极电解槽的阳极压降

自焙阳极电解槽的阳极压降由阳极软母线压降、阳极钢棒压降、炭阳极本体压降、炭阳极与阳极钢棒间的接触压降、阳极软母线和阳极钢棒的接触压降等几部分组成。

自焙阳极电解槽的阳极软母线和阳极钢棒本身的压降由材料和本身质量决定，生产过程中不能改变。阳极压降与阳极糊本身质量、加糊操作及钉棒操作有关，如加糊操作时没有吹净槽糊面上的灰尘，就会增加阳极压降。阳极软母线与阳极钢棒间的接触压降以及阳极钢棒与阳极锥体间的接触压降受接触面导电性能的影响，接触面没有打磨或打磨不彻底，将会使接触面压降增加。

B　预焙阳极电解槽的阳极压降

预焙阳极电解槽的阳极压降由卡具压降、铝导杆压降、爆炸焊和钢爪压降、炭阳极压降等几部分组成，一般为 300～500 mV，占电解槽电压降的 10%～15%。

预焙阳极电解槽的铝导杆、爆炸焊和钢爪本身的压降由材料和本身质量决定，生产过程中不能改变。卡具压降指阳极大母线与铝导杆的接触面压降，受横梁母线与铝导杆的接触面导电性能的影响，并与小盒卡具松紧有关。如果小盒卡具未拧紧，发生效应时还可能导致铝导杆、大母线、小盒卡具被打坏。卡具压降小于 10 mV 属于正常，10～20 mV 偏高，大于 20 mV 属于不正常，需要返工。钢爪—炭块压降，主要由钢爪表面导电性能、炭块质量、磷生铁的配方和磷生铁的浇铸质量决定。

炭阳极压降则由槽内所有阳极炭块的厚度和质量决定，新阳极压降一般为 200～400 mV。

5.1.3.3　电解质压降

电解质压降是供给电解槽热量的主要来源，由电解质电阻和极距的大小决定，生产过程中会经常变动，是调节电解槽热平衡的主要途径。

5.1.3.4 分解与极化压降

分解与极化压降是指长期进行电解并析出电解产物所需的外加到两极上的最小电压。这是电解生产的一个基本电压,该电压的大小是由铝的析出电位所决定,过大,则会使其他物质电解析出;过小,则不会析出金属铝。在正常生产时,为 1.7 V 左右。

5.1.3.5 阴极压降

阴极(炉底)电压降是槽工作电压组成的一部分。阴极电压降是由铝液水平压降、铝液与阴极炭块组间压降、阴极炭块压降、阴极炭块与阴极钢棒间压降、钢棒压降等五部分组成。在电解温度下,铝液的电压降很小,可忽略不计;阴极钢棒压降为常数。所以,阴极电压降大小是与阴极炭块、铝液层—炭块间、炭块—钢棒间的接触压降大小有关。另外与槽底表面碳化铝数量、氧化铝沉淀多少及形成结壳大小和厚薄等也有关。阴极电压降高低能说明电解槽的阴极恶化与良好程度,例如:在槽底上有大量碳化铝生成时,会造成阴极电压降增大;如果电解质浸入炭块则使炭块压降增高;氧化铝在槽底的结壳大而厚增加了该部位铝液与炭砖面之间的电压降;炭块与导电棒的交界面上有大量电解质结晶时,也使其接触压降增大。相反,这些现象减少,阴极电压降就会降低。因此,为降低阴极电压降,从电解槽焙烧启动开始就应注意以下几点:

(1) 防止炭块过量吸收电解质。

(2) 电解温度的波动要小。

(3) 根据槽况,控制加料量,减少槽内沉淀数量。

(4) 在正常生产过程中,技术参数要合理和稳定,提高操作质量,努力减少槽内沉淀数量和炉底结壳。

另外,阴极压降也与炉底老化程度有关。即使生产控制良好,随着电解的进行,电解质也会逐渐渗透到阴极钢棒表面,造成接触压降增大,并且随槽龄增长而增长。

从上述分析可知,电解槽的槽工作电压会随生产操作而变动,但分解与极化压降、接触面压降以及母线压降部分随生产操作的变动较小,变化较大的是阳极压降、电解质压降和阴极压降,这三项也是维持电解温度,保证热量来源的电压。其中电解质电压降时刻在变化,所以平时槽工作电压的高低在系列电流稳定的情况下,某种意义上可以说成是电解质压降的高低。

正常生产时,电解质电阻与电解质成分和过热度(高于电解质初晶温度)以及电解质的洁净程度有关。当电解质中炭渣量大,悬浮固体 Al_2O_3 量大时,电解质电阻就会增大,即使极距不变,电解质压降也会增高。

5.1.4 槽工作电压的控制

对槽工作电压的控制,要根据电解槽的实际情况要有一个预先设定值,在无计算机控制的情况下,需人工判断此值,并依据该值进行人工调整槽工作电压。而在计算机程序控制的情况下,同样人工判断此值但是要输入计算机,成为计算机控制电解槽运行的重要参数,这个值即是设定电压,另外由于正常电解槽的电压随时在变动,为避免计算机误判造成不停地升降阳极,要设定一定范围的电压波动值(100～150 mV),电压波动只要在此范围内,计算机就认为电压正常而不作出反应。计算机根据设定电压自动调节极距来使槽工作电压符合设定值。

设定电压并非一成不变,它要根据槽况进行调整。设定电压在以下情况时需要上升:

(1) 电解槽热量不足,效应多发或早发。

(2) 电解质水平连续下降,需投入大量氟化盐来提高电解质水平而补充热量时。

（3）炉帮变厚，炉底出现沉淀时。

（4）槽电压的波动超过正常的波动范围，而出现电压摆动（又称针振）时。

（5）铝水平超过基准值 1 cm 以上。

（6）在 8 h 内更换两块阳极时。

（7）槽系列较长时间停电，恢复送电后。

（8）出现病槽时。

在以下情况时要降低设定电压：

（1）电解槽热量过剩，效应迟发时。

（2）电解质水平连续在基准上限之上时。

（3）投入的物料已熔化，无须再补充热量时。

（4）电压摆动消失后。

（5）炉底沉淀消除后。

（6）病槽好转时。

在电解槽恢复过程中，应根据情况及时调整设定电压，否则产生热量收支不平衡，恶化槽况。在调整设定电压时，必须同时实行其他调整热平衡的措施（如调整出铝量和极上保温料），不能单靠变更电压来维持。对设定电压应尽量保持稳定，避免在无干扰因素的情况下每天变动。

5.2　铝水平和出铝

在采用炭阴极的电解槽上，炉膛底部需积存一定数量的铝液（亦称在产铝）。其作用有四项：

（1）保护炭阴极，防止铝直接在炭阴极表面析出，避免生成大量的碳化铝而腐蚀阴极及增加阴极电阻。

（2）铝液为良好的导热体，能够传导槽中心的热量到四周，使电解槽各处温度均匀。

（3）炉底有一层铝液，起到了平整炉底，减少水平电流的作用，并且高层铝液还能削弱电磁力的影响，减轻铝液波动。

（4）适当的铝液数量能够控制阳极炉膛的变化，可以增加阴极电流密度，有利于电流效率的提高。

因此，其数量必须同时满足电解槽的热设计和磁场设计，生产中应按计划数量保持。

生产槽中的铝液被装在所确定的炉膛内，在定型的炉膛中保持一定的高度，操作者通过对铝水平的控制来对出铝量进行控制。铝水平的高低是影响电解槽热平衡的重要因素，不适当的铝水平会对电解槽的正常运行产生有害的作用。

铝水平偏高时会造成以下非正常现象：

（1）传导槽内热量多，会使槽温下降，炉底变冷，产生沉淀，炉底状况恶化，热阻增加，通过炉底的热量减少，从而加大侧部散热，最终形成侧部炉帮下部伸腿伸长的畸形炉膛。

（2）下部伸腿伸长，则会给正常作业带来困难，反过来又加剧槽的恶化。

铝水平偏低时会造成以下非正常现象：

（1）发热区接近炉底，铝液传导热量减少，炉底温度高，虽然炉底洁净，但炉膛过大，铝液镜面大，铝液中水平电流密度大，在磁场作用下产生强大的推力，加速铝液运动，槽工作电压出现大幅度摆动，过低时，甚至滚铝，演变成大病槽。

（2）铝的二次反应严重，电流效率下降。

（3）聚集在阳极下面的炭渣被烧结成饼、长包。

由以上分析可见，对电解槽的铝水平控制十分重要，重点是保持稳定的铝水平，防止偏高或偏低。

对铝水平的控制,首要条件是采用正确的测量方法,取得准确的铝水平数据。测量方法有以下两种。

A 简易盘存法

简易盘存法根据槽型的不同分为一点测定法和多点测定法。

中间下料预焙阳极电解槽采用一点测定法。测定位置通常取在出铝口,测量时必须严格保证测量点是真实的炉底,避免钎子落脚在冲蚀坑中。因为随着槽龄的老化,阴极破损逐渐增多,阴极炭块大都出现了冲蚀坑。为了准确地测量铝水平和电解质水平,钎子落脚点从原来的锤头下方里面推进,要求钎子落脚点在第二块阴极炭块上距离第一扎缝(炭帽)1~3 cm 处。测出铝液高度后,根据炉膛的长宽值求出槽中铝液的体积,然后与铝液密度相乘即可求出槽内铝量。

自焙阳极电解槽采用多点测定法。测定位置是在槽中的阳极四周壳面和阳极底下测出20~30 点的铝水高度,绘出炉膛内型图,从而计算出铝液断面的平均长宽尺寸和铝液平均高度,其中铝液平均高度应减去沉淀和结壳的高度(估计值)得出铝液的实际高度。然后根据以下公式计算:

$$槽内铝量 = 2.3ab(c-d) \times 10^{-3} (g)$$

式中 2.3——铝液密度,g/cm³;
　　　a——铝液平均长度,cm;
　　　b——铝液平均宽度,cm;
　　　c——铝液平均高度,cm;
　　　d——沉淀和结壳的平均高度,一般取 3~5 cm。

B 加铜盘存法

加铜盘存法测量槽中铝量,是通过向电解槽铝液内加入指示剂以后根据指示剂被铝液稀释的程度来决定。指示剂有几种,有惰性指示剂(Cu)和放射性指示剂(Co⁶⁰、Au¹⁹⁸等)。其中惰性指示剂 Cu 被经常使用,因为它满足了如下条件:

(1) 在铝液中易于溶解和扩散均匀化。

(2) 不进入阳极和电解质中。

(3) 在正常操作过程中,由原料(氧化铝、阳极等)带来的 Cu 量基本上是稳定的。

加铜盘存法的计算公式如下:

$$M_e = \frac{1 - a_e}{a_e - a_0} \times C$$

式中 M_e——加铜后取样分析时槽中铝量,kg;
　　　a_e——加铜后铝液中铜的浓度,质量分数,%;
　　　a_0——加铜前铝液中铜的浓度,质量分数,%;
　　　C——加入铝液中的铜的质量,kg。

生产中上述两种方法常常会同时使用,并加以对比来准确测定铝水平及电流效率,从而指导出铝量。

每台槽的出铝量应等于出铝周期内所产的铝量。目的是保持槽内有稳定的铝水平,以使槽的热平衡不致被破坏。

5.3 极距

极距既是电解过程中的电化学反应区域,又是维持电解温度的热源中心,对电流效率和电解温度有着直接影响。

增加极距能减少铝的损失,会使电流效率提高。这是因为溶解在铝液镜面附近的电解质中的铝粒子和单价铝离子(Al^+)扩散和转移到阳极附近的距离增加,并且电解质的搅拌强度减弱的缘故。但是由于极距增加,槽工作电压也升高,会增加电能的消耗。另外,电解质的热收入增多,温度升高又对电流效率产生不利影响。

缩短极距可降低槽电压,节省电能。但是过度地缩短极距会使铝的损失增加,降低电流效率。

当槽电压恒定时,极距会受到炉底、阳极电压降和电解质电阻的影响。当炉底、阳极电压降增高时,或电解质电阻变大时,极距就会被压缩。

所以,电解槽应从保持稳定的热平衡制度出发,在不影响电流效率的情况下保持尽可能低的极距,以便获得良好的技术经济指标。

在各类型电解槽中,极距一般保持在 4 ~ 5 cm 之间,自焙槽偏低,预焙槽偏高。因为预焙槽的阳极数目众多,使每块阳极都严格地保持在同一水平距离有困难,另外预焙槽保温性能不如自焙槽,也使预焙槽的极距要略高一些。同时也不应有极距太低的炭块出现,因为这会引起电流分布不均,造成局部过热和槽工作电压的摆动。

5.4　电解温度

铝电解槽的电解温度是指电解质的温度,这是一个温度范围,一般取 950 ~ 970℃,大约高出电解质的初晶温度 15 ~ 20℃。它是生产中极为重要的技术参数。通过研究,铝的二次损失随电解温度的升高而增加,温度每升高 10℃,则电流效率降低约 1%。所以,在生产中力求降低电解温度,尽可能地在电解温度较低的条件下进行生产。

铝的熔点是 660℃。如果为了制取液态铝,电解温度只需高出铝的熔点 100 ~ 150℃ 即可。但是由于电解质的初晶温度要远远高于铝的熔点温度,所以电解温度的高低实质上取决于电解质的初晶温度,因为只有在电解温度总是要比其初晶温度高 15 ~ 20℃ 的情况下才能进行生产。如果在生产中某电解质成分已定,其熔点较高,单纯为取得低电解温度而降低其温度,不但达不到目的,而且还往往导致相反的结果。这是因为电解温度过低造成电解质收缩,黏度增大,密度增加,电导率下降,氧化铝的溶解度降低。轻者使槽内产生大量沉淀,并很快转化为热槽。严重时还会出现铝液和电解质的熔体混淆,铝液上漂,生产恶化,使各项生产指标下降。所以,要想保持较低的电解温度,必须从调整电解质成分,降低其初晶温度开始。向电解槽中添加氟化镁、氟化钙或氟化锂,以及降低分子比,都可以达到降低电解温度的目的。

加料制度对电解温度也有影响。采取边部打壳加料制度时,则在加料过程中,电解质壳的大面由于加料被完全破坏,电解槽集中散热量大,并且又加入一定数量的氧化铝,在其加热和溶解物料过程中都需要大量热量,在加工之后,电解温度随时间的延续而增高,变化幅度较大。所以,在两次加料之间的电解温度总有升降的周期性变化。而中间下料预焙槽是定时频繁打壳下料制度。每次加料时,电解质壳面破坏小,并且每次所加氧化铝的数量少,因此,由于加料引起温度的波动不大。这对中间下料预焙槽长时间低温电解的恒定极为有利。

同时,正常电解温度的保持也需要其他技术参数的配合,因为各项参数的改变都能引起电解温度的变化。电流强度和槽工作电压的变化会影响电解质的热量收入变化,铝液和电解质的水平高低将影响电解热平衡和热惯性的好坏。所以,在生产中要综合调整各项技术参数,使电解温度稳定在规定范围内,其温度范围视电解槽的类型,工艺制度和电解质成分而定。

5.5 电解质成分

电解质主要是由熔融的冰晶石和溶解在其中的氧化铝组成,另外还有少量的氟化钙和氟化镁等添加物。电解质的成分决定了电解质的性质,其中分子比对电解质的物理性质影响甚大。

5.5.1 电解质分子比(CR)

电解质分子比是指电解质中的氟化钠与氟化铝物质的量之比的简称。电解质的分子比等于3 为中性电解质,大于 3 的为碱性电解质,小于 3 的为酸性电解质。工业合成的冰晶石分子比为1.9 ~2.2。目前,在电解铝生产上采用酸性电解质。因为采用酸性电解质有如下优点:

(1) 电解质的初晶温度低,可降低电解温度。

(2) 钠离子(Na^+)在阴极上放电析出的可能性小。

(3) 电解质的密度和黏度降低,使电解质的流动性较好,并有利于金属铝从电解质中析出,铝液与电解质熔体分层清晰。

(4) 电解质与炭素以及电解质与铝液界面上的表面张力增大,有助于炭粒从电解质中分离和减小铝在电解质中的溶解度。

(5) 槽面上的电解质结壳松软好打,便于加工操作。

由于上述优点对电流效率的提高和生产操作都有较大好处,所以酸性电解质被广泛采用。

但是采用酸性过大(即分子比过小)的电解质也存在如下缺点:

(1) 氧化铝的溶解度降低。

(2) 导电离子 Na^+ 减少,电解质的电阻增大,电导率有所降低。

(3) 氟化铝挥发损失较大。

(4) 由于电解质中含有大量的过剩氟化铝,生成低价氟化铝的反应增加,反而会使铝的损失增加。

因此,采用酸性电解质时,要控制电解质的分子比不能过低。

5.5.2 电解质中的氧化铝含量

电解质中氧化铝含量不同,对其性质也有影响,但是氧化铝在电解过程中不断消耗,对其含量只能控制在某一范围。氧化铝含量与加工下料的方法和制度有关,也就是与槽型有关。

5.5.2.1 边部下料自焙槽的电解质中氧化铝含量

在边部打壳加工制度下,不能准确掌握下料量,所以氧化铝在电解质中的浓度变化范围较大,电解质中的氧化铝含量在打壳下料结束时会提高到 5% ~6%,而在下一次加料前则减少到2% ~3%。所以为使电解槽保持良好的运行,要尽量使氧化铝浓度的波动小,则采取"勤加工少加料"的操作方法对稳定边部打壳加工电解槽的高产稳产非常重要。

"勤加工少加料"操作方法的优点有:

(1) 在打壳周期内能够保持比较平稳的 Al_2O_3 浓度 3% ~6%(质量分数),而不致出现较多沉淀。

(2) 能够经常地使电解质和铝液稍加冷却。根据测定,打壳之后,电解质温度大约降 4℃,铝液温度大约降 3℃。

(3) 能够经常地把贴附在阳极底掌上的炭渣分离出来。电解槽在每次打壳之后,炭粒便自动从火眼中喷出来,火苗新鲜有力。

（4）由于打入槽内的氧化铝数量受到一定控制，并且经过充分预热，大块料或冷料不会进入电解质中，因而不致搅动铝液。

（5）减少了阳极效应的发生，使阳极效应减少到0.3次/（槽·d）以下，节省了电能。

5.5.2.2　中间下料预焙槽的电解质中氧化铝含量

在中间半连续下料制度下，由于能做到准确计量氧化铝下料量，电解质中的氧化铝浓度被控制在较窄范围内波动，不会出现大幅波动的情况，对稳定生产有好处。这样选择电解质中的氧化铝浓度保持为多少，对中间下料预焙槽的生产就很重要。通常有三种浓度可供选择：即高浓度、中等浓度和低等浓度（这不包括阳极效应前 1～2 h 内的浓度）。

（1）高浓度（6%～8% Al_2O_3）。优点是电解质的初晶温度低，电解可以在较低的温度下进行；极化电压低；氧化铝溶解热（吸热）小；电流效率高。但其缺点是电解质导电性差；氧化铝溶解速度小；槽底容易产生沉淀。可见高浓度对中间半连续下料不利。

（2）中浓度（3%～6% Al_2O_3）。优点是 Al_2O_3 溶解热稍小；Al_2O_3 溶解速度较快，不容易产生大量沉淀；同时又减少了发生阳极效应的可能性。

（3）低浓度（2%～3% Al_2O_3）。优点是电解质导电性好；Al_2O_3 溶解速度快，在槽底不容易生成沉淀。但其缺点是电解质初晶温度高，因而需要较高的电解温度；极化电压高；临界电流密度小，容易发生阳极效应；氧化铝的溶解热大。

目前，大型预焙槽选择电解质中的氧化铝含量在 1.5%～3% 之间的范围内，主要是因为电解质的分子比控制较低（在 2.5 以下），以利于低温操作，提高电流效率，而且电能消耗也不会增加太多。

5.5.2.3　电解质中添加剂

电解质中含有一定数量的氟化钙或氟化镁，其主要作用是降低电解质的初晶温度，保持较低的电解温度，使铝的溶解损失降低，这样对提高电流效率有好处。

目前，工业电解质成分大致为：预焙槽的分子比为 2.3～2.55；自焙槽的分子比为 2.6～2.8；预焙槽的氧化铝含量 3%；自焙槽的氧化铝含量 2%～8%；氟化钙或氟化镁为 3%～6%。

5.6　电解质水平

电解质水平是指电解质液体在槽内的高度。电解质是溶解氧化铝的溶剂，保持合适的电解质水平对电解槽平稳而有效地进行生产有重要作用。电解质水平高低取决于电解槽的类型、容量，阳极电流密度，下料方式和操作制度，铝液水平以及操作人员的技术水平。

维持适当的电解质水平会有以下优点：

（1）可以使电解槽具有较大的热稳定性，电解温度波动小。

（2）有利于加工时氧化铝的溶解，不易产生沉淀。

（3）阳极同电解质的接触面积增大，使槽电压减小。

电解质水平过高则会有以下缺点：

（1）阳极埋入电解质中太深，阳极气体排出时，电解质搅动加大，引起电流效率降低。

（2）阳极埋入电解质中太深，则从阳极侧部通过的电流会增加，阳极侧部通过电流过多时，上部炉帮易熔化难于维持，严重时还会出现侧部漏电或侧部漏炉现象，特别是电解质水平过高而铝液水平过低时，该现象更为明显。

电解质水平过低则会有以下缺点：

（1）电解质热稳定性差,对热量变化特别敏感。

（2）氧化铝在电解质中的溶解量降低,易产生大量沉淀,阳极效应增加。尤其过低时,易出现电解质表面过热或病槽,增加原材料消耗和降低电流效率。

中间下料预焙槽的电解质水平要比边部下料自焙槽的电解质水平高。原因如下:

（1）中间下料预焙槽的下料部位固定在槽的两排炭块之间的狭小区域,并且是频繁下料,如果电解质水平低,则易在该局部区域形成沉淀。而边部下料自焙槽的下料部位是在大面,下料区域大,间隔时间长,所以即使电解质水平低一些,在正常运行时也不会在局部区域形成沉淀。

（2）中间下料预焙槽由于是局部频繁下料,电解质水平高,则槽内电解质数量多,能溶解的氧化铝量也多,减少了其沉淀量。

在生产过程中,电解质水平的高低是与铝液水平的高低紧密联系的,电解质水平要相应于铝液水平而保持,维持电解槽的热平衡,热平衡一旦遭到破坏,两者的高度就会变化。所以电解温度的波动会直接影响到两者的高度变化。电解温度过高,则槽底和槽侧的电解质沉淀和结壳熔化,使电解质水平提高而铝液水平降低。反之,电解温度过低,则槽底和槽侧的电解质沉淀和结壳就会增多增厚,使电解质水平萎缩而铝液水平提高。

5.7 阳极效应系数

阳极效应系数是指每日分摊到每台槽上的阳极效应次数。

前面已经介绍过阳极效应的发生通常是与电解质中缺少氧化铝有密切关系。虽然不易发生效应的电解槽,能说明加料制度的合理,电解质中氧化铝数量充分,能够节省电能,但并不完全说明电解槽生产正常。如果让电解槽时常出现效应,就能暴露出电解槽运行过程中的一些问题,并且还能改善电解槽的状况。

阳极效应的发生在电解铝生产中的好处有以下几点:

（1）在效应发生时,电解质对炭粒的湿润性不良,增加了炭渣从电解质中分离出来的机会,从而使电解质比电阻下降,电解质压降降低,在保持电解槽热量同等输入的情况下,极距就可抬高,铝的溶解损失降低,电流效率提高。

（2）阳极效应所产生的热量有 60% 可用于溶解氧化铝,有助于控制槽内的沉淀数量,可作为 Al_2O_3 投入量的校正依据。现在的铝电解槽尚未有实时检测电解质中氧化铝浓度的手段,不可能做到按需下料。而定时下料不可避免要出现偏差。这些偏差积累到一定程度会使槽正常运行失调,必须及时清理校正,清理的手段即是人为设定效应间隔时间,即进行一段时间的正常加料后,停止加料一段时间,让其消耗积料直到发生效应,证明槽内积料已被清理完。若停止加料期间不发生效应,说明积料未完全消除,需延长正常加料间隔进行校正。相反,若效应提前发生,说明投入料量不足,需缩短加料间隔加以补充。

（3）补充电解槽热量的不足。

（4）清理阳极底掌表面及槽中其他炭素物质(即炭渣)。

（5）可判断槽内运行及加工情况,例如以下几种情况:

1）当效应电压过高时(50~100 V),表示电解槽处于过冷状态。

2）当效应电压过低时(10 V 左右),表示电解槽处于过热状态。

3）当效应电压忽大忽小时,表示槽内存在局部短路现象。

4）当效应来临比预计的来临时间延迟,被称为延迟效应。当发生延迟效应时,说明电解槽温度低,溶解氧化铝的能力降低;或加入的氧化铝过多,要适当减少氧化铝加入量。

5）当效应来临比预计的来临时间提前,被称为提前效应。当发生提前效应时,说明电解槽温度高,溶解氧化铝的能力增加;或加入的氧化铝过少,要适当增加氧化铝加入量。

但是,阳极效应的发生过多对生产也不利,原因如下:

(1)阳极效应发生时,槽电压很高,浪费大量的电能。

(2)增加氟化盐的蒸发损失,浪费物料。

(3)发生效应时,系列电流往往会下降。如果效应次数过多,则系列电流会频繁下降,影响其他槽的热量收入,使其他槽的产量减少和电解温度下降,严重时易形成供电和电解生产之间的恶性循环反应,造成生产混乱。

所以在电解铝生产过程中,是需要电解来效应的,但是对阳极效应系数的确定应权衡利弊,加以适当控制,使之尽可能少。

冰晶石—氧化铝熔盐电解法发明一百年来,由于其高温腐蚀的特性,不能对整个电化学反应进行全方位测试,从而得出最佳的电解生产工艺技术条件,只能依靠一些直接和间接的试验分析来把握。从对以上工艺技术条件的分析可以看出,各工艺参数的控制都有利有弊,这些工艺参数是相互关联、相互影响,并且相互制约的。某一工艺参数失调或难以控制,也可能是其他参数失调造成。例如温度偏高,采取多添加氟化铝以降低分子比的办法也难以把温度降低,就有可能是铝水平偏低、热平衡失调造成,需要调整铝水平,以控制好温度;也有可能是电压偏高,导致能量收入过多,温度居高不下,就需要降低电压。所以对各工艺参数的控制不能孤立地、单独地进行控制,要建立配置合理的整个参数控制系统以便使各技术参数控制在要求的范围之内,实现整体控制,这样才能实现电解槽生产的能量平衡和物料平衡,保持电解槽的正常运行。生产管理时,对此应该有足够的认识。

5.8　电解槽正常生产的技术参数

电解槽的容量不同、槽型不同及厂家操作水平不同,所控制的技术参数也不尽相同。本书仅列出常规数值。

5.8.1　自焙阳极电解槽的技术参数

自焙阳极电解槽技术参数如下:

(1)槽工作电压:4.2 V;

(2)电解温度:950～960℃;

(3)极距:4.0 cm;

(4)分子比:2.6～2.8;

(5)添加剂:氟化钙或氟化镁为3%～6%;

(6)氧化铝含量:3%～7%;

(7)电解质水平:16～18 cm;

(8)铝液水平:24～26 cm;

(9)效应系数:0.3 次/(槽·d);

(10)阳极电流密度:0.94 A/cm²。

5.8.2　预焙阳极电解槽的技术参数

预焙阳极电解槽技术参数如下:

(1)槽工作电压:4.2 V;

(2)电解温度:940℃;

（3）极距：4 ~ 5 cm；

（4）分子比：2.3 ~ 2.55；

（5）添加剂：氟化钙或氟化镁为 3% ~ 6%；

（6）氧化铝含量：1.5% ~ 3%；

（7）电解质水平：21 ~ 24 cm；

（8）铝液水平：20 ~ 22 cm；

（9）效应系数：0.3 次/（槽·d）；

（10）阳极电流密度：0.74 ~ 0.78 A/cm²。

5.9 铝电解槽正常生产的特征

正常生产的电解槽是在规定的电流制度下运行的，其应具有以下各种特征：

（1）电解槽的各项技术参数已达到了规定范围，建立了稳定的热平衡制度。

（2）阳极周围侧壁上已牢固地形成电解质 - 氧化铝结壳（俗称伸腿），伸腿均匀适量构成了规整的炉膛内型。

（3）阳极不氧化，不着火，不发红，不掉块，不长包。

（4）阳极周边的电解质均匀沸腾，电解质干净并且与炭渣分离良好。

（5）从火眼喷出的火苗颜色清晰有力，火苗颜色呈淡紫蓝色或稍带黄线。

（6）阳极底下没有多量沉淀，炉面氧化铝结壳完整，结壳疏松好打。

（7）槽工作电压稳定地保持在一定范围。

（8）电解质温度 940 ~ 960℃。

（9）用铁钎插入槽内，取出后，可看到电解质与铝液分层清晰。

复习思考题

5-1 电解铝生产工艺有哪些技术参数？

5-2 槽工作电压包括哪几部分？

5-3 极距的概念是什么，在电解生产中有什么作用？

5-4 什么叫电解质分子比，电解生产保持多大的分子比，为什么？

5-5 电解质中有一层铝液有哪些好处？

5-6 什么叫阳极效应系数，阳极效应对电解生产有哪些好处和害处？

5-7 自焙槽勤加工少加料的优点是什么？

5-8 预焙槽的电解质中保持怎样的氧化铝含量，为什么？

5-9 电解质水平的高低对生产有哪些影响？

5-10 电解槽正常生产的特征有哪些？

6 侧插自焙阳极电解槽的工艺操作

自焙阳极电解槽的工艺操作包括加料、阳极操作、出铝、电解质成分的调整和电解技术参数的测量等。

6.1 加料

铝电解槽在生产过程中,一方面氧化铝连续分解被消耗,需要按时向电解槽中添加新的氧化铝。另一方面炉膛和技术条件也经常发生变化,需要借加料操作来调整与生产不相适应的炉膛和技术条件,消除和防止对生产的不利因素。同时还要对电解槽进行常规的维护,这些工作通常称为电解槽的加工操作。

电解槽的加工方式和制度基本分为效应加工制和无效应加工制,目前,边部打壳加料的自焙电解槽普遍采取无效应加工制度,具体的加工制度各厂有所区别。但不论是哪一种加工方式,都只能将面壳上覆盖的已被预热除掉水分的氧化铝加入,而不能加入未被预热的氧化铝,否则,氧化铝所含的水分将会导致电解质成分的变化,产生有害气体氟化氢。

6.1.1 电解槽的效应加工

效应加工是指电解槽只在发生阳极效应时才能进行加工操作。这种加工制度在某种程度上对电解槽生产过程有利,但该加工制度消耗电能和原材料较多,电解温度波动大,操作环境恶劣,人的体力消耗也大,所以,这种加工方法只能在电解槽运行中需要或偶尔出现效应时采用。

各个电解槽上均设有效应报警装置(电铃和指示灯),当电解槽发生阳极效应时,指示灯会明亮起来,同时计算机会监测出来,通过语音系统报给现场,通知电解工前往进行处理。

电解槽的效应加工分为正常效应加工和不正常效应加工。

6.1.1.1 正常阳极效应

电解槽的温度正常,电解质水平适当,只是由于缺少氧化铝而发生阳极效应,这种效应属于正常效应。发生正常效应时,电解槽的电压及指示灯亮度均稳定,电压约为 30～60 V。处理这种效应是在加入氧化铝后,人工用木棒插入电解质中,利用木棒在高温逸出气泡搅动电解质,并且搅起铝液与阳极底掌瞬间短路,从而破坏阳极底掌下的气膜,而使阳极重新工作。

正常效应加工步骤如下:

(1) 正常效应发生后立即确定加工面。

(2) 用风动打壳机打开电解质结壳,加入氧化铝。

(3) 待电解槽温度适当时,用大耙(漏铲)或木棒搅动铝液,使铝液与阳极底掌瞬间短路,效应即可熄灭。当电解生产操作用计算机控制时,可采用降阳极法自动熄灭效应。

(4) 在效应熄灭之后,如果电解质表面炭渣较多,可用漏勺捞出炭渣。阳极氧化严重的,要用电解质浇阳极以减少阳极氧化。

(5) 在上述工作完成,电解质表面有一层结壳后,在电解质表面加氧化铝保温料,结束加工操作。

6.1.1.2　不正常阳极效应

在生产中常见以下几种不正常阳极效应,对不正常阳极效应要区别对待和处理。

A　暗淡效应

某些效应发生时,电压较低(约 $10 \sim 20$ V),指示灯微红,有时还闪烁,这种效应被称为暗淡效应。

发生暗淡效应的原因如下:

(1)极距适当,而电解质不干净,电解质电阻高,从而造成槽的温度高,发生效应时,电解质温度过高,使电解质电压降低。

(2)电解槽的极距过低。

暗淡效应来临时不要急于进行加工熄灭,应先判断原因,再作处理。

(1)如果是电解质不干净,应先捞出炭渣,再加入冰晶石或固体电解质块,将温度降下去,之后再进行加工熄灭效应。

(2)如果是电解槽的极距过低所致,则先适当抬高阳极,再进行加工熄灭效应。

B　闪烁效应

某些效应发生时,电压很高而摆动,指示灯明亮而闪烁,这种效应被称为闪烁效应。发生闪烁的主要原因是槽内铝液在磁场变化的影响下发生波动,并与阳极底掌发生瞬间短路而造成。

电解槽具有下列情况之一时最易发生闪烁效应:

(1)电解槽的炉膛内型不规整。

(2)阳极底掌有凸起部分。

(3)电解温度过低,电解质的数量较少,极距低。

处理闪烁效应时,要先查明原因,对症处理。

(1)如果是炉膛不规整或阳极长包所造成,要先将阳极抬起,局部过空的地方用电解质块补扎好,或往槽内灌液体铝,增加铝液质量以消除由于槽底铝液少而造成的波动;或处理阳极底掌的凸出部分,等电压稳定,温度合适之后再加工熄灭效应。

(2)如果是极距和温度过低所造成,要先将阳极抬起增加极距,加入冰晶石补充电解质,铝水平过高时,抽出一部分以减少槽底散热,待温度上来之后加工熄灭效应。

C　瞬时效应

某些效应发生时,一来即自动回去,不需要加工处理即自动熄灭处理,并且有时还会反复出现几次,这种效应被称为瞬时效应。

电解槽具有以下情况时最易发生瞬时效应:

(1)电解质水平和电解温度低,沉淀多的情况。

(2)在系列降电流或停电后恢复供电的情况。

发生瞬时效应的原因是:由于温度低,所加氧化铝未能全部溶解于电解质中,有部分沉淀,当发生效应时,由于瞬时加热以及铝液的波动就会搅起部分氧化铝沉淀物溶解于电解质中,满足了电解质对氧化铝的部分需求,同时又因铝液波动与阳极底掌瞬时短路,使效应形成自熄。

处理瞬时效应的方法:如果瞬时效应反复出现,应抬高阳极,使电压稳定,待温度适当时即可熄灭。

D　提前或延迟效应

提前效应一般发生在冷槽上,主要是因电解质温度低,溶解氧化铝的能力减小,虽然按时加入足够数量的氧化铝,但由于溶解不了而形成沉淀,造成提前来效应。

延迟效应多发生在热槽上,主要是因电解温度高,二次反应增加,容易熔化炉帮和沉淀,相对增加了电解质中的氧化铝含量,从而延迟了效应的发生。

处理这两种效应的方法如下:

(1)如果是提前效应则提高电解质温度和水平,改善操作方法,防止发生提前效应。

(2)如果是延迟效应则找出温度升高的原因,及时调整和处理,使电解温度转入正常生产状态。

6.1.2　电解槽的无效应加工

无效应加工是指电解槽在发生阳极效应之前的一段时间里进行加工。其目的是保持电解质中有足够的氧化铝含量,力求避免或减少效应。因为无效应加工克服了效应的不利因素和效应加工时的缺点,所以这种加工方法被广泛采用。

无效应加工程序与效应加工程序相似,不过按其打壳的部位和程度可分为大加工、边部加工、压壳加工、局部和分段加工。各种加工方法都有它的适应性和优缺点。在工作中采取哪种加工方法应根据具体情况而确定。

6.1.2.1　大加工

大加工是指加工时把确定的加工面壳全部打开,要打到边和角,随后用漏铲将打掉的面壳块扒到炉帮上口靠住,防止面壳块滑入阳极下面或沉入槽底,然后用电解质浇好阳极再加氧化铝,以形成新的面壳。

大加工的优点是:一次加工下料量多。

大加工的缺点是:加工时散热量大。所以要求操作必须迅速,否则槽温损失过多,不利于槽的正常运行。

采用大加工方法的条件:

(1)适应于炉膛未建立或上部过空的电解槽上。

(2)适应于在电解质水平和温度偏高而炉膛规整的电解槽上。

6.1.2.2　边部加工

边部加工是指不打掉和阳极连接的面壳,只打开靠近沿板边部的面壳,其宽度15~20 cm,然后加料,重新结成面壳。该加工方法是普遍被采用的一种正常加工方法。

边部加工方法的特点是:

(1)操作者的工作量小。

(2)一次下料量少,电解质中氧化铝变化幅度小,利于电解槽的稳定运行。

(3)加工时的散热量小,槽温稳定,能够促进炉底沉淀的熔化和上部炉帮的维护。

采用边部加工的条件:

(1)采用"勤加工少下料"的操作制度时。

(2)电解槽总高较高,伸腿宽而大,沉淀多的情况时。

6.1.2.3　压壳加工

压壳加工与边部加工类似,只是将打壳宽度变窄,然后将靠阳极侧的面壳压塌,使大块面壳倾斜或浮在电解质表面之上,然后添加氧化铝覆盖,重新结成新的面壳。该加工方法的实质是让电解质的流动来逐渐冲刷并熔化面壳内层的氧化铝,减少槽温波动和沉淀的形成。

采用压壳加工的条件是:

(1)炉膛规整,槽温较低的电解槽。

(2)炉膛长,沉淀多,电解质水平低的电解槽。

6.1.2.4 局部和分段加工

局部加工是前三种加工方法的缩简,是辅助的加工方法。是电解槽出现局部的不正常情况时,但又不到正常加工的时间,所采用的局部处理的加工方法。例如,电解槽的局部炉帮熔化严重,上口过空;某处沉淀较多;某处电解质沸腾很差;阳极某处氧化严重;防止效应的提前发生等等,都是采用局部加工方法来临时进行调整和处理。

分段加工也是利用前三种加工方法,将某加工面分为几段进行间隔加工。目的是在电解质中保持适当的均匀的氧化铝浓度,同时减少由加工而引起的电解温度波动。

6.2 阳极操作

侧插槽阳极常规作业包括转接铜母线、拔出阳极棒、提升阳极框架、钉阳极棒、加阳极糊和铆接铝壳。这些操作都有周期性,周期时间的长短主要取决于炭阳极的消耗速度。阳极消耗速度可用下式进行计算:

$$v = \frac{PQ}{DS}$$

式中　　v——阳极消耗速度,cm/d;

　　　　Q——阳极糊单耗,kg/t 铝;

　　　　P——槽昼夜产铝量,t 铝/d;

　　　　D——阳极糊假密度,kg/m^3;

　　　　S——阳极横截面积,cm^2。

6.2.1 侧插槽自焙阳极的烧结原理

侧插槽的阳极底端浸在电解质里,阳极下端的两侧钉有四排阳极棒。阳极本体温度从下而上逐渐降低,按照阳极糊的烧结程度人为划分为三带(从上而下)(见图6-1)。

(1)软化带。也称液体糊带,位于阳极最上层,温度是从阳极糊顶部到下面的400℃等温面之间。该带的上部阳极糊的原始成分还未改变,只处于软化或熔化状态,温度大约在 100 ~ 140℃。该带的下半部分,阳极糊的黏结剂开始分解,温度在140 ~ 360℃之间。

(2)焦化带。也称焦状糊带或半焦带。温度为 360 ~ 400℃。该带内碳氢化合物分

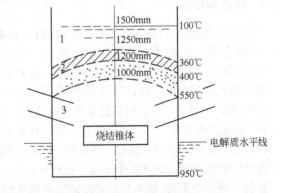

图 6-1　侧插槽连续自焙阳极的温度区带分布示意图
1—软化带;2—焦化带;3—烧结带

解,沥青中的焦炭开始粘结阳极糊中的固体炭粒形成焦炭格,整体呈黏稠状态,开始半焦,半焦带的机械强度甚小。此带中有两排不通电的阳极棒。

（3）烧结带。温度在 400～950℃ 之间,此带上层在 400～520℃ 区间内,黏结剂不断地流下来,填充在阳极锥体的孔洞里,并且在这里进行焦化。再往下达到 700℃ 之前,焦化过程全部完成,机械强度增大。进入 700℃ 以上区域时已形成一个坚硬的并具有良好导电性能的烧结锥体。此带中有两排通电的阳极棒。

侧插槽阳极糊在焦化过程中产生的挥发分,受到上层液体糊和侧面铝箱的阻止,基本上进入下面烧结带。在温度 700℃ 以上,挥发分发生二次裂解,生成二次焦和气体(氢气和甲烷)。生成的二次焦就填充在焦炭格的孔洞内,使焦炭格更加致密。这一过程明显地改善了阳极质量,提高了阳极的导电性并增大了它的机械强度,而剩余的气体从棒眼中或阳极下部排出。

侧插槽阳极一般有四排阳极棒,其中下面两排的导电棒直接插在烧结带内。侧插棒阳极的消耗速度大约为 20 mm/d(0.8 mm/h 左右)。每隔约 10 天,阳极会消耗 200 mm 的高度,相当于上下两排阳极棒之间的距离。这时就要把最下边的一排阳极棒拔出来,进行阳极的各项操作。

6.2.2　转接铜母线

在电解过程中,随着阳极消耗,阳极位置在不断降低,于是最下面的第一层阳极棒的末端越来越接近电解质,此时需要将该排棒上的铜带拆下转接到上面的第三排阳极棒上去。在同时间内转接的铜带数目视第三排阳极棒附近锥体成长情况而定。当锥体足够时,可以在当天全部转接;在同一时间内拆下的铜母线数目不允许超过通电数的 15%,以免其余铜带电流负荷过大。铜母线刚拆下时,温度约为 130～135℃,待冷却后,用手提式电动或风动的研磨机擦光铜母线与第三排阳极棒的接触面,将其二者用螺丝连接,大扳手拧紧。在全部转接终了时,槽电压升高不得超过 0.5 V。在研磨接触表面时,应将铜屑收集起来扔掉,以免进入槽内影响原铝质量。

6.2.3　拔出阳极棒

在铜母线转接完毕后开始拔棒。拔棒设备是半连续风动或电动拔棒机,风压为 5.065 × 10^5 Pa。在拔棒前先在第二排棒上装设临时吊挂,每槽挂 8 个,做到受力均匀,以承担阳极的全部重量。

阳极棒拔出后,用电解质碎块与冰晶石粉堵塞阳极上的棒眼空洞,以免空洞内进入空气使阳极氧化。应该注意的是:当阳极上有较大的水平裂纹时,宜用震动较小的手提式偏心轮拔棒机操作。

6.2.4　提升阳极框架

在阳极棒拔出后,应该立即进行抬框架操作,否则,如果发生跑电解质、漏炉、阳极效应等情况时,阳极不能抬升,就无法进行及时处理。

在抬框架前,先要检查阳极是否有裂缝。如有裂缝时,要使其两旁的吊挂受力稍大一些。并检查框架是否能够自由上移,不被阳极铝壳铆接部分卡住。

抬框架时,要及时检查临时吊挂是否有松动的。如果发现有松动的,要检查 U 型吊环是否被阳极棒顶住或被沥青粘住。并且还需检查 U 型吊环是否有被熔化与变形的,如有要及时更换。

提升框架完毕后,要检查临时吊挂是否有松紧的现象,检查哪个阳极棒先受力,在加垫时一定要垫的牢固而且均匀,否则当继续提升时,由于吊环受力不均会引起阳极裂缝,或造成阳极棒弯曲。

在提升框架结束时,槽电压应及时调整到原来的电压数值。为了防止抬完框架后淌糊,在抬完框架后必须检查第三排阳极棒眼周围有无漏糊的可能以及阳极棒是否歪斜。

6.2.5　钉阳极棒

在向炭阳极内钉入阳极棒之前,先用穿孔器在铝壳上打个洞,以定出钉入阳极棒的位置,然后用钉棒机或人工将棒钉入,钉入角度为12°~15°。如果阳极糊太稀,暂不钉棒,待阳极糊略微黏稠时再钉棒,否则会漏糊。在钉棒时应选择表面光滑、整齐且直的阳极棒。

目前,大多数侧插槽铝厂都采用风动钉棒机。

6.2.6　加阳极糊

定期在阳极顶部添加阳极糊,是为了保持阳极的连续性,使阳极顶层始终有适当高度的液体层以便粘结新糊。

加糊周期视阳极电流密度和每次加糊数量而定,通常是每隔7~12天加一次,这样能保证阳极中液糊层不薄于25 cm。如果加糊周期缩短到4~5天,则可以进一步改善新旧糊的粘结质量,阳极质量得以提高。阳极糊以小块(重15 kg)或大块(重0.5~1t)加入,也可以用液状糊加入阳极壳内,在后一种情况下,阳极糊是用保温罐从工厂的阳极糊车间运到电解槽上的。

加糊操作应注意:

(1) 每次加糊前要先仔细清除阳极顶部糊表面上的尘埃,一般是用压缩空气吹尘垢。要特别注意四角和四边,这些地方一般灰尘较多。

(2) 在加糊时应同时搅拌旧糊,目的是既可以使新老糊粘结良好,又可防止糊的质量偏析。

6.2.7　铆接铝壳

阳极铝壳的铆接通常是一个月内不超过一次。这项作业的周期决定于阳极消耗的速度和制作阳极铝壳所使用的铝板宽度。

阳极铝壳用厚0.8~1.2 mm的铝板增接,新铝壳放在旧铝壳内侧,新旧铝壳搭接高度不应少于100 mm,然后用木锤敲打,使新壳严密地靠到外壳上,并用铝铆钉与外壳铆接起来。铆钉之间中心距离上下5~6 cm,左右8~10 cm,两排钉位交错排列,要求铆接严密,并在接缝处衬上垫纸,尤其在四角,否则液体糊会自接缝中漏出。如果采取双套筒交叉铆接,可得到更为良好的效果。

6.3　出铝

电解槽出铝的方法有真空出铝法、虹吸出铝法、流口出铝和带孔生铁坩埚出铝法几种。在生产上常用的是第一种方法——真空出铝法,后几种使用较少,仅在试验的小槽上使用。

6.3.1　真空出铝法

真空出铝的原理是利用真空泵将密闭的真空包抽到一定的真空,通过铝液面上的大气压力与包内压力的不等使铝液从槽内被压入真空包,从而完成出铝工作(见图6-2)。

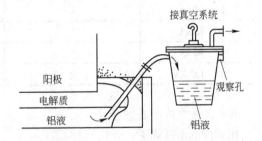

图6-2　真空抬包出铝示意图

6.3.1.1　真空出铝的设备、工具及材料

A　真空出铝的设备

真空出铝的设备有真空泵、真空管道和真空包。

真空泵由一个水封式的叶轮,在密闭的铁壳内迅速旋转,以达到连续抽气的作用。真空泵放置在专门的工作室内,它的抽气管与通往电解槽前的真空管道相连,出铝时,真空抬包上的抽气管与真空管道上的一个接头之间接上胶管,就形成真空通路。

真空包的外壳由 8 mm 厚的钢板制成,除包瞟部分和封口铁板外,内砌耐火砖。包嘴除作倒铝液外还用于出铝时作为窥孔。包盖由生铁铸成,可以装卸。真空包结构见图6-3。

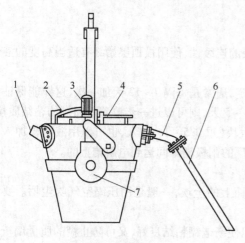

图 6-3　真空抬包
1—包嘴;2—包盖;3—电机;4—抽气管;
5—弯管;6—大管;7—减速机

真空包的形式不一,容量也不同。新换的真空包的内衬在使用前要烘烤干燥。烘烤可采用喷油燃烧和煤气燃烧,也有用燃烧木柴来烘烤的。新检修过的真空包要检查检修质量,如电机是否灵活、焊缝是否漏气和内衬的质量。

B　工具及材料

(1) 石棉板(10 mm 厚):出铝时密闭用。

(2) 平板玻璃($5 \times 75 \times 200$ mm):出铝时观察用。

(3) 真空胶管:抽真空用。

(4) 风镐:清理真空包用。

(5) 手锤:清理真空包用。

(6) 大锤:上、卸包盖用。

(7) 大扳手:上、卸直管和弯管螺丝用。

6.3.1.2　真空出铝的操作

电解生产按照预定的周期出铝。各厂出铝周期和每次出铝的多少要根据电解槽的电流强度以及槽子生产达到多高的效率而定。出铝周期有一天一出,两天一出和三天一出的,大型电解槽通常每天出一次铝,中型电解槽每天或每隔一天出一次铝。按既定的周期出铝就叫按进度出铝,在特殊情况下也可按非进度出铝。

每次取出的铝量差不多等于该出铝周期内产出的铝量。出铝后,槽内保留的一定数量铝液被称为"在产铝"。槽容量不同在产铝数量也不同,具体见表6-1,企业根据实际情况可适当调整。

表 6-1　不同容量电解槽在产铝的数量

槽　　型	在产铝/t	槽　　型	在产铝量/t
45 ~ 59 kA	3	140 ~ 156 kA	8
60 ~ 69 kA	4	170 ~ 190 kA	10
70 ~ 75 kA	5	200 ~ 240 kA	312
80 ~ 90 kA	6	250 ~ 280 kA	18
120 ~ 135 kA	7	>290 kA	20

A　出铝前的准备

出铝前的准备如下:

(1) 根据电解生产情况和铸造部门的要求确定出铝的槽号并且确定出铝次序,一般情况下先出质量好的,后出质量差的铝。

(2) 然后把真空包盖和吸出管连接部位用石棉板和石棉绳密封好,使真空包得到高的真空度。新真空包在使用前烘干,加热温度在 150℃ 以上,时间不少于 8 h;旧包要加热到 100℃ 以上,时间不少于 3 h。

（3）把要用的工具（用在槽内的）必须烤热。

（4）在下管前（指吸出大管伸入电解槽内之前），要扒除干净电解槽出铝部位的沉淀，以免堵管；在冬天使用新管出铝时，要先在电解槽的火焰上烤热新管，以免堵管。

B　出铝操作

出铝操作如下：

（1）选择好恰当的出铝位置，并将其打开。

（2）用吊车将真空包对准已打开的出铝口，稳准缓慢地深入到槽中。

（3）当出铝管伸入到铝液以后，接上真空胶管，再用带孔的石棉板把包嘴封上。

（4）最后把玻璃板封死石棉板观察孔进行出铝。

（5）通过观察孔检查出铝情况，避免抽出电解质。

（6）当观察到出铝数量达到要求时，停真空泵，结束出铝。

（7）停止出铝时，先拿掉玻璃板，后拔掉吸出管，再吊起真空包。

（8）用吊车将真空包内的铝液通过包嘴倒入开口包，速度要适中，防止铝液外溅。

（9）开口包倒完铝液后，在开口包的外壁上用粉笔清楚地写上所出铝的槽号。

C　出铝操作时的注意事项

注意事项如下：

（1）出铝的数量可根据真空包的大小，通过观察孔的玻璃，观察铝液水平面的高度来估计。出铝数量允许误差为上下 50 kg（指每槽出 1400 kg 铝时），出铝过多或过少将会影响电解槽的正常生产。

（2）通过观察孔的玻璃观察包内情况时，要注意安全，不要正对观察孔。

（3）出铝时，由于铝液水平降低，极距增大，槽电压会升高，因此，随着铝液水平下降，要及时降电压，使电压保持在 5 V 以下，否则就会来效应。

（4）抽铝时要避免抽电解质，若抽电解质过多，会使电解质水平过低而产生病槽。

（5）要正确选择出铝口，不压管，不堵管，一有堵管现象要及时找出原因，用钎子透通或震打吸出管。

（6）严格按照排定的顺序出铝，如有变动要及时说明，否则，有可能出现质量事故。

（7）出铝时真空度不够（正常出铝的真空度应在 $6 \times 10^4 \sim 6.66 \times 10^4$ Pa），可能有下述原因引起：

1）真空包的连接部分密封不好。

2）管有重皮，双管（真空包上盖处的固定抽气弯管）堵塞。

3）真空包体的焊接处有砂眼漏气。

如果真空度不够，则从上述方面查找并处理之。

（8）出铝时如发生效应，应停止出铝，把吸出管拔离槽子，待效应回去后再出铝。

（9）如果卡住阳极，应处理好后才可出铝，如发现包壁发红，应换新包。

（10）如果发现真空泵漏气、轴承坏、螺丝松、密封不严、电机烧坏以及水量不够等情况，应及时停止出铝，停泵检修。

D　出铝时异常情况的处理

堵管（大管、弯管等）的原因：

（1）出铝时，大管没有插到铝液里或大管有漏洞。

（2）炉底和阳极周围结壳不规整,插在槽子伸腿或沉淀上。

（3）卡住阳极和真空包不热等使出铝速度慢而堵管。

（4）电解质与铝液分离不清,上电解质而导致堵管。

（5）铝水平过低,使出铝速度缓慢。

（6）真空度不够。

（7）吸出大管温度过低。

堵管（大管、弯管等）的消除方法：

（1）如果吸出大管插在槽子伸腿或沉淀上,要及时提起抬包,拔出大管,用专用钎子透通。

（2）弯管堵,要透通或震打,若仍不通,须换管子。

（3）除清理堵管外,要根据上述不同的原因改善槽况和出铝设备。

6.3.2　虹吸出铝法

虹吸出铝法的理论与真空出铝法相同,所不同的是虹吸出铝法不用真空泵和真空包,而用开口包和压缩空气喷射泵;再者,每一电解槽前要挖一个坑,以便放入开口包,并使开口包的铝液最高水平面低于槽中的铝液水平面;还有是在出铝之前,开口包内要准备一定的铝液,使虹吸管的一端被电解槽中的铝液封闭,另一端被开口包内的铝液封闭,这样才能在虹吸管内由压缩空气喷射泵的抽气造成负压,使铝液从电解槽流向开口包,如图6-4所示。

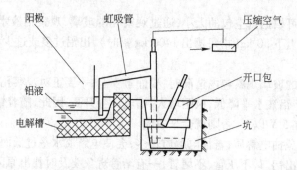

图6-4　虹吸出铝法的出铝示意图

6.3.3　流口出铝和带孔生铁坩埚出铝法

6.3.3.1　流口出铝法

在每一电解槽前设一坑和虹吸出铝的坑一样,电解槽底侧部有一放铝液的流口,出铝时把流口打开,引铝液进入坑内的抬包中。出铝完后把流口堵上。此法仅适用在产量少的小槽上。

6.3.3.2　带孔生铁坩埚出铝法

用一尖底生铁坩埚,形略如牛角,尖端开一孔,出铝时先用塞子堵住孔,再把坩埚伸入铝液中,拔掉塞子让铝液从孔流入坩埚,用铁勺取出。此法只用于小型试验槽中。

6.4　电解质成分的调整

生产上电解质成分的调整是指电解质的分子比和其他添加物的含量调整。电解质成分的检查和调整是电解铝生产管理的主要内容。在铝电解过程中,电解质成分会由于不同的原因而不断地发生变化,这种变化将直接影响到电解过程和生产效果。所以,为了保持最佳的电解质成分,以求生产稳定和获得较好的经济指标,必须根据科学分析结果及时对电解质成分进行调整。

6.4.1 电解质成分变化经过及原因

电解槽从启动到正常生产阶段,由于所处环境不同,电解质成分变化所表现出的形式也不同。在生产初期,电解质成分变化的趋势主要是分子比降低;而在生产正常阶段,电解质成分变化的趋势则主要是分子比增高。

6.4.1.1 生产初期电解质成分的变化

在生产初期,由于炭素材料对氟化钠有选择性吸附的能力,所以新的炭素内衬会大量吸收氟化钠,使电解质中氟化钠减少,虽然同时氟化铝也在发生分解和挥发损失,但损失量相对较小,电解质中氟化铝含量仍然过剩,电解质显示为酸性。此时,如果电解质分子比降得过低,则形成的炉膛内型熔点低,质量不好,会对生产和阴极寿命产生严重影响。因此,在这段时间里,应向槽内添加一定数量的苏打(Na_2CO_3)或氟化钠(NaF)与冰晶石的混合料,以补充被炭素材料所吸收的氟化钠。目前,生产上多用苏打代替氟化钠进行调整过酸的电解质。

苏打代替氟化钠的好处是:

(1)苏打与冰晶石反应,会有二氧化碳气体产生,这样加速电解质的沸腾和循环,有助于生成的氧化铝和氟化钠的溶解,不易产生沉淀,并有助于电解质成分的均匀。

(2)使用苏打的数量只是氟化钠用量的三分之二。

苏打代替氟化钠的缺点是损失氟化铝太多。

炭素对氟化钠的吸附并不是无限制的吸附,氟化钠在炭素材料中的存在数量是有限度的。其随着电解时间的延续,炭素中氟化钠已经接近或达到饱和状态时,对氟化钠的吸收作用就会逐渐减弱或停止,而电解质分子比的变化趋势也由向酸性变化为主逐渐转化为向碱性变化为主。

6.4.1.2 正常生产阶段电解质成分的变化

正常生产时期,电解质成分变化的主要趋势是分子比增高。引起分子比增高的原因有原料中杂质在电解质中的反应、电解质的挥发和添加剂的作用。

A 原料中杂质在电解质中的反应

在电解生产上所用的氧化铝、氟化盐和阳极糊中都含有一定数量的杂质成分,如 H_2O、Na_2O、SiO_2、CaO、MgO 等,这些杂质均会分解氟化铝或冰晶石,使电解质中氧化铝和氟化钠增加,分子比增高。

$$2AlF_3 + 3H_2O \longrightarrow Al_2O_3 + 6HF \uparrow$$
$$2AlF_3 + 3Na_2O \longrightarrow Al_2O_3 + 6NaF$$
$$4Na_3AlF_6 + 3SiO_2 \longrightarrow 2Al_2O_3 + 12NaF + 3SiF_4 \uparrow$$
$$3CaO + 2Na_3AlF_6 \longrightarrow 3CaF_2 + 6NaF + Al_2O_3$$
$$3MgO + 2Na_3AlF_6 \longrightarrow 3MgF_2 + 6NaF + Al_2O_3$$

从上述反应结果来看,各种杂质均会通过反应分解氟化铝而生成氟化钠,这样就造成电解质分子比的增加。

B 电解质的挥发

在构成电解质的各成分中,氟化铝的沸点(1260℃)最低。所以,在正常电解温度下从电解质表面挥发出的蒸气中绝大部分是氟化铝,温度越高损失越大,从而使电解质中氟化钠相对增加,分子比增高。

　　C　添加剂的添加

　　生产中,在电解质分子比小于3的情况下添加氟化镁时,氟化镁与冰晶石反应生成 Na_2MgAlF_7 和 NaF,使分子比增高,其反应式:

$$Na_3AlF_6 + MgF_2 =\!=\!=\!= NaF + Na_2MgAlF_7$$

但是电解质中的氟化镁并不是由于这个反应而大量减少的。实际上电解质中氟化镁和氟化钙的减少主要是由于更换电解质造成的。捞炭渣、跑电解质和长炉帮等都会使电解质数量减少,所以要添加新冰晶石来补充电解质数量,这样也就冲淡了氟化镁和氟化钙的浓度。

　　在正常生产时,因氧化铝和阳极糊的杂质中含有氧化钙和氧化镁,它们与冰晶石会生成氟化钙和氟化镁,所以电解质中都含有一定数量的氟化钙和氟化镁,如果含量低于规定范围时则要补充。

6.4.2　电解质成分的检查

　　目前,检查电解质成分有四种方法:肉眼观察法、指示剂检查法、晶体分析法和热滴定(即化学分析)法。

6.4.2.1　肉眼观察法

　　肉眼观察确定电解质成分既有迅速简单的优点又有不精确的缺点。因该法是根据电解质的颜色、壳面和固体电解质的断面与外观情况来判断电解质的酸碱度范围的,具体分子比的精确数值很难确定,所以只能作为生产中的一般性参考,方法见表6-2。

表6-2　电解质酸碱度的肉眼鉴别

电解质的酸碱度	液体电解质的外观	电解槽 Al_2O_3 壳面	铁钎上凝固电解质的外观	固体电解质断面
碱　性	亮黄色	很　硬	电解质紫黑色较厚、自动裂开、容易脱落	很致密
中　性	橙黄色	中　硬	电解质层略厚、致密、白色	致　密
酸　性	樱红色	较　软	电解质层薄、致密、白色	有　孔
强酸性(<2.4)	暗红色	很　软	电解质层较薄、不脱落、白色、有时淡红色	多　孔

6.4.2.2　指示剂检查法

　　该法通常用化学试剂——酚酞来检查,将酚酞液滴在固体电解质的断面上,如果呈现紫红色,说明该电解质分子比大于3;没有颜色则分子比小于3。该法也是粗略的检查,只说明分子比的大小范围。

6.4.2.3　晶体分析法

　　在化验分析中,通常是采用既简便迅速又比较准确的晶形分析法。该法是将电解质试样研磨成粉末后,放在偏光显微镜下观察其包晶情况而确定出分子比的数值。为了使分析准确和正确地调整电解质成分,每台电解槽都应定期地取出合乎要求的电解质试样,送化验室分析。

　　对所取试样有如下要求:

　　(1)氧化铝含量最少。

（2）不夹杂有炭渣和铝珠。

（3）冷却不宜太快。

（4）有足够大的体积。

为了达到上述要求，试样要用双层试样模来取，在靠阳极边缘已打好洞口的地方，将试样模慢慢伸入电解质的上层，伸入时要注意避开炭渣，并防止铝液和氧化铝进入。取出的试样要放在母线沟盖板上慢慢冷却。收集试样时必须准确地标记上槽号，以免造成错误。

6.4.2.4 热滴定法

热滴定法分析电解质成分存在分析速度慢，费用大等缺点，通常不采用。但该法分析结果最为准确，因而可用于校对性分析。

6.4.3 电解质成分的调整

电解槽在正常生产时期，电解质成分变化主要是分子比偏高和添加剂含量的降低。所以要根据电解质成分分析报告，按照规定的保持范围，因槽而异地进行及时调整。

当电解质分子比高于规定范围时，应向槽内添加计算好的氟化铝量，其添加方法为：在加工后电解质壳面上，先加一层氧化铝，然后将氟化铝与氧化铝混合后均匀撒在薄壳上，其上再加保温氧化铝。下次加工前不扒料，氟化铝随面壳一起打入槽内。

氟化铝极易飞扬和挥发，所以添加时应注意：

（1）氟化铝应该与氧化铝混合，然后添加在氧化铝面壳层的中间，不能加在电解质液面上，也不要加在阳极和火眼的附近。

（2）因出铝时容易塌壳和增加扒料飞扬损失，所以在出铝前的加工不添加氟化铝。

（3）为了减少损失，可将氟化铝与冰晶石混合使用。

（4）根据经验，氟化铝最好在电解槽出铝后的首次加工时添加，效果最好；其他时间需添加氟化铝时，可在电解槽小面加工时添加。

当分子比低于保持范围，电解质过酸时，应添加苏打或氟化钠。添加氟化钠最好与冰晶石混合后添加。平时添加方法与氟化铝添加方法一样。为了迅速调整成分，可利用来阳极效应时，将苏打或氟化钠与冰晶石混合料直接加到电解质液面上熔化。

添加氟化钙或氟化镁时，要加在大面炉帮空处，不要加到阳极附近，要沿炉帮均匀添加，不要集中在一起，要勤加少加，不要集中大量添加。

调整分子的计算过程举例如下：

已知电解质质量为 6 t，分子比为 2.8，Al_2O_3 的含量 3%，MgF_2 含量 5%，现将调整分子比为 2.3，求所需添加的氟化铝量。

设 K——冰晶石分子比；W——冰晶石质量；X——NaF 质量；Y——AlF_3 质量。

电解质中的冰晶石质量为：$W = 6000 \times (1 - 0.08) = 5520 (kg)$

$$X + Y = W$$

$$2 \times \frac{X}{Y} = K$$

式中　2——NaF 与 AlF_3 的相对分子质量的比值。

将原电解质的分子比 2.8 及冰晶石的质量 5520 kg 代入上式，则得到原电解质的：

$$X = NaF\ 质量 = 5520 \times \frac{2.8}{2.8 + 2} = 3220 (kg)$$

$$Y = AlF_3 \text{ 质量} = 5520 \times \frac{2}{2.8+2} = 2300(\text{kg})$$

则当分子比为 2.3 时,该电解质中 AlF_3 质量为:$2 \times \dfrac{3220}{2.3} = 2800(\text{kg})$

则需添加 AlF_3 为:$2800 - 2300 = 500(\text{kg})$

这里所求出的 AlF_3 添加量为理论值,由于添加时的挥发损失,实际添加量要大于该值,一般为理论量的 130% 左右。

6.5　电解技术参数的测量

在电解铝生产的日常管理中,为了掌握电解槽生产状态,并及时调整改善技术参数及操作方法,取得电解生产的平稳性。必须经常地对其相关的技术参数进行测量。

6.5.1　电解温度的测量

测量电解质温度的方法有两种:光学高温计测温法和热电偶测温法。

6.5.1.1　光学高温计测温法

光学高温计是一种专门的测温仪器,其原理是借助装在其中的可变电阻器调整给灯泡的电流强度,观察和调整灯丝亮度与电解质表面亮度一致时,则毫安培表所指出的数值即是所测的电解质温度。由于该方法仅能测到电解质的表面温度,而电解质内部温度,尤其阳极下面电解质温度都比表面温度高,所以误差较大。为精确的测得电解温度,应采用热电偶法测量。

6.5.1.2　热电偶测温法

热电偶高温计是由电位差计和热电偶组成。工作原理为:当热电偶插入电解质中之后,由于两种不同金属或合金做成的偶丝受热产生热电势不同,则在偶丝的两端产生电位差,该电位差的大小与热端温度相关,其值在电位差计上表示出来,然后将该值换算为电解温度。

6.5.2　铝液和电解质水平的测量

测量方法为人工操作。将铁钎插入炉膛内的底部,把角度尺放在钎子的上端,并记下量出的角度。然后拔出铁钎,斜立在地沟盖板上,再将角度尺放在铁钎上端,使铁钎倾斜的角度与在槽内相同。根据铝液与电解质分界线,用直尺量出二者的水平垂直高度。电解质高度等于总高度减去铝液高度

6.5.3　极距的测量

测量极距的方法为:用一个带弯钩的铁钎子伸入槽内,将弯钩的尖端顶面贴到阳极底掌上,使钩部段垂直于底掌平面,稍停一会,然后拿出铁钩,视其分界线,用钢板尺从尖端到分界线量出极距的高度。

6.5.4　炉底电压降的测量

测量炉底电压降的方法为:测量时,把带有保护套管的铁钎子伸入槽内的铝液层中,但不能接触沉淀或结壳,然后再把另一根铜钎插到阴极钢棒上,这时毫伏表的表针指示的数值即为该槽的炉底电压降数值。为了测量准确,可在电解槽前后大面上取 2~4 点进行测量,取其平均值。

6.5.5　槽内铝液的盘存

方法见 5.2 节。

复习思考题

6-1　自焙电解槽的操作包括哪些内容?

6-2　自焙电解槽的加工方法有哪些?

6-3　侧插槽的炭素阳极糊烧结成阳极锥体的过程是怎样的?

6-4　电解质成分的检查有哪几种方法?

6-5　电解质成分的调整是如何进行的,其添加量是如何计算的?

7 预焙阳极中间下料电解槽的工艺操作

预焙阳极电解槽的工艺操作包括定时加料(NB)、阳极更换(AC)、提升阳极水平母线(RR)、出铝(TAP)、阳极效应的熄灭(AEB)、槽电压调整(RC)、电解质成分的调整和电解技术参数的测量等。其中电解质成分的调整和电解技术参数的测量与自焙阳极电解槽大体相同,槽电压调整在计算机程序控制下自动进行,不需人工操作,对这几项操作,本章不再作介绍。

7.1 预焙阳极电解槽的定时加料(NB)

目前预焙阳极电解槽的加料都是由计算机控制完成的半连续下料,是通过安装在电解槽纵向中央部位的自动打击锤头完成,操作人员不参与。这种加料方式通常能够使电解质中的氧化铝浓度保持在3%左右。

正常加料时,根据事先设定好的加料时间和加料量程序,槽控机控制加料设备定时定量地往槽内加入氧化铝。由于是自动化操作,可以在一个加料周期内分成数次下料,一般根据打壳锤头数目定,有几个锤头就下几次料,全部打完一遍为一个下料周期,然后重新开始新一轮下料周期。例如有四个打击锤头,则下四次料,每次下料的间隔为5 min,一个周期约为20 min。但是每次下料量不多,只有一个加料周期内下料量的四分之一,从而做到了减少电解质中氧化铝浓度波动的要求,避免了由于下料过多或下料过少所导致的对电解生产不利的现象。另外,加料是在密闭的槽罩内进行,避免了加料粉尘和挥发气体直接排放到车间空间的现象,改善了操作环境。

如果采用先进的流态化氧化铝输送系统,则在下料后计算机会自动检测槽上料仓中的氧化铝料面,如果低于所要控制的料面高度,就开始自动充料操作,直接将氧化铝送至槽上的氧化铝料箱。

7.2 阳极操作

阳极操作包括阳极更换、提升阳极母线和阳极效应的熄灭等三项内容。

7.2.1 阳极更换(AC)

预焙阳极电解槽是多阳极电解槽,所用的阳极块是在炭素厂按规定尺寸成型、焙烧、组装后,送到电解使用的,阳极块组不能连续使用,须定期更换。每块阳极使用一定天数(一般为20 ~ 28 天)后,换出残极,重新装上新极,此过程即为阳极更换。

阳极更换操作程序如下:
(1) 确定阳极更换周期。
(2) 确定阳极更换顺序,确定要更换的阳极号。
(3) 吊出残极,安装上新阳极,调整新极安装精度。
(4) 进行收边和极上保温料的覆盖。

7.2.1.1 确定阳极更换周期

阳极更换周期由阳极高度与阳极消耗速度所决定。阳极消耗速度与阳极电流密度、电流效

率、阳极假密度有关,可由下述经验公式计算:

$$h_c = \frac{8.054 d_{阳} \eta W_c}{d_c} \times 10^{-3}$$

式中　h_c——阳极消耗速度,cm/d;

　　　　$d_{阳}$——阳极电流密度,A/cm^2;

　　　　η——电流效率,%;

　　　　W_c——阳极消耗量,kg/t 铝;

　　　　d_c——阳极假密度,g/cm^3,一般取 1.6 g/cm^3。

在实际利用中该公式所计算出的阳极消耗值只是一个基准值,并不能以此确定阳极更换周期。这是因为在生产中预焙阳极会有阳极掉粒和阳极氧化的现象,所以在确定阳极更换周期时,在这个基准值上还要考虑到阳极掉粒和阳极氧化的消耗。通常实际中的阳极消耗速度为 1.5 ~ 1.6 cm/d。

当预焙阳极炭块的高度和残极厚度确定后,就可根据阳极消耗速度而计算出阳极更换周期。但在生产上,由于新换阳极的电压降为 400 mV 左右,如果阳极高度为 54 cm,则每 1 cm 阳极块的电压降为 400/54 = 7.4 mV/cm,如果延长阳极更换周期,就有利于降低阳极毛耗、净耗,降低成本,并且延长换极周期后,残极厚度降低,降低了电解槽阳极电压降,有利于降低电耗。但延长更换周期,要考虑有一定的残极厚度,否则不能保持残极的完整,影响阳极的导电性,同时残极厚度不够也可能会使钢爪熔化从而造成铝的质量恶化及阳极脱落的不良后果。

7.2.1.2　确定阳极更换顺序

预焙槽上有阳极炭块组数十组,每一组炭块组又由 1~3 块炭块组成。为了保证电解槽生产稳定,必须按照一定顺序更换。所以当阳极更换周期和阳极安装组数确定后,阳极更换顺序就确定了。确定阳极更换顺序要依据以下的原则进行:

(1) 相邻阳极组要错开更换。

(2) 电解槽两面的新旧炭块应均匀分布,使阳极导电均匀,两根大母线承担的阳极重量均匀。

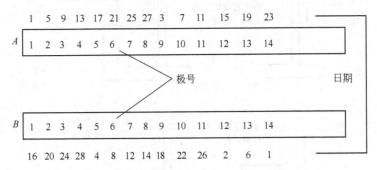

图 7-1　28 组阳极的换极顺序示意图

从图 7-1 可见,除两侧 7 号、8 号的阳极块相隔两天更换外,其余均相隔四天,而且注意到了两面、两端交替更换,这种更换顺序能较好地满足上述原则。

7.2.1.3　更换阳极时的注意事项

进行阳极更换操作时,需要多功能吊车与电解工配合进行。多功能吊车具有开闭卡具,吊出残极,挂上新阳极等功能。在换极开始前,需要与计算机联系,与计算机联系后,计算机就进入换极程序,不进行槽电压自动控制的运行。更换阳极后,计算机判断阳极更换完毕,恢复正常控制。

为使更换阳极的操作不致影响电解槽的正常运行,所以在该操作的进行前后要遵循以下原则:

（1）要更换的阳极爪头不能露出炭块底掌,如露出则表示更换周期过长,需要进行调整。

（2）相邻两组的阳极不能连续更换,如确实需要的话,必须从其他槽上调换一组处于良好工作状态下的热阳极。否则由于新极温度低,电阻高,不能立刻承担全电流,则会造成偏流。

（3）换阳极必须找平阳极底掌,保证新极安装精度,并使阳极换好后炭块底掌不得倾斜。

（4）卡具必须要打紧,卡具接点电压降不得高于所要求的规定值。

（5）在 24 h 内,20 组阳极以内的电解槽换新极不得超过两组,20 组以上的电解槽换极不得超过三组。

（6）吊出残极,安装新阳极前,要把掉入阳极底掌下面的大块氧化铝结壳以及槽底过量沉淀都要扒到槽的边炉帮处,然后捞出。如果不捞出,容易造成阳极长包,并在新极底下生成炉底沉淀,影响电解槽的正常运行。

（7）新阳极安装好以后立即加盖保温料,吊出的残极要清净其上的热料。

（8）换完阳极后槽电压不得高于正常电压 0.1 V,随后在 3 h 内逐渐恢复到正常。

在进行阳极更换操作的时候,应该特别注意新极安装精度和收边作业。

A　新极安装精度

新极安装精度关系到阳极电流的均匀分布情况。为了确保新极安装精度,生产上有两种做法:用阳极定位装置和自制卡尺定位。

如果多功能吊车装有阳极定位装置,则吊车工按步骤操作,准确地定出残极在槽上的空间高度,并将此高度转换到新极上,定出新极的安装位置。

在多功能吊车无阳极定位装置的情况下,可采用自制卡尺定位。该方法的实质是用卡尺将残极的空间安装高度传给新极。定位过程见图 7-2。

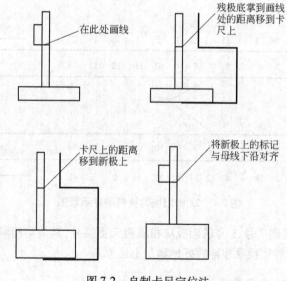

图 7-2　自制卡尺定位法

以阳极大母线的下沿为基准,在残极的导杆上划线,用卡尺量出残极底面到画线处的高度,然后在新极导杆上的同样高度画线,以此线位置与阳极大母线平齐。

自制卡尺法简单易行、精确度高、对环境条件无要求,易于普及。即使在有阳极定位装置的情况下,也可作为定位装置故障时的备用。

为了确保新极安装精度,新极上槽后 16 h,需进行导电量检查,即测等距离新极导杆上的电压降(现场叫 16 h 测定)。若电压降不在 3 ~ 5 mV 之内,视为新极安装不合格,需要进行调整。

新极上槽后,冷阳极表面迅速形成一层冷凝电解质,1 ~ 2 h 后开始熔化,阳极开始导电。随着炭块温度的升高,通过的电流逐渐增大,实践表明新极上槽 24 h 左右才能开始承担其所应承担的全部电流量。因此考虑到新极导电的滞后性,新极安装时不能与残极底面一样齐平,应比残极提高一天的消耗量,即 1.5 cm,保证新极正常导电时与残极底面相同。

B 收边作业和极上保温料

为了保证电解槽边部散热和边部炉帮的规整和稳定,应加强电解槽的侧部散热、四角保温。所以生产上对阳极更换中的收边作业很重视,规定侧部散热带要有一定的尺寸,收边高度要达到新极的倒角。

在换极的收边过程中要一直保留散热带,即侧部炭块上面那块筋板的上方不得有任何物料,包括收边用的面壳块和氧化铝,否则,会使侧部散热恶化,炉帮变薄。在收边过程中,面壳块和氧化铝只能添加到阳极炭块上表面以下 5 cm 左右。对于四块角极(出铝端和烟道端的四块阳极),在收边过程中就只留出散热带而不收低边,以实现四角保温。

在收边作业结束后,要马上在新极上覆盖一定厚度的氧化铝保温料,一般为 15 ~ 18 cm,如图 7-3 所示,其目的是:

(1) 防止阳极氧化。

(2) 加强电解槽上部的保温,保持电解槽的热平衡。

(3) 迅速提高钢 – 炭接触处温度,减小接触电压降。

其中,保持电解槽的热平衡是添加极上保温料的主要作用。预焙阳极电解槽由于容量大,阳极块数多,槽的上部散热量较

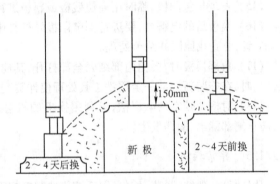

图 7-3 极上氧化铝覆盖示意图

大,极上保温料是加强电解槽上部保温的主要因素。根据研究测定,每减薄 1 cm 极上保温料,电解槽多损失的热量相当于 0.06 ~ 0.09 V 的电压所产生的热量。所以正常槽如果极上保温料不足,将会导致电解槽走向冷槽。而为避免这种现象,又必须升高槽电压来维持热平衡,这就造成电耗增加。但是如果电解槽有过剩的热量输入(指电流升高或电压偏高),也可通过减薄极上保温料来增大散热,避免槽温升高。因此,通过调节极上保温料的厚度能够有效地维持电解槽的热平衡。应注意采用这一种方法时,必须与槽电压及铝水平调整配合实施。

C 检查

每天换阳极打开一次炉面,是检查槽内情况的好机会,应借此机会检查铝液和电解质高度、炉底沉淀、邻极的工作状态、槽内炭渣量等。如有异常,根据具体情况进行处理。

7.2.1.4 更换阳极的操作步骤

(1) 确认当班要换阳极的槽号、极号,准备好工器具。

(2) 用小板车准备好收边用的碎块,推至槽边,注意不得泼洒。

（3）操作槽控机至阳极更换，与计算机取得联系，使计算机的程序处于阳极更换程序。

（4）打开换极处的三块槽罩，左右靠边放好。

（5）扒净极面上和相邻阳极范围内壳面上的保温料，指挥吊车工进行提极。机组下降阳极抽拔装置，卡准阳极导杆，下降卡具扳手，卡紧卡具。操作阳极定位装置，确定残极位置，然后打开母线卡具将残极拔出，放到指定的托盘上。

（6）提出残极的过程中，用勾、耙把松动的结壳块勾到大面上。

（7）捞净掉入槽内的大面壳块及残渣，并进行槽况检查。

（8）操作风动毛刷清刷母线表面。

（9）设置换极精度。用机组卡住新阳极导杆，并操作阳极定位装置，确定新旧阳极的高度差，然后将新极吊入槽内。操作阳极定位装置，使新极底掌比旧极抬高 1.5 cm，卡紧卡具，用彩色粉笔在导杆上标线，以便发现阳极是否下滑。

（10）新极安装好后，用块料垒墙堵中缝，撮碎块堵两极间的缝隙并收边，收边高度至极外露 8 ~ 10 cm。

（11）指挥吊车工添加极上保温料，平稳操作，极上保温料加至 15 ~ 18 cm。

（12）盖好槽罩，清理现场，收好工器具。

（13）有脱落的阳极，小块用钩子拉出，大块用"脱落用夹钳"取出，放到阳极托盘内。

（14）根据新极上槽 16 h 后的电流分布值进行阳极水平修正，每台槽一天最多修正两块。

（15）发现长包阳极，临时用高位残极或新极进行更换。

（16）换极后的电解槽，要进行测定阳极导杆与阳极母线的接触电压降即卡具电压降。超过 25 mV 者，要查找原因并给予处理。

（17）角部换极时，要把角部结壳全部打开，其他操作如前。要特别注意的是，当角部伸腿偏长偏高时，在安装新极前一定用铁工具处理使伸腿变小，以防新极底掌接触沉淀压槽。

（18）对槽帮较空的电解槽，可利用换极的机会，用机组或人工进行局部加工，以便规整炉膛，防止侧部漏电、漏槽发生。

7.2.1.5　异常换极

凡是断层、裂纹、脱落、长包、钢爪熔化的阳极都需要处理或更换阳极。

（1）对断层、裂纹、脱落、钢爪熔化的阳极，根据使用天数，确定用残极还是新极。原则是已超过二分之一周期的可用高位残极换上，否则必须换上新极，以保证换极顺序正常运行。

（2）长包的阳极，吊出槽外检查，确认打掉包后能继续使用者，可以打包后继续使用。不能使用者，则根据上一条的原则换极。

（3）脱落阳极体积较大者，要用脱落夹钳或大钩大耙等铁工具取出脱落极，碎裂者，用漏铲捞净全部碎炭块。

（4）异常换极除上述原则和操作外，其他操作程序同正常换极相同。

7.2.1.6　预焙阳极残极的处理

当使用一定时间后，炭块已变得很薄，为防止阳极钢爪被电解质熔化，必须更换新的阳极炭块组。从铝电解槽更换下来的残极炭块组，残极量一般是阳极炭块量的 15% ~ 25%。其厚度约为 13 ~ 18 cm，顶部还覆盖有氧化铝和氟化盐组成的保温料。在无机械处理设施情况下，可完全由人工处理，但操作效率低，劳动强度较大，目前电解铝企业都已改为机械化残极处理流程（图7-4）。

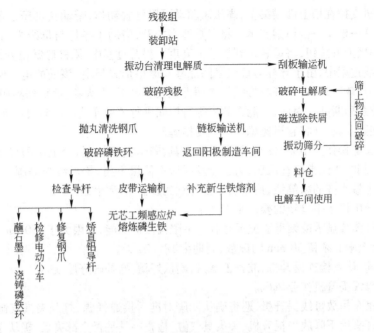

图 7-4　机械化残极处理工艺流程

　　从槽上卸下来的残极组放入托盘内,用叉车将残极组连同托盘一起运到装卸站,并依次送到电解质清理振动台上,采用振动方式将残极上的电解质振落,残存部分由人工清理。残极块由电动小车吊至残极破碎机处,将残极予以破碎。残极上的残余电解质应认真清理,因为这些电解质会影响炭素制品的导电性能和氧化活性。残极经过破碎、筛分,分成不同的粒度,在阳极炭块或阳极糊生产配料时,可作为一种骨料加入。残极也可用作高发热值的冶炼燃料。所以碎残极炭块被送至阳极炭块生产车间或企业回收。除去残极后的阳极导杆钢爪,由电动小车吊运至喷丸机处进行喷丸清洗,除去磷铁环周围的炭粒,再送至磷铁破碎机处,将钢爪周围的磷铁环压碎剥离。剥离下的磷生铁碎块,再送至工频感应炉,充作回炉料循环使用,去掉磷铁环的阳极导杆钢爪,经过人工检查,不合格的阳极导杆及钢爪,分别进入钢爪修复或铝导杆矫直机处理进行整复。合格的或整复后的阳极导杆及钢爪,均到蘸石墨装置处,将钢爪底部四周涂上石墨粉,然后阳极导杆和钢爪进入浇铸台重新组装成阳极炭块组。

　　由电解质清理振动台振落的电解质碎料,落入振动台下的漏斗里,再被送入回收电解质的料仓里。料仓里的电解质块经破碎后,通过磁选机出去铁屑,合格粒度(<1 mm)的电解质粉料被送去电解槽使用。

7.2.2　提升阳极水平母线(RR)

　　预焙阳极电解槽的阳极水平母线既是承重大梁桁架,又是用于导电的导体。随着阳极的不断消耗,阳极母线也随之不断地下降。当降低到某一定位置时,即母线接近上部结构的密封顶板,或吊起母线的螺旋起重机丝杆快要到头时,就需要将水平阳极母线重新提升上去,这一操作被称为提升阳极水平母线。预焙阳极消耗速度一般为 1.5 cm/d,母线正常行程在 350～370 mm 左右,故提升母线周期为 19～20 天。母线抬升至距最高点 50 mm 即可,这是为给在操作中调整阳极留有伸缩余地。

　　提升母线使用专门的母线提升机,由多功能吊车配合作业。操作时,用多功能吊车的卷扬机吊起母线提升机支撑在槽上部横梁上,高压风驱动隔膜气缸动作,带动夹具压住阳极导杆,使阳极重量改由夹具—框架—框桁架支承。将卡具适当松开,借助于导杆与母线之间的摩擦接触维持导电,按下阳极上升按钮,将母线提到要求的高度。提升过程中,阳极底掌位置始终不动。

在提升母线过程中,由于导杆与母线之间靠移动摩擦形式导电,该处的电压降将上升,平时对此无妨,但一旦效应来临,导杆与母线的界面上就会有电弧、电火花,而灼伤界面,严重时,烧断导杆,甚至造成系列断路。因此,不能在效应等待期间进行该项作业。同时要保证在效应一旦来临时,要马上旋紧卡具,并将它迅速熄回的应变措施。

提升母线关键操作是抬完母线后旋紧阳极卡具,若卡具不旋紧,会出现阳极下滑,造成非常严重的后果。因此,要经常检查风压,为了能及时检查阳极下滑,抬线前需画明阳极导杆上的与横梁母线最下端平齐的粉笔线,抬完后擦去先划的线而重新划线。

电解槽提升阳极水平母线的操作步骤如下:

(1) 回转计读数显示横梁母线位置并有上下限位保护功能,下限大于350 mm读数时必须抬母线,抬线时上限必须留50 mm的读数,周期为18~20天。

(2) 操作前,认真检查提升机,准备工器具,确认好槽号,补画好原线。

(3) 保证母线提升机作业风压。

(4) 指挥吊车吊放母线提升机,巡查确认四脚对准后接通气源,打开夹具气缸,待夹具全部打开且对准导杆头后下降放稳提升机;关夹具气缸,检查夹具是否全部夹紧,极块是否下滑,如有下滑,应重提至原线。

(5) 进行一次效应加工后,按下抬母线键,使槽控机进入抬母线作业程序。

(6) 开顶部气缸,检查其是否动作,确认装置夹紧阳极导杆后拧松全部的阳极卡具,进行抬母线作业,注意巡查是否有与大母线同步上升的铝导杆,如果有及时处理后再抬;如没有则回转计读数到50 mm左右停止,拧紧阳极卡具,画线以便发现阳极是否下滑。

(7) 关顶部气缸,开夹具气缸,指挥起吊母线提升机,定置摆放母线提升机,收好工器具。

(8) 提升母线时,必须仔细观察母线和阳极导杆的运动情况,若导杆随母线而动或槽电压升高0.5 V以上,应立即停止提升,待处理后再继续提升。

提升阳极水平母线过程中的异常现象:

(1) 带阳极。其原因是由于铝导杆弯曲或拉丝杠太紧,导杆对母线压紧力太大,所以有时能将阳极带起来,槽电压升高。被带的阳极附近壳面下塌。发生这种情况时应停止抬母线,把带阳极那一端的拉紧丝杠稍松一松,阳极就可自动落回原来的位置。

(2) 阳极下沉。其原因是临时卡未上紧,当压在铝导杆上的固定卡具松开时,阳极因自重而脱落下沉,槽电压将随之下降。此时应停止抬母线,用吊车将下沉的阳极提起恢复原位继续抬母线,抬完后再个别调整下沉的阳极。

(3) 铝导杆与铝母线接点处打火花。这是因为铝导杆和母线之间间隙大造成的,母线与导杆相互滑动时电阻增大而产生电火花。此时只要稍紧一下拉紧丝杠便可消除。如果是几根铝导杆同时脱开母线,使电流集中于其他导杆上,也会发生电火花。这时应停止抬母线,立即处理。打火花会烧坏导杆和母线表面造成接触面凸凹不平,因而电压降增高而浪费电能。

(4) 抬母线前应采取预防阳极效应措施,力求避免效应发生。如果发生了效应,应立即停止抬母线,集中力量迅速拧紧阳极卡具,快速熄灭阳极效应。待效应熄灭后,再调整好拉紧丝杠,继续抬完母线。

7.3　阳极效应的熄灭(AEB)

预焙阳极电解槽熄灭阳极效应的原理与自焙阳极电解槽相同,均是加入氧化铝后予以阳极熄灭。不同的是预焙阳极电解槽的加料是在计算机程序控制下自动进行的,自动化程度高,加料量稳定,避免了人工加料的操作,更能准确控制效应发生的时间,并在来效应时自动加料,并能有较大概率自熄。

预焙阳极电解槽熄灭阳极效应的操作主要是由计算机自动加料,人工插入木棒进行辅助实施构成。对效应时间的控制一般为 5 min 左右,并在效应后捞炭渣。效应后捞炭渣是清洁电解质的有效方法,效应期间电解质中炭渣分离加强,均浮在表面,效应不捞出又会重新混入电解质中,增大电解质电阻,影响阳极工作,所以必须进行此项工作。

在熄灭效应期间,可能会发生异常电阻。原因是效应电压不正常或效应熄灭方法不恰当。对于高异常电阻,计算机会放弃控制,但现场不应人为下降电压,通常停一段时间后电压可自动下降复原。对于低异常电阻,一经检出,计算机便强制提起阳极。

预焙阳极电解槽熄灭阳极效应的操作步骤如下:

(1) 认真分析与阳极效应发生率有关的因素,控制好效应系数。

(2) 确认效应发生的电解槽号。

(3) 效应来临时,携带熄灭效应用的木棒,赶到发生效应的电解槽出铝端。

(4) 察看槽控机面板上数据显示情况(正常效应时:效应电压 20 ~ 30 V)。

(5) 开启出铝端槽罩,打开出铝口,检查效应加工是否正常。

(6) 效应发生 5 min 左右,把木棒从出铝口插入一侧阳极底掌下铝液中。

(7) 确认效应熄灭后抽出木棒。

(8) 打捞出的炭渣,放入出铝端设置的炭渣专用箱内,打捞过程中要使其中的电解质液良好分离。并将炭渣倒运至炭渣堆场,严防泼洒。

(9) 盖好槽罩,清理现场。

(10) 废木棒收至定置摆放处。

7.4 出铝(TAP)

预焙阳极电解槽的出铝操作与自焙阳极电解槽大致相同,均采用真空出铝法。但是预焙阳极电解槽采用多功能吊车,车上有电子秤,比自焙阳极电解槽的人工估算更能保证出铝量的精度。

出铝作业时,要特别注意铝的吸出精度及电解质的吸出数量。每次出铝的数量要根据槽容量及维护适当的铝液水平确定,应等于在周期内(两次出铝的间隔时间)所产出的铝量,一般为一天出一次铝。

预焙阳极电解槽的出铝操作步骤如下:

(1) 确定要出铝的电解槽,揭开出铝端的槽罩,打开出铝口,并将出铝口处的炭渣打捞到炭渣箱内。

(2) 多功能吊车将出铝抬包吊到槽前,按下槽控机上的"出铝"键,通知计算机进入出铝程序。

(3) 将抬包吸出管伸入出铝口,到铝液层。

(4) 接通真空开关,吸出铝液。

(5) 当吊车电子秤显示数据达到指示量时,立即关闭真空,停止出铝。

(6) 缓慢转动抬包手柄,用多功能吊车将抬包吊离电解槽。

(7) 每台电解槽的出铝精度保持 50 kg,确保电解槽平稳运行,防止病槽产生。

(8) 当出铝抬包内积聚的固体电解质影响到出铝精度时,必须进行清理。

（9）清理出铝抬包（抠包）时，必须轻拿轻放工具，动作平稳，减少粉尘飞扬。

（10）用于清理出铝抬包的风镐必须润滑良好，并扎紧风镐皮管接头，防止漏风产生噪声。

（11）检修出的废弃物必须分门别类进行放置，严禁乱放乱扔，保持现场整洁。

复习思考题

7-1　预焙阳极电解槽的操作包括哪几项内容，其中需要人工辅助实施的有哪几项？

7-2　预焙槽的阳极更换顺序是依据什么原则进行更换的？

7-3　更换阳极时，为什么新换的阳极底掌要比旧极高？

7-4　预焙阳极的残极是如何处理的？

8　病　槽

在电解铝生产中,槽的运行过程必须是在电解槽的热平衡和物料平衡这两大条件得到保证后才能正常,如果各种因素的影响使这两个平衡被破坏,则电解槽的正常生产的技术参数就会发生异常,出现病槽。这样不但导致物料、电能等消耗增加,电解槽寿命降低,严重时还会使电解槽停止工作,并且环境恶化,操作者劳动强度大大增加。所以,对电解槽要精心操作,保持槽的两个平衡,尽量避免病槽。而病槽一旦出现,必须根据具体情况,找出发病原因,施以正确处理,使电解槽尽快恢复正常运行。

8.1　冷槽

冷槽是指电解槽的温度低于正常电解温度。在冷槽条件下,电解槽不能正常运行。

8.1.1　冷槽发生的原因

电解槽在生产过程中,当槽内收入的热量小于散失的热量时,热平衡遭到破坏,就会使电解温度低于正常温度,从而造成冷槽。

在生产中能够导致槽的热收入小于热支出的原因有以下几点:

(1) 系列电解槽普遍出现冷槽时,与系列电流过小有关。因电解槽是在原额定电流强度下建立起的技术参数和热平衡制度,当系列供给电流由于压负荷,或效应频繁而重叠所引起的供给电流大幅度降低,或临时停电时间较长,次数较多,势必使电解槽热量收入减少,从而导致系列普遍出现冷槽现象。

(2) 单槽出现冷槽时,是该槽的技术参数和操作与正常的电流制度不相适应有关,是多因素造成的结果。如:

1) 电解槽内铝量过大会导致热量损失过多。

2) 极距较低能使热收入减少。

3) 加工时炉面敞开时间过长。

4) 下料量过多,过多的冷料使电解质温度急剧下降。

8.1.2　不同阶段冷槽的特征及处理

电解槽的热平衡在遭到破坏后,冷槽的槽温是逐渐下降的。冷槽在各个阶段的特征及处理是不同的。通常人为将其分为三个阶段:初期、中期和后期。以便根据各个阶段的具体情况加以处理。

8.1.2.1　冷槽的初期特征及处理

A　冷槽初期的外观特征

冷槽初期的外观特征有如下几点:

(1) 电解质水平明显下降,黏度增大,流动性变差,颜色发红,阳极气体排出受阻,电解质沸腾困难,火苗呈淡蓝紫色,软弱无力。

（2）阳极效应提前发生，次数频繁，效应电压高达 60 ~ 80 V，指示灯明亮。

（3）槽底上有大量的沉淀，伸腿大而发滑，炉帮增厚，有炉膛不规整现象出现。由于炉膛缩小，铝液水平上升，极距缩小，槽电压有自动下降现象。

（4）自焙槽上氧化铝壳面厚而硬，上口炉帮过宽，打开面壳困难。中间下料预焙槽有时出现打不开面壳。

（5）打开壳面后，液体电解质表面浮不出炭渣，只能与电解质在表面结成黑色半凝固层。结壳厚而坚硬。

（6）预焙槽换阳极时捞结壳块困难，液体电解质表面出现快速凝固现象。

B 冷槽初期的处理办法

在冷槽初期，如果能够及时发现电解槽出现上述特征，处理的办法较为简单。

（1）适当提高槽工作电压，增加电解槽热收入。

（2）自焙槽在壳面上多加氧化铝保温料；而预焙槽则加强阳极保温，减少电解槽的热支出。

经过处理，电解槽的热平衡会很快恢复，电解槽转入正常。

8.1.2.2 冷槽的中期特征及处理

A 冷槽中期的外观特征

如果冷槽初期发现或处理不及时，电解槽就会出现各种病态。

（1）电解槽的炉膛不规整，局部肥大，部分地方的伸腿向炉底长出。

（2）由于长炉帮时析出较酸性的电解质，因而液体电解质分子比降低，电解质水平较低，铝水平持续上涨。

（3）炉底沉淀增多，阳极效应频频发生，时常出现闪烁效应和效应熄灭不良。

（4）由于炉底沉淀多，致使阳极电流分布不均，导致磁场受影响，铝液波动大，引起电解槽电压摆动，从而导致阳极电流分布不均，预焙槽甚至出现阳极脱落的现象。

B 冷槽中期的处理

对处于中期冷槽的电解槽，处理方法如下：

（1）首先是增加电解槽的热收入，提高槽电压及加厚保温料以提高电解质温度和电解质水平。

（2）适当延长加料间隔和提高效应系数，来消除炉底沉淀和规整炉膛。由于电解质对铝液有湿润性，所以电解质会深入到槽底溶解氧化铝沉淀。因此在处理炉底沉淀时，采取缩短效应设定时间，增加效应等待机会的办法来提高效应系数，利用效应等待期间停止加料消耗炉底沉淀以及发生效应时的高热量熔化炉底沉淀的办法来消除沉淀。但不能利用多来突发效应的办法提高效应系数，这样反而会增加炉底沉淀。

（3）调整出铝制度。冷槽由于炉底沉淀多，炉膛收缩，往往使铝水平显高。为了加快沉淀熔化，规整炉膛，必须适当多吸出铝来提高炉底温度，生产中称为"撒铝水"。但在撒铝水过程中，仍应以电解槽平稳为前提，这就要求撒铝水不能太快。若一次出铝太多，则会造成：

1）电解槽的槽况波动大。

2）铝水平突然下降太多，会出现炉底沉淀局部露出铝液表面的情况，从而与跟随下降的阳极底掌很易相触，造成电流分布混乱，引起电解槽滚铝。

3）有可能使下降的阳极接触边部伸腿，引起阳极长包。

在撒铝水过程中，不能一味加大吸出量，必须与槽况紧密配合，如果槽况出现不稳时，应立即停止吸出,待槽况平稳后,再施行撤铝水计划,尤其到沉淀快消除完之时,出铝更应慎重,以防撤铝水过多,铝水平太低而引起热槽,必要时应停止吸出,及时调整铝水平到正常范围。同时将其他技术条件及时调整过来,使电解槽顺利转入正常运行状态。所以在实际操作中,常采用"少量多次"的出铝制度,这样既可有效地促使炉底沉淀消除,又可以保证电解槽状态平稳。

(4) 在处理炉底沉淀期间,自焙槽利用在加工时壳面打开,用大钩勾拉炉底沉淀;预焙槽则可利用换阳极打开炉面之机,用大钩勾拉炉底沉淀。这样做的目的是一方面可使沉淀疏松,容易熔化,另一方面在沉淀区拉沟后,铝液顺沟浸入炉底,可改善沉淀区域的导电性能,对阴极导电均匀大有好处。

(5) 预焙槽利用来效应,换阳极时多捞炭渣,使电解质洁净,改善其物理性质。要勤测阳极电流分布,保证其分配均匀和阳极工作正常。

另外,利用计算机报表提供的信息和数据,正确分析判断,准确把握变化趋势,及时调整技术条件,这样,可使电解槽在一星期左右转入正常运行。

8.1.2.3　冷槽的后期特征及处理

由于中期冷槽处理不当,则会演化为冷槽后期,此时槽况非常恶化,处理极为困难,极有可能被迫停槽。

A　冷槽后期的外观特征

(1) 炉底有厚厚的沉淀(有的高达 10 cm 以上)或坚硬的结壳,这是冷槽后期最主要的特征。

(2) 炉膛极不规整,部分地方伸腿与炉底结成一体;预焙槽的中间下料区出现表面结壳并与炉底沉淀连成一体,形成中间"隔墙"。

(3) 阴、阳极电流分布紊乱,电压摆动大,有时出现滚铝。

(4) 电解质水平很低,阳极效应频频发生,效应电压很高,并伴有滚铝现象。

(5) 电解槽需要很高电压才能维持阳极工作。

(6) 冷槽到最严重时,电解质会全部凝结而沉于炉底,铝液漂浮在表面,槽电压自动下降到 2 V 左右;预焙槽一抬阳极便出现多组脱落,从而导致被迫停槽。

B　冷槽后期的处理

冷槽后期的处理,也是将炉底结壳熔化,只不过由于炉底结壳消耗很慢,阴、阳极电流分布很难调整均匀,处理时间会更长(有些达数月之久)。

处理方法与冷槽中期的处理一样,但由于槽内电流分布非常不均匀,破坏了槽内的稳定磁场,极易出现滚铝;预焙槽在发生滚铝时,铝液还会落到钢爪上,熔化钢爪,使阳极脱落,从而使预焙槽在冷槽后期极易出现多组脱落等故障。因此,在进行冷槽后期的处理时,要特别谨慎。尤其是撤铝速度必须随技术条件的变更,而掌握适度,细心准确,否则,稍有不慎,就会出现严重滚铝或阳极多组脱落,这会大大增加处理难度,甚至被迫停槽。

8.2　热槽

热槽是指电解槽的温度高于正常电解温度。电解槽一旦处于热槽,就会对电解槽的各项生产指标产生严重影响,同时使工作环境严重恶化。

8.2.1　热槽发生的原因

电解槽在生产过程中,当槽内收入的热量大于散失的热量时,热平衡遭到破坏,就会使电解温度高于正常温度,从而造成热槽。

在生产中能够导致槽的热收入大于热支出的原因有以下几点：

（1）冷槽得不到及时处理，有可能转化为热槽。因冷槽一方面电解质过度萎缩，造成电解质单位体积发热量增多，很快使电解质温度由低升高；另一方面炉底沉淀多结壳大，能引起炉底电压降增加而使槽底过热，增加铝的溶解损失，尤其在极距较低的情况下，进一步加速二次反应，从而使槽温显著升高。

（2）极距过高或过低都能引起热槽。极距过高，两极间的电压降增大，电能的热效应增加，槽内热收入过量，使电解温度增高。极距过低，虽然两极间的发热量减少，但铝的二次反应增加，当二次反应所产生的热量超过由于极距缩小而减少的发热量时，也易形成热槽。

（3）槽内铝量少，水平低，也是产生热槽原因之一。因为铝量少水平低，导热能力带相对减少，热散失量较小，使电解质热量收入过剩，从而导致热槽。

（4）电解质水平过低也可能引起热槽。这是由于电解质水平低会造成大量沉淀，以致使阳极下面电解质电流密度过大，使这个区域的电解质过热，而槽底的导热性由于沉淀而变差，从而使槽中心热量越聚越多，最终演化为热槽。

（5）电流分布不均也能导致热槽产生。例如：阳极倾斜、阳极底掌不在同一水平上、中心长包、边部长包等，都能使这些部位的极距缩小，电流集中，引起局部过热，然后蔓延到全槽。

（6）自焙槽的阳极产生断层时也能引起热槽。因阳极断层本身电阻增加，在保持正常电压时，使极距过低，增加了铝的二次反应放出的热量。但是，如果保持高电压，同样会使电解质温度增加。

（7）电解质含炭或生成碳化铝是由热槽导致产生的，但是电解质含炭或有碳化铝生成会使热槽变得更加严重。

（8）阳极效应时间过长，或对效应处理不当，长时间不能熄灭也能引起热槽。

（9）电流强度与电解槽结构和技术参数不相适应也易产生热槽。尤其是在不适当提高系列电流强度的情况下极易发生。

8.2.2   不同阶段热槽的特征及处理

电解槽的热平衡在遭到破坏后，热槽的槽温是逐渐升高的。与冷槽一样，热槽在各个阶段的特征及处理也是不同的。所以通常也将其分为三个阶段：初期、中期和后期。以便根据各个阶段的具体情况加以处理。热槽发生后，必须正确地判断产生原因，对症处理，否则不但热槽不能恢复正常生产，还可能引起更严重的后果。

8.2.2.1   热槽的初期特征及处理

A   热槽初期的外观特征

热槽初期的外观特征有如下几点：

（1）电解质温度升高，电解质水平上涨，电解质颜色发亮，流动性极好，阳极周围出现汹涌澎湃的沸腾现象。

（2）炭渣与电解质分离不好，在相对静止的液体电解质表面有细粉状炭渣漂浮，用漏勺捞时炭渣不上勺。

（3）表面上电解质结壳变薄；预焙槽中间下料口结不上壳，多处穿孔冒火，且火苗黄而无力。

（4）炉膛变大，铝水平呈下降趋势，炉底温度升高。

（5）阳极效应滞后，效应电压较低。

B 热槽初期的处理

热槽初期的处理方法较简单,只需采取以下步骤即可:

(1) 将槽工作电压适当降低,减少其热收入。

(2) 适当少出铝,提高铝水平,增加炉底散热,使炉膛不遭破坏。

(3) 对于由冷槽导致的处理则是适当的分批取出铝液,以提高极距,减少二次反应热。

热槽经上述处理后会很快转到正常生产运行上。

8.2.2.2 热槽的中期特征及处理

A 热槽中期的外观特征

如果热槽初期发现或处理不及时,很快就会转为热槽中期。在热槽中期电解槽有如下外观特征:

(1) 炉膛遭到破坏,部分被熔化。

(2) 电解质温度高,自焙槽无法结壳;预焙槽中间无法结壳,边部结壳也部分消失,无火苗上窜,出现局部冒烟现象。

(3) 炭渣与电解质分离不清,严重影响了电解质的物化性质,电流效率很低。

(4) 电解质黏度减小,使炉底产生氧化铝沉淀,这层沉淀电阻较大,电流流经它时产生高温而使炉底温度很高,用铁钎插入数秒钟后取出,铝液、电解质液界线不清,而且铁钎下端变为白热状,甚至冒白烟。

(5) 分离不出去的炭渣与电解质、氧化铝悬浮物形成海绵状炭渣块粘附在阳极底掌上,电流通过这层渣块直接导入炉底,使阳极大面积长包;同时,这层渣块电阻很大,电流通过时产生大量电阻热使槽温度变得很高。

B 热槽中期的处理

对于热槽中期的处理,自焙槽与预焙槽的处理有相同之处也有不同之处。

自焙槽的中期热槽处理:

(1) 由于电压表误差所引起的极距变化而产生的热槽,要把极距降到或提至正常极距高度,并采取相适应的降温措施,降下电解温度。

(2) 当槽内铝量少水平低时,可向槽内添加固体铝。但在加铝之前要扒净沉淀,检查电解质水平是否够高。如果槽底沉淀多结壳大,可灌入液体铝。

(3) 因阳极底掌不平或倾斜而产生的热槽,首先要抬高阳极,使凸出部分脱离铝液,并用大耙勤刮此处,加速凸出部分消耗,或采取人为的打掉办法。阳极倾斜应进行准确的调整。在这些因素消除后再采取降温措施。

(4) 由冷槽转化而来的热槽,应用分次出铝的办法提高极距,减弱二次反应,沉淀多的要扒净沉淀,电解质不足的可加入液体电解质,经过一段时间后,电解槽会自行恢复正常。

(5) 对阳极断层引起的热槽处理,则视断层程度而定。局部轻微断层,应提高电解质水平,将断裂处埋入电解质中,并适当抬高电压,保持正常极距;而严重断层,则应将断层炭块部分清除,然后再用前述办法进行恢复正常生产状态。

(6) 热槽应该避免效应,如果槽内沉淀不多,可采取无效应大加工和局部分段加工方法进行操作。在提高加工质量,减少下料量的前提下增加加工次数,目的在于增加打开结壳次数,加大热量散失以降低槽温。

(7) 电解质过热时,可向槽内添冰晶石或大块电解质。因冰晶石或电解质的熔化而吸收热量,能使槽温降低。也可将电解质块加在上口炉帮空的地方,这样既防止化炉帮又可降低电解质温度。若电解质仍然过热,其水平过高,可采取倒换电解质的办法降低槽温。

预焙槽的中期热槽处理:

(1) 通过测量阳极电流分布,找出有病变的阳极,提出来并清除底部渣块,打掉突出的包状,个别严重的可用厚残极更换(如换上新极,则会因新极开始导电很慢,将使电流分布更加不均,所以要用平时积存下来的厚残极,它可以在 1 h 内承担全电流,)。

(2) 在阳极病变处理后,再通过测量阳极电流分布调整好阳极设置,使之导电均匀,阳极工作。

(3) 降低槽温。降槽温不可盲目用降低极距的方法来降低槽电压,因为槽电压高并不仅仅是因为极距大引起的。热槽电解质中含炭渣多,电阻大,也会引起槽电压的升高,所以,降低槽温主要采用清洁电解质,减少电解质电阻。如果是电解质电阻大导致的槽电压升高,则在电解质清洁后槽电压会自动降低。

(4) 加强电解槽上部散热的办法。打开大面结壳,使阳极和电解质裸露,加强电解槽上部散热。

(5) 从液体电解质露出的地方慢慢加入氟化铝和冰晶石粉的混合料(一般两袋冰晶石混入一袋氟化铝),冰晶石熔化需要消耗大量热量,使槽温降低;同时熔体电解质数量的增加也增大了热容量,可使多余的热量找到去处;加入的氟化铝,可降低电解质分子比(因热槽电解质中氟化铝挥发严重,分子比较高),促使炭渣分离,清洁电解质,降低其电阻,减少焦耳发热量(注意:不能添加氧化铝,否则,可使电解质中悬浮物增多,电解质得不到清洁,增加处理难度)。

(6) 减少出铝量,增大炉底散热。在热槽处理期间中止出铝,必要时还需适当灌入铝液,降低炉底温度,待槽温降下之后,再根据具体情况临时决定出铝量。

8.2.2.3　热槽的后期特征及处理

A　热槽后期的外观特征

中期热槽如果处理不及时或处理不当,便很快转化成严重热槽,后期热槽的外观特征如下:

(1) 电解质温度很高,整个槽无槽帮和表面结壳,白烟升腾,红光耀眼。

(2) 电解质黏度很大,流动性极差。

(3) 阳极基本处于停止工作的状态,电解质不沸腾,只出现微微蠕动。

(4) 电解质含炭严重,从槽内取出电解质冷却后砸碎,断面明显可见被电解质包裹的炭粒。

(5) 由于电解质黏度大,氧化铝不能被溶解,在电解质中形成由电解质包裹的颗粒悬浮物,其后沉入炉底,使炉底沉淀迅速增多,电解质水平急速下降。

(6) 炉底温度很高,铝液与电解质相互混合,用铁钎插入后取出,分不出铝液与电解质界线,犹如一锅稀粥。

(7) 电解质对阳极润湿性很差,槽电压自动上升,甚至出现效应(由于电解质电阻增大,槽电压上升到 6 ~ 10 V)。

B　热槽后期的处理

严重热槽的特点是电解质严重含炭,阳极不工作,所以在处理过程中,首先应使炭渣与电解质分离,改善电解质性质,再就是让阳极工作起来。

处理方法与中期热槽基本相同。但由于严重热槽的电解质大部分以稀糊状沉入炉底,上部液体电解质很低,所以处理起来极为困难,见效很慢,为了加快处理效果,可从正常槽中抽取新鲜电解质灌入,这样,能有效地降低槽温,使炭渣很快分离出来,改善电解质性质,使阳极恢复工作。

只要阳极工作起来了,在此基础上按照中期热槽的处理过程进行,电解槽便可逐渐恢复过来。

经过上述方法的处理,可能一天内就可将槽温降下来,使电解槽好转。热槽好转的标志是:阳极工作有力,电解质沸腾均匀,表面结壳完整,炭渣分离良好。

热槽好转后,都会出现炉底沉淀较多的情况,尤其是严重热槽,有些沉淀厚达 20 cm 以上,但这种沉淀与冷槽的沉淀不同,它因炉底温度高,沉淀疏松不硬,所以易熔化。在恢复阶段,要特别注意槽电压的下降程度,要仔细稳妥,以防止转化成冷槽,使炉底沉淀变硬。并配合添加极上保温料,根据具体情况,缓缓撤出铝水,消除炉底沉淀,适当提高效应系数,使电解槽稳步恢复正常运行。若处理得当,电解槽很易恢复,一般在一周内就可转入正常。但若控制不好,也很容易反复。所以,恢复阶段必须十分注意槽况变化,精心做好各项技术条件的调整,使之平稳转入正常。

8.3　电解槽物料平衡的破坏

电解槽在运行过程中,各种因素使加入的氧化铝偏离了电解槽的需求,使电解槽的物料平衡遭到破坏。物料平衡被破坏有两种形式:一是物料不足;二是物料过剩。但是这两种情况对电解槽的影响是一样的,都将会使电解槽走向热槽,是热槽产生的原因之一。

当电解槽氧化铝物料不足时,阳极效应频频发生,产生大量热量使电解质温度升高,熔化边部伸腿和炉膛,炉膛增大使铝水平下降,出现热槽。如果电解槽在其他技术条件(如槽温、电解质水平、分子比等)都正常的情况下出现效应提前发生或增多次数,那么可断定为氧化铝物料投入不足,应及时缩短加料间隔,增加投料量,尽快满足电解过程的物料消耗的需要,防止因效应过多而使电解槽热平衡遭到破坏,成为热槽。

当电解槽氧化铝物料投入过剩时,首先是电解槽阳极效应延迟,但由于加料的间隔时间不变,所以炉底会逐渐产生沉淀,使炉底电阻增大,产生大量多余热量,使炉底变热;同时饱和了氧化铝的电解质对炭渣分离不好,使电解质电阻变大,焦耳发热量增多,使电解质温度升高,成为热槽。当电解槽出现阳极效应推迟发生时,那么可以判定,投入的氧化铝物料肯定过剩。处理时首先适当延长加料间隔,减少氧化铝物料投入,避免炉底产生沉淀;如果沉淀已经生成,除了减少物料投入外,还应适当提高电解质水平,增加对氧化铝的溶解量,尽快消除沉淀,防止产生热槽。若已变成热槽,出现了阳极长包等病状,那么应按照处理热槽的方法,消除病变阳极,将槽温恢复正常,然后再处理炉底沉淀,让电解槽逐渐恢复正常运行。

8.4　压　槽

压槽有两种情况,一种是极距过低;另一种是阳极压在沉淀或结壳上。压槽如果不及时发现和处理,很容易引起阳极长包,不灭效应,热槽和电解质含炭。

8.4.1　压槽的外观特征

压槽的外观特征如下:

(1) 火苗黄而软弱无力,时冒时回。电压摆动,有时会自动上升。

(2) 阳极周围的电解质有局部沸腾微弱或不沸腾现象。

(3) 阳极与沉淀接触处的电解质温度很高而且发黏,炭渣分离不清,向外冒白条状物。

8.4.2　压槽的产生原因

压槽产生的原因一方面是铝液水平低和电压低,但更主要的一方面是取决于电解槽的炉膛内型、沉淀和结壳的情况,有时个别槽即使保持很高的电压也可能出现压槽现象。所以,对炉膛内型不规整、伸腿宽大、沉淀多的电解槽,在出铝过程中必须时刻注意压槽问题。

8.4.3　压槽的处理

（1）如果是铝液水平低和电压低引起压槽,则只能抬高阳极,使电解质均匀沸腾,如果槽温过高,就按一般热槽加以处理。

（2）如果是阳极与沉淀或结壳接触而产生的压槽,处理时首先必须抬起阳极,使之脱离接触,并刮好该处阳极底掌。电解质低要灌电解质,必要时也要灌液体铝,淹没沉淀和结壳。在电压稳定的前提下处理沉淀,规整炉膛,然后按一般热槽加以处理。

（3）出铝时发生压槽时,要立即停止出铝,抬起阳极。如果电压摆动有滚铝现象,要将铝液倒回一部分使电压稳定;或者找出炉帮过空之处,将打下的面壳和大块电解质补扎好,使铝液水平增高。但在滚铝槽上要严禁添加冰晶石粉和氧化铝,以免被铝液卷到槽底形成沉淀。同时注意不要把槽温降得过低。

8.5　电解质含炭及处理

电解槽在正常生产过程中,从阳极脱落下的炭粒是漂浮在电解质表面上。由于某些原因使电解质的湿润性发生改变,炭粒被包含在电解质里而不飘起,这就形成了电解质含炭。电解质含炭是热槽发生时的并发症。

8.5.1　电解质含炭的特征

（1）电解质温度很高,发黏,流动性极差,表面无炭渣漂浮。
（2）火苗黄而无力,火眼无炭渣喷出,有时"冒烟"。
（3）在电解质含炭处不沸腾或发生微弱的滚动。
（4）提高电压时,有往外喷出白条状物现象。
（5）槽电压自动升高;发生效应时,灯泡暗淡不易熄灭。
（6）从槽中取出的电解质试料断面可看到均匀分布的炭粒。

8.5.2　电解质含炭的原因

电解质含炭的原因,主要是由于极距过低（电解质循环减弱,不能将电解质中的炭渣带出）,温度过高,电解质脏等而造成。尤其在压槽时最易引起电解质含炭。单纯的电解温度高是不容易含炭的。

8.5.3　电解质含炭的处理方法

（1）将阳极抬起,不要怕电压过高,直至含炭处的电解质能够沸腾为止。电解质水平低时要事先灌入液体电解质。

（2）局部含炭时,不要轻易搅动电解质,控制范围以免蔓延。为了改善电解质性能,可向电解质含炭处添加冰晶石或氟化铝,虽然直接添加氟化铝损失很大,但效果显著。

（3）为了加速消除电解质含炭现象,可将含炭严重的电解质取出来,换上新鲜的低温电解质。

（4）为了降低电解质温度,可向槽内添加固体铝。添加时要直接加到槽底和伸腿上,间接冷却电解质。

（5）当炭渣从电解质中分离出来时，必须及时将炭渣取出，避免重新进入电解质。

在处理电解质含炭槽的过程中，要特别注意：一不要向槽内添加氧化铝，二不能发生阳极效应。添加氧化铝将会使炭渣与氧化铝颗粒粘结沉淀，更不易分离炭渣；而发生阳极效应时，则会使电解质温度更加提高，电解质湿润性变得更差，同样使含炭槽更加难以恢复正常。

在炭渣从电解质中分离后，电压会自动下降，这说明电解槽在好转。但在炭渣尚未完全分离出之前，不要轻易下降阳极，以免使电解槽已经好转的趋势重新恶化。

8.6 滚铝

在电解铝生产时，有时铝液以一股液流从槽底泛上来，然后沿四周槽壁或一定方向沉下去，形成巨大的漩涡，严重时铝液上下翻腾，产生强烈冲击，甚至铝液连同电解质一起被翻到槽外，电解槽的这种现象被称为"滚铝"。

滚铝是电解槽的一种恶性病状，会造成严重的后果：

（1）阴阳两极在相当大的范围内短路，电流空耗。

（2）高温铝液与阳极气体、空气直接接触，二次反应大大增加，铝的二次反应损失巨大，电流效率显著降低。

8.6.1 滚铝发生的原因

热槽、冷槽和压槽都可能引起滚铝，但滚铝的根本原因并不在于电解槽冷热，而是由于电解槽理想电流分布状态遭到破坏，形成不平衡的电磁场，产生不平衡的磁场力作用于导电铝液上，这些不平衡的磁场力推动铝液旋转、翻滚，从而出现滚铝。

当直流电流通过载流导体时，便在导体周围产生磁场，磁场的大小与方向跟电流的大小、方向有关，电流强度越大，磁场强度也越大，而电解槽周围的阴、阳极母线上流经的都是强大的直流电流，所以在它们周围都存在方向不同的强大磁场。而这些磁场对导电的铝液导体（电流从阳极穿过铝液层，进入阴极）就会产生电磁场力，至于电磁场力的大小和方向既与磁场强度的大小与方向有关，也与磁场中导电体的电流大小与方向有关。为减小铝液所受到的电磁力，在电解槽设计时，就要从电解槽的进电方式和母线排布上进行研究，力图使各个方向上的磁场强度相互平衡，基本抵消，力争使槽内铝液受磁场力的影响最小。目前，电解槽设计技术的进步，其主要作用之一就在于降低磁场的影响。

在电解槽正常运行时，炉膛规整，炉底干净，电流按设计的大小和线路流经电解槽各处，使各个方向上的磁场基本平衡，磁场力较小，铝液以有规律的行为缓慢运行，相对平静。但当电解槽的炉膛被破坏，炉底沉淀厚，而且厚薄不均时，就会造成阴、阳极电流紊乱，破坏磁场的平衡。不平衡的磁场产生不平衡的磁场力，作用于导电铝液层，就将使铝液加速不规则运动。特别是铝液层纵向水平电流增加，产生的向上磁场力将局部铝液推出槽外，使铝液强烈翻滚。

热槽熔化边部槽帮，炉膛出现不规整，将使铝液水平低而产生滚铝；而冷槽则会产生畸形炉膛，炉底沉淀多，电流分布不均匀而引起滚铝。压槽会导致热槽从而造成滚铝。

所以发生滚铝的电解槽有三个特点：

（1）炉膛畸形，炉底沉淀多而分布不均匀，使铝液运动局部受阻，形成强烈偏流，纵向水平电流增多。

（2）槽内铝液浅（特别是在出铝后更易产生滚铝），铝液纵向水平电流密度增大。

（3）阳极、阴极电流分布极不均匀，尤其是阳极电流分布变化无常，阳极停止工作。

8.6.2 滚铝槽的处理

由于热槽、冷槽均能破坏槽内电流的正常均匀分布,从而引起滚铝槽。所以对滚铝槽的处理首先要找到发生的原因,才能对症处理,效果明显。

热槽导致的滚铝槽处理方法如下:

(1)沿电解槽四周扎边部,强行规整炉膛,其作用是消除铝液正常循环的障碍。同时扎边部缩小了铝液镜面,提高了铝液高度,降低了水平电流密度,从而制止住滚铝。

(2)若槽内铝液很少时必须适当灌注铝液,增大槽内在产铝量,增加铝液的质量,降低其运动速度,使铝液平静下来;同时灌铝也增加了铝液层厚度,减少水平电流密度。

冷槽导致的滚铝槽处理方法如下:

(1)勤调整阳极电流分布(通过测全电流分布后调整阳极设置高度),迫使阴、阳极电流分布均匀而恢复磁场平衡,从而制止滚铝。

(2)适当提高槽电压,利用电解质较大的电阻来迫使电流分布均匀。

(3)采取扒炉底沉淀的方法,改善阴极导电,并配合调整阳极电流分布,使之均匀。

通过上述处理,滚铝槽很快得到改善。但滚铝现象的发生毕竟只是后果,处理也是事后的工作,损失已然造成。所以操作中首先要做到的是预防,要防患于未然。

8.7 病槽的预防

在电解铝生产过程中,发生病槽会显著降低生产指标,而且大大增加消耗,耗费大量人力、物力,给企业带来严重的经济损失;同时,凡闹过大病的电解槽,以后的生产运行会因此长期受影响,并且还会影响电解槽寿命。所以生产管理中,必须坚持以预防为主的原则,加强正常生产管理,尽量不出病槽或少出病槽,这样才能使企业获得良好的经济效益。

预防病槽是一项综合性的工作,正常生产管理的好坏及操作人员的实际操作水平均会对电解槽的运行产生影响。如生产方案和技术指标的制定是否切合实际,操作人员的具体操作是否符合操作要求等,哪一方面出现问题都有可能产生病槽。所以提高管理人员素质,加强正常生产管理,提高操作水平,把好工作质量关是预防病槽的关键。

具体在实际生产中,加强早期诊断,及时发现不良苗头,正确地调整技术条件,是防止病槽形成的可靠保证。

早期诊断的方法很多,我国传统的电解槽,一般采取"看、听、摸、测"的直观经验方法,而当今大型预焙电解槽,是采用计算机控制管理的先进方法,所以,早期诊断除了传统的直观方法外,更主要是利用计算机报表提供的数据、信息进行分析,找出问题。

8.7.1 病槽早期的直观判断法

看:主要看电解槽的火苗、电解质的颜色和沸腾等情况。正常运行的电解槽,火苗呈淡蓝色,强劲有力,电解质颜色红、黄适中,沸腾均匀;冷槽的电解槽,火苗呈蓝紫色,由于结壳厚,表面一片死沉,打开壳面,可发现电解质颜色发红,并且很易形成黑色炭渣结壳封闭表面,电解质沸腾不起来,不朝外喷炭渣;热槽的电解槽火苗发黄而无力,且到处冒火,电解质颜色发亮,沸腾呈现出翻滚状态,在相对平静的电解质表面漂浮细粉炭末,不结壳等。通过电解槽的这些现象,可以直观地看出其运行是否正常。

听:即是听电解质沸腾声响。正常电解槽电解质沸腾,发出"咕嘟咕嘟"的响声,清脆均匀,绕着电解槽走一周,四周响声一样,可感觉出所有阳极都正常工作;冷槽的电解槽电解质沸腾不均匀,响声高低不一,尤其明显地发出间断的"扑哧"声;热槽由于电解质翻滚强烈,会发出"沙沙"的轻细声,或是发出电解质跳跃的撞击声。通过电解质沸腾发出不同的声响,也可辨别出电解槽的运行情况。

摸:即是用大钩大耙触摸炉膛和炉底。正常槽炉膛规整,四周伸腿整齐,基本到达阳极边缘正投影下,炉底干净;冷槽伸腿伸向阳极底部,并且长短不一,炉底有沉淀;热槽伸腿短,局部化空,炉膛大。

测:即通过测阳极电流分布,来发现阳极病变和设置情况,通过测电解质温度,发现电解槽热平衡情况,通过测电解质、铝液高度,来检查技术条件是否符合要求。

用上述直观方法检查,在没有计算机控制管理的电解槽上是非常实用的,尤其是自焙槽的生产。但是对于大型电解槽,由于其容量大,槽变化的效果滞后,当出现明显特征时,槽的变化已到了相当程度,并且大型预焙槽实行的是全封闭生产,所以对大型预焙电解槽用直观方法进行槽况的早期检查受到了很大限制,单靠这种方法会错过病槽处理的最佳时机,已不能适应大型槽的需要。

8.7.2 计算机在病槽预防方面的作用

大型预焙槽的生产是计算机控制进行的,它具有人所不能的数据自动处理功能优势。计算机能将电解槽运行的各种数据收集起来,并自动进行数据处理,提供给操作者系统的槽运行状态数据,操作者可根据这些数据进行分析判断,提前找出问题,进行早期防治。

计算机可以提供各种报表和故障信息表,其中与电解槽早期病槽分析有密切关系的报表是槽状态表、效应报表、日报表、异常槽报表等。槽状态表上可反映出各槽控制项目的受控情况如槽电压、加料间隔和加料时间、效应间隔和发生效应时间、电解槽当时的运行状况等项;效应报表上可反映出各槽从最近算起,往前连续五次的效应发生时间、效应电压、效应持续时间、效应等待时间、效应状态;异常槽表上可反映出各槽当时的设定电压、工作电压、电压摆、24 h 内效应次数、效应滞后总时间、2 h 内电压自动调整次数、电解质电阻;日报上可反映出过去一天内各槽的出铝量、加料量、各项电压值、效应次数、电压摆累计时间、出铝后阳极下降数据、最近一次效应等待时间、原料(电解质粉、氟化铝)投入量、原铝质量、电解质分子比和氟化钙含量等。

技术操作者可根据槽状态和异常槽表分析出电解槽正在运行的状态,并可根据效应情报表分析出过去一天或几天的电解槽运行情况,再根据现场观察的情况和测量的数据,可以准确地判断电解槽运行是否正常,毛病出在何处,变化趋势如何,及时进行调整和处置,防止事态恶化,杜绝病槽发生。

8.7.2.1 利用槽状态表和异常槽表分析电解槽运行情况

对于正常运行的电解槽,槽状态表上反映出各控制项目都接通自动控制,电解槽设定电压与工作电压基本吻合,槽状态栏打出正常符号,加料按时进行,阳极效应按时发生;异常槽表上不显示任何信息。

如果槽状态表上的槽状态栏内打出表示电解槽在 8 h 内发生过电压摆的符号或表示电压正在摆的符号,就说明阳极行程有毛病,槽电压不稳,此时,异常槽表上也会打出同样的信息;再根据设定电压与工作电压的差值,可基本判断电压摆动的幅度(因电解槽发生电压摆时,计算机自动升阳极,工作电压高)。此类情况的原因或是阳极设置高度不准,或是阳极有脱落、掉块,或是阳极有开始长包情况,便可在现场进行阳极电流分布测量,找出病变阳极,去除病根。

如果槽状态表上效应发生时间栏和效应间隔栏内反映出长时间没有发生效应或突发效应,

异常槽表上也反映出长时间不来效应或 24 h 内发生多次效应,这种情况说明电解槽出现物料不平衡或热量不平衡等情况(电解槽处于冷槽或物料投入不足会导致突发效应;电解槽处于热槽或物料投入过剩或阳极行程有毛病会导致不来效应),再从加料间隔、铝液高度、电解质高度等其他项目上结合分析,判断问题所在。

如果异常槽表上打出电解质电阻较大数值,这说明电解质不清洁,或炉底不干净(炉底不干净的槽,电解质电阻便大)。通过表上各项目的综合分析,可判断出电解槽运行状况是否正常及问题所在。

8.7.2.2　利用效应情报和日报表,分析电解槽过去情况,推测发展趋势

阳极效应是电解槽物料因素和热因素综合作用的结果,所以,可以根据效应发生状态,效应电压等数据分析电解槽物料和热量是否平衡,电解槽运行状态是否正常。通过连续几次效应状态的分析,可得出电解槽过去几天的变化过程;再结合日报上的出铝量、槽电压、效应系数、电压摆累计时间、电解质成分等情况,可进一步判断出以后的发展趋势。

如果每天出现较长时间的电压摆,说明电解槽逐渐走向病态。原因或是电解槽走向热行程,或是阳极行程出现问题。再根据其他情况进一步判断。

如果效应等待比预定的时间一次次提前发生,说明电解槽可能出现物料不足,或可能已走向了冷行程,再根据现场观察情况和加料间隔、槽电压综合判断,由此推测出发展趋势,及时提出处理办法,把病槽消除在萌芽状态。

8.7.3　保证原材物料的质量

电解铝生产的原材物料是不断消耗的,如果质量不能保证,就将对电解槽的正常运行产生危害。原材物料中主要是保证阳极质量和氧化铝质量,因为这是电解铝生产消耗的最大宗原材物料。

实际生产表明,原材物料质量的稳定,对电解槽的正常运行至关重要。如果阳极质量不好,上槽后会出现脱落、裂纹、掉块。处理这些病变阳极不仅增加巨大的工作量,而且会严重破坏电解槽的热平衡和物料平衡,导致运行恶化,甚至出现大批病槽。如果原料氧化铝质量不统一,砂状、粉状经常变化,电解槽就难以建立起稳定的物料平衡,而使炉膛遭到破坏。实际生产中每当出现一次阳极质量不好,或氧化铝类型变化,都会给生产带来一次大的波动,使生产滑坡,因此,确保稳定的原材物料质量,也是防止发生病槽的有力措施之一。

复习思考题

8-1　电解槽的病槽包括哪些?

8-2　不同阶段热槽的发生原因是什么,如何处理?

8-3　不同阶段冷槽的发生原因是什么,如何处理?

8-4　压槽的发生原因有哪些,如何处理?

8-5　电解质含炭的原因是什么,有什么危害,如何处理?

8-6　电解槽发生滚铝的原因是什么,发生滚铝槽的特征是什么,如何处理?

8-7　如何预防病槽的发生?

9　阳极故障及处理

不同槽型的电解槽阳极故障有所不同,侧插阳极自焙电解槽的阳极故障通常有漏阳极糊、阳极下沉、阳极断层、阳极长包和阳极烧尖等。预焙阳极电解槽的阳极故障有阳极脱落,阳极长包等。这些故障不但会使电解槽容易变成病槽,而且还多消耗电能和原材料,使电流效率降低,电耗升高。

9.1　侧插自焙槽的阳极故障

9.1.1　漏阳极糊

漏糊现象的产生原因如下:

(1) 装阳极糊铝壳的接缝处不严密。

(2) 阳极棒和铝壳接触处不严密。

(3) 提升阳极框架时将铝壳划破。

漏糊现象出现后,漏出的糊会流到高温壳面或电解质中,受热会立即大量挥发冒烟,燃烧起火,严重地污染电解质和厂房内空气。

处理漏糊的方法很简单,在漏糊的地方及时用布或纸堵塞。如严重漏糊用破布堵不住时,则应迅速用废炭块或糊块从阳极内部堵塞。

9.1.2　阳极下沉

阳极下沉的原因如下:

(1) 当拔出最下排阳极棒和把阳极重量负荷转到上排阳极棒上时,因烧结好的阳极锥体高度不够,上排阳极棒插入未烧好的阳极上,就会出现。特别是冬季时最易出现。

(2) 阳极锥体局部烧结不够,阳极棒在锥体中插的不牢固或从阳极体中脱出。

阳极下沉时,电解质被从电解槽中挤出,使极距降低。如果不能急速地采取消除措施,就会严重影响生产。

处理阳极下沉时,首先使阳极与阳极框架一起抬高,恢复正常极距;然后为了避免阳极进一步下沉,应采取往旧阳极棒孔中插入阳极棒,并把这些阳极棒挂上吊挂,一直到烧结出正常锥体后拿掉。

9.1.3　阳极断层

阳极断层有水平方向断层和垂直方向断层,其中垂直方向断层较为少见,一般为水平方向的阳极断层。出现断层时,电解槽的槽电压会自动升高,并在断层处会有小的电弧产生,局部过热发白,阳极成片状断落。阳极断层对电解槽生产的影响是非常严重的,而且影响时间也较长。

产生阳极水平方向断层的原因如下:

(1) 加入的阳极糊块表面不干净。

(2) 氧化铝粉尘飞入阳极糊表面,并逐渐下降到胶状糊的表层。

（3）阳极糊表面在加糊时未吹干净,此表面灰层被新加入的糊块压在下面,使新加入的糊不能与旧糊很好地粘结在一起。

（4）阳极糊内的炭粒沉降速度不同。

（5）加糊过晚,阳极锥体过高,液体层又太低,使新加入的糊来不及与锥体粘结就被烧结成锥体。

上述五项中,前三项并不是引起严重断层的主要原因,即使由于这三个原因而使阳极断层,情况也不是很严重,断层的部位也比较小。而后两种的原因是主要的,它会严重地破坏电解槽的正常生产。其中第五种情况,在按操作规程进行正常操作时,是不容易发生的。所以最主要的会产生阳极大片甚至整个阳极截面和周期性的断层原因是第四种情况。

第四种原因之所以能使阳极断层,据分析认为,阳极糊内不同大小粒度的炭粒在液体阳极糊内的存在情况是不一样的,这主要决定于液体阳极糊的黏度。而液体阳极糊的黏度又决定于阳极糊的温度和成分。

温度越高,液体糊黏度越小。当液体糊黏度大时,不同大小颗粒的炭粒均在糊内呈悬浮状,不产生偏析,随着烧结的进行,就形成成分较为均匀的烧结体。而当液体糊黏度小时,细小炭粒浮在液体糊的上层,而颗粒较大的炭粒沉在下面,产生偏析,在其上面形成一层非常致密的厚1~2 mm 的烧结体,这一层因其与其他部分收缩不一致而造成阳极断层。这一点可从阳极断层一般均发生在夏天和热槽的情况就可证明。

阳极糊的成分中沥青配比不适当,沥青过多,在受热时,糊的黏度就小,同样会使阳极糊在烧结时产生偏析,造成阳极断层。如果控制沥青比例在30% 以下,就可以避免大面积断层的现象。

对阳极断层的预防应做好以下工作:

（1）在加糊之前必须把旧糊的表面灰尘清理干净,通常是用高压风进行吹扫作业。

（2）如果阳极锥体烧结过快,则应缩短加糊周期,使旧糊在烧结之前能与新加入的糊粘结在一起。

（3）对阳极糊的配比进行调整,减少沥青配比,使之满足烧结过程的要求。

（4）避免热槽。

对阳极断层的处理应视其断层原因和程度而定。如果阳极断层面积小,可将断层部分浸入电解质中,此时槽电压要比正常时高一些。如果发生大面积断层,则应提前将母线转接到第三排阳极棒上,并加临时吊挂,待阳极锥体足够时,拔下第一排阳极棒,再将此断层取出。

对于垂直方向断层的产生,其原因为操作不当所致:拔棒角度不当和拔棒操作震动过大。处理时可用特制的夹具箍紧断层,同时将小母线转接到第三排棒。当断裂部分的锥体达到规定高度时,拔掉第一排棒将断裂部分打掉取出。

9.1.4　阳极烧尖

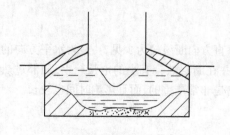

图9-1　阳极烧尖

在小型电解槽上有时会产生阳极"烧尖"的故障。在正常情况下,阳极的底面应该是平整的,或是略带弧形的。但在"烧尖"的情况下,阳极的下端却出现一个尖锥,如图 9-1 所示。此时电解槽电压很高,电解槽生产失常。

产生阳极烧尖的原因是:炉膛不规整,在槽底上有大量的沉淀与结壳,通电不良,而侧部结壳熔化,于是电流从阳极侧部通过,消耗了侧部阳极从而形成阳极下端瘦长的尖峰。

处理阳极烧尖的办法如下：

（1）临时方法是打掉阳极底部尖峰。

（2）根治的方法是消除槽底上的结块与沉淀。

在采取临时办法处理时，阳极后来会重新烧尖，而采取根治的方法则可以从根本上防止阳极重新烧尖。

9.1.5　阳极长包

阳极长包即为阳极底掌消耗不良，以包状突出的现象（图9-2）。由于阳极底面某部分粘结着导电不良的电解质沉淀，使该处电流通过少，阳极消耗就缓慢，结果这个部位就以锥体形态凸出，形成阳极"长包"。一旦阳极包浸入铝液中，则电流就会经过该部分形成短路，消耗会越少，就越来越长，产生严重的电流空耗，使电解槽的电流效率大幅度降低。阳极长包多出现在阳极底掌的四周、中部或底掌的某一部位上。其长包部位根据以下情况而定：

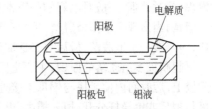

图9-2　阳极长包

（1）在出铝或拔棒之后，阳极底掌的边缘或四角侧部与结壳相近或打下去的电解质块接触到阳极的边缘或四角时，则在该部位上的电流通的很少就容易长包。这个原因导致的长包位置在阳极底掌的四周。

（2）在电解槽发生热槽时，电解质发黏和沸腾不良，炭渣不能顺利地从阳极底掌中央部位分离出来，而浮积在阳极底掌的某一区域内使该区域的导电性能恶化，导致通过该区域的电流减少而引起长包。长包后槽温很高，常常是长包的阳极处都冒白烟。另外，物料平衡遭破坏（后果也是发生热槽）后也会引起阳极长包，长包位置与热槽相似。

（3）在电解槽发生冷槽时，由于边部肥大，伸腿长，阳极端头易接触边部伸腿，包都长在阳极靠大面端头。而且长包后电解槽不显得太热。

阳极长包的共同点：一是电解槽不来效应，即使来效应电压也很低；二是电压不稳定，在开始长包时，会发生大幅度的电压摆动，但是一旦包进入铝液，槽电压反而变得稳定；三是炉底沉淀迅速增加，电解槽逐渐返热，阳极工作无力。

阳极长包的预防措施：

（1）在出铝、拔棒和打壳之后阳极底掌不应接近结壳和沉淀，同时出铝和拔棒不应在同一天进行。

（2）当遇到电压出现大幅摆动时，应及时检查阳极底掌位置加以处理。如果发现底掌贴近结壳时，就要提升阳极或灌入电解质液以抬升阳极。

（3）保持电解质良好的流动性，同时电解质水平不宜过低。

（4）四角结壳不能过大。

（5）在出铝前进行刮阳极底掌的工作，使底掌清洁。

（6）保持阳极四周均匀良好的沸腾状态，这一点是防止阳极长包的关键。

阳极长包的处理方法：

（1）提高阳极位置，使锥体脱离铝液。并且要用大耙经常刮阳极底掌，以清除包上和底掌表面上导电不良的物质，加速凸出处的消耗。这样处理阳极长包的原因是当提高电压抬高阳极时，凸出的锥体距离阴极较近，因此通过的电流较多，而其余部分距阴极较远，通过电流较少，于是凸出部分消耗较快,从而将包烧平。

（2）借助于铁制工具将此锥体打掉。

9.2　预焙槽的阳极故障

9.2.1　阳极多组脱落

在预焙槽上,阳极由多组构成,并且不连续使用,须定期更换。阳极的厚薄及上槽时间的差异及各个阳极电阻大小都存在着区别,会使每块阳极上的电流分布经常处于不均匀状态。当阳极质量、操作质量有问题时,就会出现个别阳极脱落,掉块（部分脱落）等现象,此类情况只要及时发现,及时处理,一般对电解槽的正常运行影响不大。

但是,当出现个别阳极脱落,掉块（部分脱落）等情况时,没有进行及时处理,就会造成连锁反应,一个接一个地脱落,最后势必造成停槽、系列停电,给生产造成很大损失。

引起阳极多组脱落的原因,主要是阳极电流分布不均,严重偏流。强大的电流集中在某一部分阳极上,短时间内使炭块与钢爪连接处浇注的磷生铁或铝导杆与钢爪间的铝—钢爆炸焊熔化,阳极与钢爪或铝导杆分开,掉入槽内,电流分布会更加不均,之后电流又集中涌向别的阳极,恶性传递。

造成阳极偏流原因有：

（1）液体电解质太低（15 cm 以下）,浸没阳极太浅,阳极底掌稍有不平,就会使阳极电流分布不均匀,出现局部集中,形成偏流。

（2）炉底沉淀较多,厚薄不一,使阴极电流集中,从而引起阳极电流集中,形成偏流。

（3）抬母线时阳极卡具位置紧固得不一致,或有阳极下滑,未及时调整,造成阳极块底掌不平,极距小的某块或某些阳极块就会通过的电流多,造成电流不均,形成偏流。

处理阳极多组脱落的方法是：

（1）首先测阳极电流分布,调整未脱落阳极,使其导电尽量均匀,不再脱落。

（2）组织人力尽快捞出脱落的阳极块,每捞出一块换装上一块残极,决不能使用新阳极,最好是从其他生产正常的电解槽上取出工作状态良好的热阳极换上。这是因为新阳极导电性能不良,换上新阳极不能改善电流分布不均的问题,而换装的残极则可以在较短时间内承担全电流。

（3）如果阳极脱落是由于卡具未紧而使铝导杆下滑,则将阳极提起至原来的高度后再卡紧。

（4）为了防止阳极底掌上粘上沉淀而影响阳极工作,要用大耙刮净阳极底掌。

总之,在处理阳极多组脱落时,原则是首先必须立即制止阳极继续脱落;再者尽快调整未脱落阳极,使之导电尽量均匀。

在处理阳极脱落过程中,如果由于电解槽敞开面积大,散热过多,使电解质凝结沉入槽底,铝液上浮,电压自动下降,这时决不能强行抬升阳极,以提高电压。必须等脱落阳极处理完以后,再从其他槽抽取电解质灌入,边灌边抬电压,使之达到 4.5～5.0 V,当电解质水平在 15 cm 以上时,马上测阳极电流分布,调整好各组极距,使电流分布均匀,阳极处于工作状态,然后加冰晶石粉于阳极上部保温,停止正常加料,待槽温上升后,方可延长加料间隔投入氧化铝,并适当出铝,保持槽温,使沉入炉底的电解质熔化,逐步恢复正常。

9.2.2　预焙阳极的长包

预焙阳极也存在长包问题,除去因阳极糊原因引起的长包原因外,其他与自焙阳极长包的原因,危害大致相同,可以参照上节内容。

　　预焙槽处理阳极长包主要以打包为主。将长包阳极提出来,用铁錾子或钢钎把突出的部分尽可能打下来,再放回槽内继续使用;实在打不下来的再进行更换,尽量使用厚残极,因新极导电缓慢,装上会引起阳极导电不均,使其他阳极负荷增大而脱落,同时炭渣会迅速聚集在不导电的新极下面,使之长包。所以处理过程中应尽量将槽内浮游炭渣捞出,使电解质清洁。

　　处理结束后,立即进行阳极电流分布的测定,调整好阳极设置高度,使电流分布均匀,并用冰晶石—氟化铝的混合料覆盖阳极周围,一方面降低槽温,另一方面促使炭渣分离,切不可用氧化铝保温,这样会增加炉底沉淀,恶化电解质性质。

　　如果一次处理彻底,调整好了阳极电流分布,槽温会很快降下来,阳极工作有力,炭渣分离良好,两天内即可恢复正常运行。若处理不彻底,就会出现循环长包,而且很容易转化成其他形式的病槽。

复习思考题

9-1　自焙槽的阳极故障有哪些,如何处理?

9-2　预焙槽的阳极故障有哪些,如何处理?

10 电解生产的事故

在电解铝生产过程中,由于管理和操作不当所造成不应有的生产重大损失,被称为生产技术事故。另外由于设备失灵,也会造成重大损失,工业上把这种损失称为设备事故。

10.1 生产技术事故

生产技术事故包括有难灭效应、漏槽和操作严重过失等。

10.1.1 难灭效应

电解槽在正常生产中,阳极效应发生后,一般持续几分钟就可熄灭。但有时由于槽内某些原因或处理方法不当,使效应延续数十分钟甚至数小时,生产上把这种效应称为难灭效应。难灭效应的发生对生产极为不利,各项生产指标显著降低,消耗大量的劳力,甚至有发生人身和设备事故的危险。

10.1.1.1 难灭效应发生的原因

电解槽在正常生产情况下,引起难灭效应的原因有两种:一是电解质含炭;二是电解质中含有悬浮的氧化铝。无论哪种原因,其实质均是电解质不洁净,温度高,使电解质对阳极的湿润性恶化所致。

生产实践表明,电解质含炭所引起的难灭效应多在电解槽开动初期发生。而在正常生产情况下,发生难灭效应的主要原因是电解质中氧化铝过饱和,并含有悬浮氧化铝。另外,难灭效应也常常发生在炉底沉淀多、电解质水平低的非正常运行槽上。当这种槽来效应时,如果熄灭时机掌握不好,液体电解质中氧化铝浓度还未达到熄灭效应最低值,过早插入木棒,将炉底沉淀大量搅起进入电解质中,立即就会使电解质发黏,固体悬浮物增多,使投入的氧化铝难以溶解,同时电解质性质恶化,对阳极的湿润性变得极差,电阻增大,从而产生高热量,使电解槽温度很快升高而含碳,效应难以熄灭。

电解质含炭的原因前已述及,本节不再叙述。但是如果在电解质含炭后发生效应,就极容易引起难灭效应。这是因为含炭槽是过热的,电解质发粘,湿润性变差,如果效应处理不当,炭渣仍然分离不好,就会进一步使电解质对阳极的湿润性恶化,于是效应难以熄灭。

电解质中含有悬浮氧化铝的原因是:

(1)出铝过多,使槽内结壳沉淀露出铝液面,或覆盖在沉淀和结壳上面的铝液薄,由于铝液的波动而使沉淀涌进电解质中造成氧化铝过饱和。

(2)由于压槽出现电流分布不均而引起滚铝时,滚动的铝液将槽内沉淀带入电解质中,形成氧化铝含量过饱和。

(3)由于炉膛极不规整,当发生效应时引起磁场变化,使铝液滚动将沉淀卷起而带入电解质中形成悬浮氧化铝。

(4)在电解槽发生效应时,由于电解温度低,熄灭效应方法不当而频繁人为造成下料过多,使其中一部分氧化铝悬浮于电解质中。

10.1.1.2 难灭效应的处理

处理难灭效应时必须沉着冷静地分析其产生原因,然后采取正确的办法,选择恰当的熄灭效应时机,否则,将使效应时间更加延长。

(1) 如果是因电解质含碳而发生难灭效应时,处理时要向槽内添加大量铝锭和冰晶石,冷却电解质。当炭渣分离后,立即熄灭效应。处理含炭槽的难灭效应时应特别注意:必须及时处理。不能等温度过高再去处理,那将失去良机而延长效应时间。更不要在炭渣分离之前试图熄灭效应,这样做不但效应不能被熄灭,反而使炭渣更不易与电解质分离,电解质含炭会更加严重。

(2) 如果在出铝后发生难灭效应,处理时必须抬起阳极,向槽内灌入液体铝或往沉淀少的地方加铝锭,将炉底沉淀和结壳盖住,然后再加入电解质或冰晶石,以便熔化电解质中过饱和氧化铝和降低温度,待电压稳定、温度适宜时再熄灭效应。

(3) 如果是因压槽导致滚铝而发生难灭效应,处理时必须首先将阳极抬高离开沉淀。在滚铝时不要向槽内添加冰晶石,当电压稳定后,可熔化一些冰晶石来降低电解质温度和提高电解质水平。另外,根据槽内铝液水平和沉淀结壳的具体情况,判定是否需要添加铝锭。如果估计效应回去后电压降不下去,则在效应时向槽内加铝,这样有助于效应的熄灭。这种原因引起的效应,在熄灭时不能太急,必须等电压稳定,电解质中悬浮的氧化铝已被溶解后,再熄灭效应。但不要过分地延长效应时间,因为发生滚铝时,电解质已经含炭,过长地延长效应时间将使含炭加重,对熄灭效应不利。

(4) 如果因炉膛不规整引起滚铝而造成难灭效应时,处理时首先要抬起阳极,然后将没有炉帮和伸腿过小的地方用大块电解质补扎好。通过这种方法来调整电流分布和提高铝液水平,当电压稳定后再熄灭效应。

(5) 如果因电解质水平过低,使槽内沉淀多,人为造成难灭效应时,处理时必须先提高电解质水平,方法是等效应持续一定时间,提供多余热量来熔化结壳的电解质,或加入热电解质来升高电解质水平,然后再熄灭效应。如果铝液水平过高无法保持高电解质水平,可把铝液抽出一部分,但要注意不能抽出过量的铝液,否则沉淀将会露出铝液面,反而加重氧化铝在电解质中的悬浮量。

(6) 当在电解槽的某一部位进行效应熄灭无效(通常是在出铝口),成为难灭效应时,应该重新选择效应熄灭的部位。新位置一般选在两大面低阳极处,砸开壳面,将木棒紧贴阳极底掌插入,不要插到槽底,以免再搅起沉淀。对于严重者可多选一处,同时熄灭。

(7) 当采取上述方法熄灭效应都不见效时,如果炉膛比较规整,可用两极短路方法熄灭效应,但要注意不能使阳极压在结壳或沉淀上,否则不但起不到熄灭效应的作用,反而会产生更严重的后果。另外还可以利用降电流和停电的方法迫使效应熄灭,但这样做是在万不得已时而采用的最后办法,况且也未必绝对有效。

难灭效应熄灭后,会出现异常电压(电压达5~6 V),此时决不能以降低阳极来恢复电压值,否则会造成压槽,只能让电压自动恢复,1~2 h内电解质会逐渐自动澄清,电压也会自动随之下降。

10.1.2 漏槽

漏槽(漏炉)有两种情况:一种是电解槽的槽底或侧部炭块破坏严重,阴极钢棒熔化,铝液和电解质从钢棒处流出,称为炉底漏炉。这种情况有时在电解槽焙烧后,槽底炭块有裂缝时也易发生。另一种情况是槽内衬完好,由于操作管理不当,槽温高或效应持续时间过长,熔化了边部槽帮,从而使电解质和铝液从侧壁碳块顶部缝或局部缝隙间漏出槽外,称为侧部漏炉。前种情况比后者严重,但无论哪种漏炉都会给生产带来损失。

10.1.2.1 漏槽的危害

(1)槽内大量的高温铝液和电解质流入母线沟和槽底下边,严重时流出的液体与阴极母线熔铸在一起。

(2)流出的高温液体可能冲断阴极母线,严重影响生产。

(3)有可能引起人身和设备事故。

(4)使该槽的运行遭到破坏。

10.1.2.2 漏槽的预防

漏槽的原因有槽设计不合理的原因和安装砌筑质量差的先天原因,也有投入运行时操作和管理不善使槽破损严重的后天原因。当电解槽投入运行后,日常生产操作和管理就是预防漏槽的关键因素。所以在生产过程中,应当尽量维护槽的平稳运行,减轻槽的破损程度;应当准确掌握电解槽的破损程度,在适当的时候主动停槽大修。

而对可能发生炉底漏炉的电解槽,在没有较大把握判定是否应该进行停槽大修的情况下,则先要做好准备,以便能及时发现和正确处理突然发生的漏炉。准备工作如下:

(1)对可能的破损槽要勤检查,加强监护。

(2)揭开可能漏炉处的地沟盖板,用3~5 mm厚的长方铁板或地沟盖板挂在靠槽边的阴极母线上,以阻挡铝液和电解质直接冲击母线。

(3)在槽附近准备一些电解质块和袋装的氟化钙或氧化铝等原材料,供漏炉时堵塞漏洞用。

10.1.2.3 漏槽的处理

当漏炉事故发生时应该立即组织人力抢救。首先揭开漏炉侧的地沟盖板,根据流出来的是电解质还是铝液,迅速判断是侧部还是炉底漏炉。当确认为炉底破损漏炉时,因为这种漏炉是无法进行补救的,所以首先应马上通知系列停电,进行切断该槽电流的工作,在未停电之前,指定人员下降阳极,电压不应超过5 V,集中力量保护阴极母线不被冲坏。如果确认为侧部漏炉,就要集中力量从槽内外两侧堵塞漏洞,只有在迫不得已情况下方可系列停电,但要积极组织人力恢复生产。

在处理侧部漏炉时,首先要迅速打开漏出侧的面壳,用面壳块、氟化钙、氧化铝、电解质块等物料掺和到一起沿电解槽周边捣固扎实,利用固体物料筑起侧部槽帮,直至堵住为止。同时根据电解质流失情况适当下降阳极,以保持两极不断路为准。侧部漏炉时一般不允许系列停电,除非漏量大,阳极无法下降的情况下才允许停电。

在抢救侧部漏炉过程中应注意的问题如下:

(1)加强统一指挥,注意安全,防止发生人身事故。

(2)同时要做好单槽断电的准备。事故抢救完毕,应立即确定是否停槽大修。如果槽龄长,槽破损严重,则应立即进行单槽断电。如果槽龄短,破损面积小,经填补有恢复生产的可能,可用镁砂,氟化钙,沉淀等物填补好破损处,再恢复生产。

10.1.3 操作严重过失

通常人为因素所造成的操作不当事故有很多种,但对电解槽正常运行产生严重破坏的是出铝过失和新槽启动抬电压过失。

出铝过失的情况包括有吸出的全是电解质,出铝实际量大大超过指示量和认错槽号重复吸铝等。出现这些情况时,要立即进行补救处理。如果是吸出的全是电解质,除应该立即倒回原槽外,还应该同时适当地抬高电压,以补充由于电解质被吸出时,使电解槽温降低的热量损失;如果是出铝实际量大大超过指示量(一般超过 200 kg 时),应将多出的铝液倒回原槽,如超出不多,则可不必倒回;如果是重复吸铝必须从其他槽抽取一定的铝液量灌入该槽,以保证该槽铝水平的稳定,不影响该槽的正常运行,避免病槽的发生。

避免新槽启动抬电压过失的方法是在新槽启动人工效应时应随着电解质的灌入缓慢提阳极抬升电压。如果电压达到 40 V,应立即降阳极,否则电压过高,易出现强烈弧光击穿短路绝缘板,甚至起火烧毁绝缘板和其他设备,造成短路,严重者烧坏短路口,造成严重后果。如果在启动时,短路口出现弧光,应立即降低电压,使效应熄灭;如果出现起火现象,应用冰晶石粉扑灭,并松开短路口螺丝增加一层绝缘板;如果绝缘板被严重破坏,应紧急停电,更换绝缘板,处理后才能继续开动,严防烧坏短路口。

10.2 设备事故

采用计算机自动控制的电解槽,常因电气元件质量问题或安装问题,出现电路串线或继电器接点粘结,引起控制失灵或误动作,出现恶性事故。最有危险性的是阳极自动无限量上升或下降。如果出现阳极自动无限量下降时,就会将电解质、铝液压出槽外,直至顶坏上部阳极提升机构,使整台槽遭到毁灭性的破坏;如果阳极自动无限量上升,会使阳极与电解质脱开发生断路,出现严重击穿短路口和严重爆炸事故。

当发现阳极自动无限量上升和下降时,应立即断开槽控箱的动力总电源,切断控制,通知检修部门立即检修,清除设备故障,迅速恢复生产。如果阳极上升到使短路口严重打弧光,人已无法进到槽前时,应立即通知紧急停槽,以防止严重爆炸事故,引起重大损失。

防止设备引发事故的手段除了选用质量优良的元件和高质量安装外,还应加强设备的维护保养,定期检查,保证设备处在正常运行状态,同时应加强现场巡视,及时发现问题,及时排除,避免引发事故。

复习思考题

10-1 电解槽的生产技术事故有哪些,发生的原因是什么,如何处理?

10-2 如何避免操作过失?

11   电解槽的破损和维护

铝电解槽是在高温熔盐状态下进行工作的生产设备,它的阴极内衬不可避免地会受到电解质液和铝液的侵蚀。由于侵蚀所产生的应力作用使槽体变形和内衬破损,从而影响到电解槽的使用寿命。因此电解槽的阴极使用周期通常是 2～5 年,先进的电解槽能达到 8～10 年,大型槽的使用周期较短,中型槽较长。目前,国内大型预焙槽寿命普遍在 1500 天左右,和国外先进铝厂相比约有 1000～1500 天左右的差距。但国内个别铝厂也有一定比例的预焙槽槽寿命达到 2500 天,甚至也有 3000 天槽寿命的例子。平果铝厂 160 kA 平均槽寿命达 1318 天,在产槽平均已达 1899 天(早期破损槽平均槽寿命 652.79 天),贵州铝厂二系列 160 kA 槽 2000 年平均停槽槽寿命已达 1760 天,三系列平均已达 1840 天,寿命突破 3000 天的槽已有 16 台。1998 年以来,国内新上大型预焙槽槽寿命基本上普遍达到 1800 天以上,预计可达 2000 天。

电解槽在大修期间不生产,同时材料和人工耗费很多,从降低生产成本、增加产量的观点出发,应加强电解槽的保养和维护,但同时也要考虑生产周期太长时,电解槽生产指标变坏的程度,因此要在综合平衡利弊后,确定电解槽的使用周期。

11.1   电解槽的破损

电解槽的破损程度是指其阴极槽体破坏和损失程度。

11.1.1   电解槽的破损现象

阴极槽体破损情况可从停槽清理内衬时观察到:

(1)阴极炭块发生变形,炭块膨胀隆起,裂开或有冲蚀坑穴,炭块之间的炭糊接缝发生裂纹,炭块和接缝中有碳化铝(Al_4C_3)、电解质和铝等固体。

(2)在炭块至导电棒的交界面上有凝固的电解质。部分钢棒被铝液熔化侵蚀,生成 Al-Fe 合金。

(3)在炭块下面沉积着铝和电解质,炭垫下面有灰白色沉淀物,耐火砖层已经局部变质,砖缝几乎消失。有时出现沉积物与耐火砖熔铸在一起的较大结块。

(4)侧部炭块受到侵蚀,体积膨胀,其中渗透着铝和电解质。

(5)槽壳变形,侧壁向外鼓出,上部较大,四角上抬,壳底有时呈船形。

从上述现象可得出,引起阴极槽体破损的根本原因,是处于高温度状态下的阴极内衬由于电解质和铝液的侵蚀和渗透作用,使其发生变化的结果。槽壳伴随内衬的演变而产生相应的变化,即出现槽壳外胀和上抬现象。

11.1.2   电解槽的破损机理

在电解铝生产过程中,阴极炭块原则上是不消耗的,但它长期与高温电解质和铝液接触,不可避免地会受到侵蚀并最终演变为槽的破损。演变过程短的电解槽寿命就短,演变过程长的电解槽寿命就长。

高温熔融体对底部阴极内衬的侵蚀或渗透有两个途径:

（1）槽内熔融体经过长期强烈的渗透作用,慢慢地渗入炭块之中。在电解过程中,当阴极有钠析出时,钠便从炭块的气孔侵入,在被破坏的晶格内扩散,并与碳生成碳钠化合物,使炭块体积膨胀和疏松,从而给电解质和铝液的侵入创造了条件。侵入炭块中的电解质和铝与碳生成的碳化铝,使碳素体积更加膨胀,进一步促进更多的电解质和铝进入炭块中,这样继续往深部渗透,直达炭块下面并集聚在那里。

（2）电解质和铝液从炭块和炭块间的裂缝渗透到底部。在焙烧期间,阴极炭块之间的扎固炭缝产生裂纹,电解质和铝从而进入裂缝,逐渐朝下部渗透,在此期间,铝液在高温条件下沿途炭块生成黄色疏松的碳化铝。随着缝隙继续扩大,使电解质和铝液的渗透量加大,就逐渐侵蚀到底部。

上述两种侵蚀或渗透过程,可能后者比前者渗透要容易些,速度较快,渗透量要大。但无论快与慢,多与少,对阴极内衬所引起的破坏作用是一致的。

11.1.3 侵蚀对电解槽的破坏方式

铝电解槽常见的破损部位见表11-1。

表11-1 铝电解槽常见破损情况

部 位	破 损 情 况
炭块及炭缝	产生纵缝和横缝、炭块隆起和胀大、生成碳化铝、形成冲蚀坑
阴极棒	弯曲变形、生成铝—铁合金
炭垫下面	形成灰白层
耐火砖	受电解质侵蚀
槽壳结构	槽壳向外鼓出、壳底上抬

其中影响较大的是炭缝裂开、炭块隆起、形成冲蚀坑和侧部破损。

11.1.3.1 炭缝裂开

炭缝是用炭糊捣实的接缝。炭缝的破损通常表现为炭糊捣实体在炭块界面上产生裂缝或者其本身破裂,以至铝液和电解质从裂缝中漏下,侵蚀到阴极棒。

阴极棒的前端（靠近中央接缝）受到的侵蚀最为严重。因为炭块裂缝常常会在中央纵缝处裂开,铝液从该处流下的多。

炭缝裂开通常发生在焙烧期间。在焙烧过程中,炭糊中的挥发分急剧排出,就遗留下许多微细气孔,同时炭缝本身的收缩（收缩率约为3%）,使在炭块界面上产生裂纹。

电解槽启动后,阴极析出的钠渗透到炭缝里面,并且会进入碳的晶格内,破坏其稳定的晶格,使炭缝疏松破碎,从而使炭缝和炭块界面上的裂缝更加扩大。

炭素材料不同,炭缝裂开的程度也不同。这是由于钠对炭素材料的侵蚀会因材料品种的不同而不同:石油焦最易被侵蚀,沥青次之,石墨最不易。

由于生成的碳钠化合物会强烈破坏炭素材料的稳定结构,所以减少碳钠化合物的生成就能减轻炭缝的裂开。根据碳钠化合物在低温下稳定,高温下分解的特点,在电解槽焙烧启动期间如果保持温度太低,则析出的钠会生成稳定的碳钠化合物,促使电解槽发生炭块早期裂开。而保持较高的焙烧启动温度则是有益的,避免了电解槽早期的破损。

11.1.3.2 阴极炭块隆起

槽底阴极炭块在电解过程中是逐渐向上隆起的。在电解槽开始生产的6个月内,大约隆起

2 cm,随后则明显加速,36 个月后基本趋于稳定,在三年之内平均隆起约 10 cm。

　　根据电解槽破损的侵蚀机理可知,当钠、电解质和铝液先后侵入炭素内衬时,则引起炭块疏松和体积膨胀,使电解槽的阴极炭块向上隆起。电解槽的槽壳在炭块隆起的膨胀应力的作用下会发生变形,侧部向外鼓出。

　　熔融体在填充完裂缝和裂纹之后,会仍然继续往深部侵蚀和渗透,当侵入到炭块下面时,电解质和铝同时与耐火砖发生化学反应生成铝硅酸盐($Na_2O \cdot Al_2O_3 \cdot 2SiO_2$),使耐火砖变质而体积膨胀,形成被称为"灰白层"的沉积物。其化学成分见表 11-2。随着电解生产时间的延续,"灰白层"会越积越多,逐渐由槽底中间向四周延伸,并与底部耐火砖熔铸在一起形成一层双凸透镜状的结块,其中部的厚度可达 70 ~ 100 mm。炭块和耐火砖的体积膨胀应力与灰白层逐渐增厚的对内衬应力相结合,就会产生很大的上抬力,使阴极棒歪曲,炭块和底缝从中间向上进一步隆起;或使炭块与扎固炭缝的间隙增大;或使炭块断裂,铝液下流渗透速度加快,导致槽底破损。槽壳也进一步随其内应力的作用向外鼓出。阴极炭块隆起和槽壳变形情况与时间的关系见图 11-1。

表 11-2　沉积物"灰白层"的化学组成

名　　称		分 子 式	质量分数/%
灰白层的组成	氧化铝	Al_2O_3	48. 8
	氧化铁	Fe_2O_3	3. 15
	氧化钠	Na_2O	23. 5
	其他沉积物		24. 55

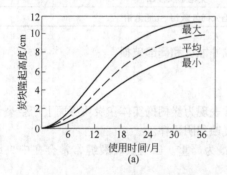 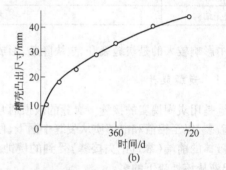

图 11-1　阴极槽体变形与时间的关系

(a) 炭块隆起高度与时间的关系;(b) 槽壳凸出与时间的关系

11. 1. 3. 3　冲蚀坑的形成

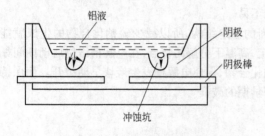

图 11-2　电解槽底部的冲蚀坑

　　冲蚀坑是指槽底或侧壁上由于铝液的冲刷作用而形成的上大下小的喇叭状坑穴。为预焙槽的特殊情况。

　　冲蚀坑穴的部位大多在扎固炭缝(横向炭缝为多)处,少数在炭块上。当它逐渐向下延伸到阴极钢棒的时候,坑中的高温铝液便会溶解铁,使铝中的铁含量增高,最终使钢棒熔化,电解槽被迫停槽。图 11-2 为电解槽的冲蚀坑。

冲蚀坑穴是炭块受冲刷作用而形成。坑穴的表面上磨得很光滑,有旋转冲刷的痕迹并覆盖着一层白色的氧化铝。其形成的机理是:

(1) 在扎固炭缝表面或炭块表面存在着一些裂缝或凹凸不平。

(2) 铝液在磁场、温度场和气流的作用下会在裂缝中产生一种局部漩涡,其中挟带着悬浮着的氧化铝沉淀物。

(3) 铝液所挟带的氧化铝在旋转状态下具有很大的冲刷作用,就会使裂纹被越磨越大,并且也越深。并且坑越大越深,坑中铝液由于电流更加集中,旋转也会越来越强,终于形成坑穴。

11.1.3.4　侧部破损

电解槽侧部由于有侧部炉槽帮保护,通常不易被电解质侵蚀而破损。但是如果电解槽出现病槽(如热槽)或其他原因,就会破坏炉帮从而可能导致侧壁炭素材料被局部腐蚀,致使槽壳直接与熔融电解质或铝液接触而造成侧部破损,最终导致严重漏槽。

引起侧部炭素材料破损的几种机理:

(1) 上部空气氧化。

(2) 下部空气氧化。

(3) 碳化钠生成而引起的侵蚀。

(4) 槽底分层引起的侧壁破损。

11.2　电解槽的维护

铝电解槽随着槽龄的增加,一些电解槽会发生槽壳变形,这一方面是由于阴极炭块受热膨胀,另一方面也是因为阴极破损造成的。特别是槽壳变形大的电解槽,主要是因为阴极破损。所以为了防止由此产生的漏槽事故,需要对可能的破损槽进行维护。

11.2.1　铝电解槽破损的判断

电解槽在正常生产时期,一般铝液中的铁含量波动幅度较小。当铝液中铁的含量突然上升时,就要分析其产生的原因。

如果是由于自焙电解槽的阳极棒等槽外铁物掉入槽中熔化或预焙电解槽钢爪熔化所致,经过一两次出铝之后,铁的含量就会下降。

如果预焙电解槽排除钢爪熔化或自焙电解槽排除阳极棒等槽外铁物掉入槽中熔化的因素后,铝液中的铁含量仍大于0.14%,并且逐日升高时,就要采取以下措施:

(1) 所在工段必须每天至少取一次铝样进行分析,保证对铝液中铁含量的跟踪。

(2) 所在工段必须加强对电解槽的巡视检查,精心维护,发现异常情况立即上报车间。

(3) 检测组每天对电解槽的阴极棒和槽壳的温度及阴极钢棒小母线压降进行测量,并将测量结果反馈车间进行分析。

1) 阴极钢棒小母线的材质、截面、长度是一致的,电压降与通过的电流成正比,所以处于正常生产状态的电解槽,其各阴极钢棒小母线的等距压降基本是相同的。而对破损槽,由于炉底已形成铝液的通道,使该处局部电阻减少,通过的电流增大,导致阴极小母线的等距压降提高。因此根据这个原理,可通过用等距压降测量仪测量阴极钢棒与大母线之间铝软带的电压降来判断有阴极破损迹象的地方。测量时应避开小母线两端的焊点,选择较平的铝软带,并保持接触点接触良好。以减少测量误差。测量完毕对各测量点进行分析可发现电解槽炉底破损部位等距压降明显升高,即可判断出该阴极钢棒周围有破损迹象。

2）一般情况下,电解槽炉底结构基本是一致的,因此阴极棒头的散热面积和散热形式基本相同的,各阴极棒头之间的表面温度相差不大,一般在 15～25℃ 之间。而当某一阴极钢棒周围出现破损,形成铝液通道时,一方面使炉底与阴极棒之间的热量传递速度加快,另一方面使破损部位电流集中,导致阴极钢棒电流密度升高,使棒头产生的焦耳热明显增多。使破损处的阴极棒温度升高。因此根据这个原理,可通过测量阴极棒头温度的变化来确定有阴极破损迹象的地方。在测量阴极钢棒温度时,要清除表面的积尘,然后用红外线测温仪测量阴极棒头。对一些较明显的阴极钢棒要反复测量几次,减少误差。

当铁含量大于 0.4%,并排除了槽外铁物进入电解槽的影响后,要立即进行确定破损部位的工作:

（1）对槽壳、方钢进行温度检查,以确定出破损部位、范围和破损程度,以便采取相应措施。对温度较高部位,组织人员对电解槽周围的阴极母线、立柱母线等采取保护措施。预焙槽要调开高温部位阳极块,检查炉底破损情况。检查方法为:用铁钎探查槽底。将直铁钎的尖端前部弯成长约 10 cm 的直角钩。然后将该钎子的钩尖向下伸入阳极下面,按照底块和底缝排列的纵横顺序逐块逐缝的依次勾探,把有坑或有缝的部位记录下来,并大致估计破损部位的长宽和深度。另外观察钎尖的情况,因在破损地方由于铝液和钢棒的接触,电阻很小,通电较多,沉淀较少,比较干净而且温度比较高,所以钩尖端插入这里拔出后,钎子端部会过热,有发白冒白烟现象。在检查时由于每个人的感觉有一定差别,所以要多人检查感觉综合分析,防止个人行为。且要做到仔细认真,用力均匀,避免用力过猛,恶化破损部位。如有破损,立即进行修补作业。

（2）预焙槽要利用换极时间对阴极炭块进行检查,并针对某些可能出现的异常部位,调开阳极对阴极炭块进行检查,直到发现破损部位,进行修补。

（3）将破损槽的槽温降至 960℃ 左右。调整好加料间隔和加料量,避免电解槽在修补时发生效应,防止过热的电解质将填补料熔化,而不能修补破损槽。

11.2.2　铝电解槽破损的修补

在电解槽确定破损部位之后,应该组织人力进行填补。填补材料通常用镁砂、镁砖块、氟化钙和氧化铝沉淀块,因为这些材料中的金属元素电位顺序均在铝以上。即使溶入电解质中也不能在阴极上析出,它们都不会影响电解的正常生产和原铝质量。同时,这些材料密度较大,易沉在槽底,熔化或半熔化后能以黏稠状态充填于破损的深处或覆盖在上面。这样可阻止铝液的渗漏,减少阴极钢棒被铝液进一步侵蚀熔化的机会,从而延长电解槽的寿命。

填补材料的预制:将上述一种或几种材料与从槽内取出的沉淀或铝液混合铸成块状,其形状大小和厚度,可根据破损部位尺寸分为一块或数块来决定。一般为长方形,要比破损面积稍大一些,以将破损面盖上。预制成后待冷却后使用。

在填补时,把这些块材料放置在漏铲上,上面用大钩或钎子压住,慢慢地送到破损位置盖住破损处,然后再用弯钩检查一下放得是否准确,不准确要调整,直至合适为止。

在填补之前,务必先取一个铝试料进行分析,测定含铁数量。然后在填补的一昼夜后再取铝试样进行分析,比较它们之间的含铁量情况。如果含铁量停止上升或稍有下降,说明填补准确,但要连续分析观察几次,直到含铁逐渐下降才能证明已完全补住。如果含铁量仍然上升,则说明补的位置不对或没有补好,或另有破损之处,所以必须再检查确定,重新修补。

11.2.3　铝电解槽修补后的管理

破损槽底在填补好以后,要加以良好的护理,以保持填补材料完好,延长电解槽的使用寿命,

生产出较高品位的铝,为此,务必做好下列各项工作:

(1)电解槽保持较低的电解温度。在破损槽上可适当提高铝液水平,增大散热量,以保持低温运行,使熔化的填补料在槽破损处凝结形成实体,并减少下料间隔,保持炉底有一定的沉淀。但要注意避免温度过低,造成氧化铝沉淀过多,使槽底电阻加大,反而引起槽底局部过热使填补料被熔化的危险。所以不论是自焙槽还是预焙槽,在修补后都要调整加料量和加料间隔,不使电解槽出现过多的槽底沉淀。

(2)尽量避免发生阳极效应。因效应时产生大量的热量,可能使填补材料熔化。

(3)在破损处及其附近禁止扒沉淀。

(4)出铝量要均匀,保持稳定的铝水平,使槽况稳定。

(5)勤捞炭渣,保持电解质清洁,避免产生病槽。一旦发生不正常情况时应立即设法消除,不能拖延。对异常情况应当向有关人员交代清楚。

(6)在含铁量下降的情况下,不得随便用铁工具勾摸槽底,以免碰伤破损处。如果为了掌握破损处情况而必须进行检查时,应固定专人进行,但严禁直接用工具插入破损处。

(7)对修补成功的电解槽要勤检查修补部位的状况,要多次进行修补,不能修补一次就完事大吉。隔20~30天,就要对破损部位进行再次修补。

生产实践证明,如果槽底破损处填补好,维护妥善,电解槽的槽底虽已破损,但仍可以继续进行较长时间的生产并且原铝质量不下降。

11.3 延长电解槽使用寿命的措施

电解槽的破损主要是由于电解质和铝液对阴极内衬的炭素糊缝侵蚀破坏而引起的。但影响其破损过程的因素却很多,如阴极槽体的质量、生产过程中的技术管理。因此,延长电解槽的使用寿命必须从这些方面着手,控制或减少形成破损的外界因素。

11.3.1 使用高质量的炭素材料

阴极炭素内衬是在高温和熔融盐强烈侵蚀的恶劣环境下工作的,所以材料质量的好坏对阴极使用期的长短有很大影响。起重要作用的是底部炭块配料中的成分、粒度、孔隙度和机械强度。炭块配料中不应含有过量的粉末填充料,炭块应该具有中等的孔隙度和机械强度。在储存和搬运中,炭块不宜露天存放,不得受强烈震动和表面受潮湿。生产实践证明,凡是经受过日晒雨淋的炭块,在电解生产过程中最容易裂开,造成早期停槽。

阴极扎固炭缝是槽底最薄弱的环节。在这方面一是要设法增强底糊和炭块间的黏结力,选择配方比较合理的高质量底糊。二是尽量缩小缝隙的面积。有"挤浆"法可代替底糊扎固法,该法的优点是缝子细,可以多铺炭块,缩小底缝面积,而且易于施工。但是浆液必须灌满灌足。并且所用原料应该对钠的侵蚀具有较好的抵抗力。

11.3.2 保证阴极内衬的砌筑质量

阴极内衬砌筑质量的好坏对阴极寿命有直接影响,因此在砌筑阴极内衬时必须严格执行各工序施工规范和质量要求标准。严格选择合格的炭块,底糊的质量必须符合技术标准。内衬结构要致密。阴极棒窗孔要密封好。

在炭块组的制作上,为了避免炭块在浇铸生铁时产生裂纹,可采用石墨质糊来扎固阴极钢棒。这样炭糊在焙烧后留下的20%~25%的气孔率可补偿阴极棒的热膨胀,避免炭块产生裂纹。

11.3.3　改善槽底保温材料的结构

通过多方面的生产试验证明,在炭块下面敷设氧化铝保温层,对延长阴极寿命有积极作用。这是因为氧化铝保温层一可以缓冲炭块向上隆起的作用力,二可以加强槽底的保温能力,使槽底的热量损失减少,并提高炭块本身的温度,减小炭块上下面之间的温度梯度。当炭块上下面之间温度梯度减小到 2.5℃/cm 时,炭块底面的温度能达到 850℃左右,足以使炭块中的碳钠化合物分解,把钠从碳的晶格中排走,从而可以削弱钠的破坏作用,有益于延长炭块寿命。

11.3.4　采用合理的焙烧启动制度

电解槽焙烧和启动的质量好坏是引起阴极内衬早期破损的关键环节。因此,采用合理的焙烧方法和启动制度十分重要。

在焙烧启动方案确定之后,电解槽在焙烧过程中的关键问题就是焙烧温度是否能够均匀而逐渐上升。焙烧温度过低或过高或升温速度太快,对阴极内衬的稳定完整均不利。为了使槽底受热均匀,扎固炭缝良好焦化,避免局部过热和炭块裂缝,在焙烧时操作的要点就是控制电流上升速度和及时调整电流分布,使两极上的电流均匀,逐渐提高焙烧温度。

在清炉过程中,应该尽量缩短清炉时间,避免槽温变化过大而使炉底产生裂纹。同时要注意不能将槽底扎缝炭帽铲掉,尤其边部底缝更应小心,免得给破损留下隐患。

在电解槽启动前,必须充分加热槽体,使其炭块温度达到 900℃以上,这样能使在启动期间生成的碳钠化合物分解,减少钠对炭素的侵蚀。

在启动阶段,要熔化足够数量的电解质,防止侧部炭块氧化损失。对于大型预焙槽不宜采用干法效应启动,因其会在槽内衬中产生大量的热量,使内衬在短时间内产生突变,导致内衬应力集中,造成内衬早期破损。因此大型预焙槽的启动采用湿法效应和湿法无效应启动则比较适宜。

生产实践证明,在适当提高槽底温度下,采用高分子比和添加氟化钙的电解质进行启动,是延长阴极寿命的有效办法。

11.3.5　注意启动后期的作业制度

根据电解槽启动后期的特点,最重要是防止冷槽和建立规整炉膛。在操作时就必须使电解槽的热平衡保持稳定,电流不能波动过大,电压下降应该与电解温度逐渐下降相适应,保持足够的电解质数量,铝液不能急速大量增加。其目的是避免槽温急速下降形成大量沉淀,造成局部槽底过热,使槽底受热不均,对内衬产生不利影响。

另外,要及时添加氟化钠或苏打,以补充电解质中的钠损失,使其分子比保持在较高的范围内,这样既有利于提高电解温度,减少沉淀的形成,又有利于形成耐高温的规整炉膛,增加对侧部内衬的保护作用。

11.3.6　保持电解槽的平稳生产

在生产过程中,要防止槽温骤冷骤热,并要及时清除槽内炭渣以防止电解质含炭引起不灭效应而生成碳化铝。

生产实践证明,各种病槽都会不同程度地影响电解槽的使用寿命。为了预防和减少病槽,首要条件是保持电解槽生产正常平稳地进行。要做到这一点,必须设定正确的技术参数,保持稳定的热平衡制度,加强加工方法和制度的配合,及时消除可能产生病槽的潜在因素。

其次,要保持酸性电解质,并添加氟化钙和氟化镁,抑制钠的析出,减少炭素对钠的吸收。

此外,系列供电不足或停电,也能引起电解槽的早期破损。因为正常生产的电解槽由于电流供应不足,槽温急速下降,渗透在炭块中的电解质凝固,会促使炭块早期隆起。特别是长期停电以及停电后的二次启动,都会促使炭块和扎固炭缝破损,以及加速槽壳变形,从而缩短电解槽阴极内衬的使用周期。

11.3.7 新技术的应用

优化电解槽设计,采用新技术、新材料(如干式防渗料、石墨化阴极和氮化硅结合碳化硅侧块等),这是提高电解槽寿命的基础。

11.3.7.1 干式防渗料

干式防渗料是20世纪90年代初问世的新型铝电解槽筑炉材料,它是由不同粒级、不同种类的耐火原料混合而成的不定型散状耐火材料。运用化学抗渗机理,有效抑制和减缓了铝电解过程中渗透的电解质和铝液对电解槽下部保温层的破坏作用。它具有优越的性能(见表11-3):

表11-3 干式防渗料的理化性能

项 目	指 标	
化学成分/%	$SiO_2 + Al_2O_3$	≥85
松散密度/t·m^{-3}	>1.50	
堆积密度/t·m^{-3}	>1.90	
抗渗透反应深度/mm	950℃×96 h	≤15
热导率/W·(m·K)$^{-1}$	200℃	0.34
	400℃	0.38
	600℃	0.43
耐火度/℃	≥1630	

(1) 干式防渗料在筑炉中以散料直接铺放压实,来替代传统铺氧化铝和砌筑耐火砖层,简化筑炉施工,节约人力和节省时间,且具有良好的内衬整体性能。

(2) 保证电解槽具有良好的保温性能和合理的热平衡。实践证明,采用干式防渗料与使用传统材料筑炉相比,槽寿命可延长一年以上。

(3) 电解槽破损后,干刨去掉炭块和部分防渗料反应层,补充部分防渗料后可直接铺放炭块,无需更换下部保温层,可重复使用。

(4) 干式防渗料的热导率只有耐火砖的1/3,并且在与电解质的作用中,生成高黏度的霞石层,有效地抑制和减缓电解质的继续渗蚀。

11.3.7.2 石墨化阴极炭块

铝电解槽所用阴极炭块性能的好坏对电解生产的电流效率和槽寿命的提高有很大的影响。各种阴极炭块性能列于表11-4。

从表中可见,半石墨化以及全石墨化阴极炭块的导电性和导热性大大优于无定形和石墨质的炭块。

表 11-4　各种阴极炭块性能

项　目	堆积密度 /g·cm⁻³	电阻率 /Ω·cm	热导率 /W·(m·K)⁻¹	灰分/%	稳定常数	原　料
无定型	2.0	30	6 ~ 12	3 ~ 8	0.6	无烟煤
石墨质	2.1	25	30 ~ 45	0.8	0.3	石油焦或沥青焦
半石墨化或石墨化	2.1	12	80 ~ 120	0.5	0.15	石油焦或沥青焦

采用半石墨化以及全石墨化炭块作阴极有以下特点：

（1）具备良好的导电、导热性能。导电率高有利于槽底电流分布均匀，减小局部电流峰值，从而减小局部的加速腐蚀，延长槽寿命。热导率高有利于槽底温度分布均匀和侧部槽帮的快速建立，从而减小热应力和保护侧部内衬免受侵蚀。

（2）化学和热稳定性高，抗氧化和抗钠侵蚀的能力增强，有利于减轻阴极炭块破损，尤其减轻了焙烧时吸钠所引起的炭块膨胀。

（3）膨胀系数降低，抗热震性能良好。

（4）具有机械强度性能好，在高温下变化小的特点。

全石墨化阴极炭块是半石墨化阴极炭块的换代产品，是一种适宜于大型电解槽上使用的新型阴极材料，对于电解生产节电、降耗和延长槽寿命都非常重要。

11.3.7.3　氮化硅结合碳化硅

虽然炭块一直被用作侧部内衬材料，但其性能的不足使其容易被高温的冰晶石电解质侵蚀和吸收金属钠，造成内衬的破损。尤其是在中间下料的预焙电解槽上，氧化铝集在中间加入，边部氧化铝浓度相对较低，使得侧部炭块失去保护，一旦槽帮熔化，就会直接与电解质、铝液、氧化气氛接触，易被氧化、冲刷，更加速了侧部炭块的剥落、破损。因此用导热性好、耐侵蚀、抗氧化、绝缘性好的新型侧衬材料代替炭素材料是电解槽发展的方向。

氮化硅结合碳化硅是结合双方性能研制的一种新型高性能的耐火制品，其成分和理化性能见表 11-5 和表 11-6。从表中所列数据比较可知：氮化硅结合的碳化硅材料与炭素材料相比，具有相当高的体积密度、耐压强度和抗折强度，完全可以满足作为电解槽侧衬材料的机械性能要求；碳化硅材料有比炭素材料高得多的电阻率和热导率，既能防止侧部漏电又能满足中间下料预焙槽侧部散热的要求；其化学性能稳定；另外，热膨胀系数低，是一般耐火材料的一半，经 1100℃ 直接水冷 30 次也不会出现裂纹。

表 11-5　氮化硅结合碳化硅的化学成分（%）

SiC	Si_3N_4	Fe_2O_3	Si
≥72	≥18	≤0.7	≤0.5

表 11-6　Si_3N_4-SiC 材料和炭素材料的理化性能比较

项　目	显气孔率 /%	体积密度 /g·cm⁻³	耐压强度 /MPa	抗折强度（室温） /MPa	电阻率 /μΩ·m	热导率 /W·(m·K)⁻¹
Si_3N_4-SiC	18 ~ 22	2.60 ~ 2.75	140 ~ 200	40 ~ 65	绝缘	18
炭素材料	≤18	≥1.54	≥30	±10	≤60	5

因此氮化硅结合碳化硅制品具有高强度、高热导率、高热震稳定性,抗高温蠕变、抗氧化性能优异,抗铝(Al)、铅(Pb)、锡(Sn)、锌(Zn)、铜(Cu)等熔融金属侵蚀,电绝缘性良好,常温比电阻高等优异性能,是电解槽代替侧部炭块的理想耐火材料。

复习思考题

11-1　表示电解槽破损现象有哪些?

11-2　导致电解槽破损的机理是什么?

11-3　侵蚀对电解槽的破坏方式主要有几种?

11-4　在生产过程中如何判断电解槽有破损,如何处理破损槽?

11-5　有哪些措施可以延长电解槽的使用寿命?

12　电解槽的计算机控制

当今电解槽尤其是大型预焙槽均采用了计算机控制下的自动操作系统,使电解铝生产的劳动生产率大为提高;各种技术参数自动控制在理想程度,使电解槽的运行摆脱了人为判断和操作下的不确定因素,使其处在最佳运行状态下,生产指标大大提高;电解槽的运行数据通过计算机自动收集整理,使操作者能够正确地分析判断电解槽运行趋势,及时调整电解槽的运行参数。计算机在电解槽上的应用使原本处于粗放管理的电解铝生产迈入了精细化管理,使电解铝生产发生了巨大的进步。

12.1　计算机系统的控制形式

电解铝生产中的计算机系统控制形式分为集中式、分布式、集中分布式三种。

12.1.1　集中式

集中式计算机控制系统是由主机和槽控机组成,见图12-1。其中主机负责系列槽的数据采集、数据解析、命令的发布和信息存储与处理,槽控机负责对主机发出的命令完成相应的动作。该控制系统的特点是所有的信息都返回主机集中处理,槽控机仅仅是主机命令的执行者,本身不处理任何信息。

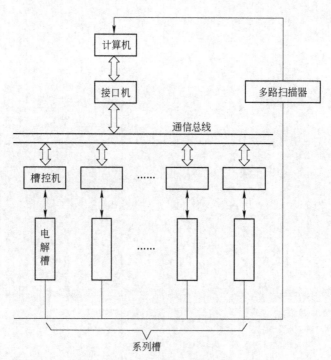

图 12-1　集中式控制系统

我国最早投入的贵州 160 kA 预焙槽系列采用的即是集中式计算机控制系统。在实际运行中,发现该系统存在从采样到处理之间间隔相对较长,实时性较差,并且在主机或接口机发生故障后,容易发生大面积电解槽失控等缺点。

12.1.2　分布式

分布式计算机控制系统是由每台槽的槽控机独立完成控制,见图 12-2。该控制系统的特点是槽控机的微机档次高,有足够的能力完成数据采集、数据解析、命令的动作执行和信息存储与处理。但其缺点是整体上不容易掌握槽的受控情况,编制报表极不方便,并且需要改变软件参数时,要逐台进行,比较麻烦。

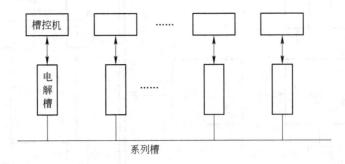

图 12-2　分布式控制系统

12.1.3　集中-分布式

集中-分布式计算机控制系统是由主机和槽控机组成,见图 12-3。其中主机负责监视、协调、信息存储和设定参数的修改等,槽控机负责对槽运行数据的采集、数据的解析和动作过程的控制。

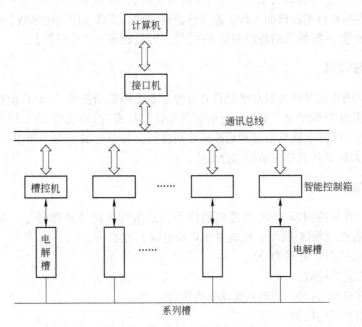

图 12-3　集中-分布式控制系统

集中-分布式计算机控制系统融和了集中式和分布式两者的优点,已成为新建铝电解系列计算机控制的主导模式。

12.2　计算机系统的配置

尽管各电解铝厂计算机控制系统选用的主机,槽控机的型号,或者信息转输方式不同,但它的组成方式基本是一样的。均由计算机、工业接口机、槽控机三部分组成,见图12-4。

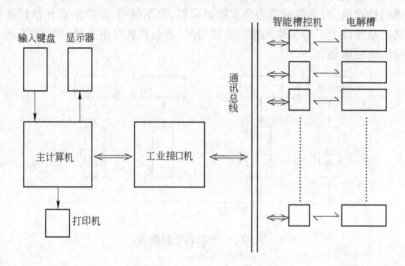

图 12-4　计算机控制系统配置图

12.2.1　计算机

该部分称为中央控制机,由工业控制机或高容量微机、键盘输入设备、显示设备与打印机组成。它的作用主要是对槽控机的工作状态进行监视、协调、信息存储和电解槽运行的设定参数做统一或个别修改等,对槽控机的各控制软开关进行开闭、制作各类管理报表。

12.2.2　工业接口机

工业接口机的作用是将主机对槽控机的各种命令传递给槽控机,同时将槽控机采集到的槽运行数据、槽控机解析的结果及命令执行的情况等收集起来,再传送给主机,以便主机进行信息储存和报表制作。实际上就是主机和槽控机之间进行上传下达的信息中转站。另外,还可在主机发生故障时,短时间内兼作主机的部分工作。

12.2.3　槽控机

在集中式计算机控制系统中,槽控机的作用仅是执行主机的动作命令。而在分布式和集中-分布式计算机控制系统中,槽控机就要独立承担以下功能:

(1) 槽电压的采样、处理和分析。
(2) 生产工艺的控制。
(3) 正常槽电阻的控制、槽电阻波动的检测和消除。
(4) 氧化铝浓度的控制。
(5) 阳极效应的控制。

（6）生产工艺过程的控制：阳极升降、抬母线、边部加工、打壳加料、加氟盐、效应处理、出铝、换阳极等。

（7）提出生产数据、生产报表和曲线记录，对运行数据的监视和信息。

（8）故障报警和事故保护。

（9）生产的调度和管理。

12.3　计算机系统的控制内容

在电解铝生产中，利用计算机控制工艺过程有下列功能：

（1）用计算机控制槽电阻，自动调整槽电压以保证正常生产时的极距。

（2）当电解槽来效应时，及时发出警报，或实现自动熄灭效应。

（3）通过计算机实现电解槽的自动定时打壳，定时定量加料。

（4）异常槽的判断和报警。

（5）收集各种技术参数，编制打印成表。

（6）随时扫描槽上氧化铝料箱，及时补充氧化铝。

由于电解铝生产中每个生产系列中每台电解槽的作业项目均相同，且电解槽系列的各种特性数值均属于连续性的，如电流强度、槽电压、槽电阻、氧化铝浓度、温度、分子比等等，以及它们随时间而变化的关系，这些都构成了自动控制的基础。目前能直接用来控制电解过程的是电气特性数值（电流、电压、槽电阻值）。

12.3.1　槽电压控制（简称 RC）

用计算机控制时，首先要把每台槽的槽电压设定值（简称设定电压）输入计算机，设定电压是根据工艺要求按最佳值的考虑向计算机提供的，也就是生产上希望该槽正常时所保持的电压。把各槽的槽电压与设定值作比较，并保持在一定的管理范围（ΔV）内，一般 ΔV 可以控制在 ± 50 mV，这是因为电解槽正常时的电压并不是固定不变的，要受到铝液波动和系列电流波动的影响而表现出一定的波动，而 ΔV 则是计算机能控制的误差范围。当某槽设定槽电压 4.0 V 时，则计算机可以在 3.95～4.05 V 范围内保持其实际电压而不作出调整槽电压的动作，凡超出范围立即予以调整。

计算机控制槽电压是采用槽电阻作调整依据的，这是因为槽电压随系列电流的波动随时在变化，因此只能以不受电流波动影响的槽电阻作为调整依据。

计算机调整电压的基本原理是通过自动巡回检测系列电流、系列电压、槽电压和槽电阻。基本上 3～5 min 内可以检测数次。根据所测得槽电阻的变化，发出指令自动调整槽电阻，使其符合设定值条件下的槽电阻，而槽电阻代表当时的极距，因此调整阳极位置，就达到了槽电压目的。

一般对槽电压取数分钟内检测的平均数值（V）减去固定的反电动势（E）值，然后被系列平均电流（$I_平$）除，即得到实际槽电阻（$R_实$），即：

$$R_实 = \frac{V - E}{I_平}$$

而根据设定的槽电压（$V_设$），在一定电流（I）下，同样可以得到设定的槽电阻（$R_设$）并事先输入计算机内。计算机将采集到的数据经过上式处理，得到槽电阻值，然后将其分为效应电阻、不正常电阻和正常电阻三类，针对不同情况采用不同方法处理。如果槽电阻不属于这三类电阻，则进行排除数据干扰因素的平滑处理。处理后当 $R_实$ 与 $R_设$（包括允许误差范围）相比之后，$R_实$ 大于 $R_设$ 时，则计算机指令电解槽自动下降阳极。而 $R_实$ 小于 $R_设$ 时，则执行相反指令。

12.3.2　加料控制

加料包括正常加料(简称 NB)和效应加料(简称 AEB)。计算机系统对预焙电解槽的加料控制是在保证电解槽热平衡的情况下,用阳极效应(简称 AE)发生时刻及人为设定的 NB 间隔和 AE 间隔作依据对 NB 和 AE 等待时间进行调度。在这种控制模式下,理想的加料模式应为:按规定的 NB 间隔加料,AE 在 AE 等待期间准时发生。但在实际中,由于电解槽运行的复杂性,即使在计算机控制下,也不能完全保证事先设定的加料量和加料间隔能使电解槽效应准时发生。有时会出现在 AE 等待时间内 AE 没有发生,这表明事先设定的加料量过多;有时也会出现 AE 在没有进入 AE 等待时间就发生,这表明事先设定的加料量不足。计算机据此做出相应的调整。

更先进的智能模糊控制系统已被开发出来,该系统是以氧化铝浓度曲线为依据的自适应调整。这种调整是将采集的电压进行解析,并换算成坐标点,然后与氧化铝浓度曲线作对比,从而准确地反映出电解槽中氧化铝的多少,可在每次加料时对加料量进行自动调节,保证了加料量与槽中氧化铝浓度的协调。

12.3.3　效应警报和自动熄灭效应

自焙槽上应用计算机对阳极效应的发生的处理主要是及时发出警报。当计算机巡回检测槽电压时,发现某槽电压突然大幅度升高至数十伏时,立即向生产现场发出警报信号。一般采用计算机室与现场的直通电话通知现场工人,也可用信号灯或铃声,这样可使工人及时去处理和熄灭效应,减少效应持续时间,从而节约电能。

中间下料预焙槽由于是自动下料,计算机还可以实现自动熄灭效应。其做法是一面打壳下料,一面下降阳极。为了使熄灭效应成功率提高,需要在效应发生后等 2~3min 才开始打壳下料三次,第二次开始下降阳极,每次下降 10 mm,效应可以自行熄灭,熄灭效应的成功率可达 95%。但在计算机控制熄灭效应时,仍然需要操作者在场。这是因为如果熄灭效应时间过长时,需要人工辅助熄灭,一般是自动熄灭效应时间如果超过 5 min 仍未熄灭时,人工参与熄灭。

12.3.4　异常槽的判断和警报

当铝电解槽的阳极与铝液面之间有局部短路现象时,则电压会出现过低或摆动现象,这往往是因为在阳极长包或个别预焙槽阳极组消耗慢或阳极底掌下面有浮动炭块等等所致。这将会影响电流效率。因此及时发现并消除这种异常现象是很必要的。当用计算机控制电解槽时,异常槽可以利用临时切断电流,读取各槽的电压残值来判断。如果残值远远低于正常槽残值(约 0.3 V)时,即计算机判断为是异常槽。也可以通过检查发生效应时的电压值大小来判断,如果效应电压远远低于该槽正常状态下发生效应时的电压,则计算机也判断为异常槽。发现异常槽时计算机会发出报警信号,通知操作者及时处理,使槽恢复正常。

12.3.5　计算机对电解槽槽况的智能分析

由于计算机技术的进步,计算机目前已能部分代替操作者对电解槽进行分析,并将分析结果用于对电解槽的控制。这套系统被称为智能模糊控制系统。

目前新建系列均采用了这种先进的智能模糊控制系统,使电解槽的控制技术更进一步。其主要由三大部分构成,第一部分为氧化铝浓度智能控制;第二部分为阳极效应智能预报及处置系统;第三部分为氟化铝模糊专家决策系统。氧化铝浓度智能控制的主要任务是通过建立的氧化铝浓度智能特征模型曲线,将氧化铝浓度引入控制系统中。以智能特征模型曲线为理论基础,设计氧化铝浓度的模糊控制器,并通过自适应机构,构成自适应模糊控制器,合理调节氧化铝加料速率,有效控制氧化铝浓度。阳极效应智能预报及处置,针对不同的槽特性,综合考虑多种因素,利用阳极效应历史发生过的情况和预报的经验,对当前的情况做出准确预报。氟化铝模糊专家决策系统是采用以模糊控制、专家系统为主的控制策略,运用人工智能的知识表示和推理机制,建立一种新的模糊专家决策系统,确定氟化铝添加量,平稳控制电解质温度及分子比,保持热平衡。

12.3.6 收集数据和编制打印报表

计算机还可以在日常生产中可以收集各种输入计算机的数据,进行分析处理并编制打印出管理所需要的报表。

计算机打印出的报表分为三类:状态报表、累计报表和计划报表。

状态报表包括班报表、效应报表、异常槽报表、金属纯度报表和供料情况报表。其主要反映从打印时刻算起,过去 8 h 或更长一些时间内,电解槽受控功能软开关的闭合情况、硬开关的转换情况、电压、加料、最近的 AE、铝液质量和最新一次的电压调整的情况。

累计报表包括日报表、旬报表和月报表。其主要反映一段时间内电解槽的投入产出情况,并汇集了主要控制结果的平均值。是该段时间内电解槽的状态报表,是对电解槽进行短期和长期分析的依据。

计划报表包括日和月的阳极更换表、出铝指示量表、测量计划表、电解质取样计划表和添加剂添加量计划表。计划报表是操作者的作业计划。

12.4 现场操作与计算机的联系

所有采用计算机控制的铝电解槽均有自动控制和手动控制两套系统。当计算机需要停机时,或者生产中不适宜计算机控制时,就可采用手动控制系统,以保证生产的正常进行。

电解铝生产现场的操作者与计算机室发生的日常联系被称为人机对话。其联系内容如下:

(1) 计算机室将计算机打印的各种报表及时提供给操作者。

(2) 计算机室及时将发生的效应槽号通知操作者,以便操作者能辅助处理。

(3) 当计算机在巡回检测中发现异常槽时,应将槽号及时通知操作者。

(4) 操作者应提前将要进行阳极操作的槽号及操作时间通知计算机,以便及时切断计算机对该槽的控制,并在操作完成后通知计算机室按阳极操作后的设定电压的程序控制。

(5) 操作者应提前将出铝槽号及时通知计算机室,以便及时切断计算机对这些槽的控制,并在出完铝液后及时通知计算机室按出铝后的电压设定值程序进行控制。

(6) 当操作者发现个别槽不适宜计算机控制时,应及时通知计算机室临时切断对该槽的控制。

(7) 当计算机发生故障或需要定时停机检修时,应及时通知操作者,实行人工操作。

复习思考题

12-1 计算机控制系统有哪几种,各有哪些特点?

12-2 计算机的配置有哪些? 各有什么功能?

12-3 在电解铝生产中用计算机控制时有哪些功能?

12-4 操作者与计算机室有哪些日常联系?

13　电解铝生产的主要经济技术指标

13.1　产品产量

按照电解铝生产企业的生产程序划分,铝的产品产量可分为铝液产量和商品铝产量两种。

13.1.1　铝液产量

铝液产量是指电解铝生产单位或生产电解槽一定时间内所出的铝液数量,是电解铝企业的中间产品,也是电解铝生产单位计算电流效率和各项单耗指标的基础。铝液产量等于该时间段内出铝液量的总和。

13.1.2　商品铝产量

商品铝产量是铝锭铸造单位的最终产品数量,是经过检验部门检验合格,包装入库或已办理入库手续的产品(含自用铝)。一般情况下,商品铝产量等于铝液产量减去铸造过程损耗量的差额。

铝液在铸造过程中,由于氧化损耗和机械损失而使原铝数量有所降低,其降低的数量称为铸造损耗。其损耗量根据生产实践经验得出:通常铝液铸为普通铝锭时,铝液损耗量不大于0.3%;铝液铸为铝线锭时,铝液损耗量不大于1%。

13.2　产品质量

产品质量在电解铝生产车间一般考核两项:一是商品铝锭 Al99.7% 以上率;二是铸锭合格率。

13.2.1　商品铝锭 Al99.7% 以上率

商品铝锭 Al99.7% 以上率是指报告期生产的经检验合格入库的铝锭产量中含铝 99.70% 以上铝锭量的百分比。计算公式为:

$$商品铝锭\ Al99.7\%\ 以上率 = \frac{报告期产出\ Al99.7\%\ 以上的铝锭量}{报告期铝锭产量} \times 100\%$$

13.2.2　铸锭合格率

普通的重熔用铝锭一般不作考核,生产中的废品铝锭可返回重新铸造。

铝线锭的铸造技术复杂,且对硅铁含量有严格规定,所以铝线锭的质量超过规定就要被视作废品。

$$铝线锭铸造合格率 = \frac{合格铝锭量}{合格铝锭量 + 废品量} \times 100\%$$

或

$$废品率 = \frac{废品量}{合格铝锭量 + 废品量} \times 100\%$$

13.3 生产技术经济指标

13.3.1 平均电流强度

直流电是电解铝生产的电源和热源,电流强度是决定生产能力大小的主要因素。系列平均电流强度是指通入一个系列电解槽的直流电流强度的平均值。平均电流强度的计算随条件而定。按照报告期长短,分为日平均电流强度、月(年)平均电流强度。

系列日平均电流强度的计算方法是采用总电量倒算法:

$$系列日平均电流强度(A) = \frac{系列日直流电总耗量(kW \cdot h)}{日系列平均电压(V) \times 24(h) \times 1000}$$

系列月(年)平均电流强度的计算方法采用加数平均法:

$$系列月(年)平均电流强度(A) = \frac{\sum 系列日平均电流强度(A)}{月(年)日历天数}$$

如果一个企业有两个或两个以上的系列电解槽,则全厂平均电流强度的计算为简单的加数平均法。

13.3.2 平均电压

平均电压是反映电能利用率的主要参数。系列平均电压计算公式如下:

$$V_{平均} = V_{工作} + V_{效应} + V_{黑}$$

(1) 槽工作电压($V_{工作}$)

$$V_{工作} = \frac{期间各槽电压表所指示实际记录总和}{期间生产槽日}$$

其中:

$$期间生产槽日 = 期间平均生产槽数 \times 期间生产日数$$

(2) 效应分摊电压($V_{效应}$)

$$V_{效应} = \frac{效应系数 \times (效应时电压值 - 槽工作电压) \times 效应持续时间}{24 \times 60}$$

式中 24—— 一昼夜小时数,h;

60—— 一小时分钟数,min。

效应持续时间单位为分钟(min)。

(3) 系列线路电压降的分摊值($V_{黑}$)

如果是计算单个槽的平均电压,则系列线路电压降的分摊值($V_{黑}$)计算公式如下:

$$V_{黑} = \frac{总电压 - 槽工作电压总和 - 效应分摊电压总和}{期间生产槽日}$$

如果是从整个系列的角度来计算系列平均电压,就要考虑大修所耗电压,则系列线路电压降的分摊值($V_{黑}$)计算公式如下:

$$V_{黑} = \frac{总电压 - 槽工作电压总和 - 效应分摊电压总和 - 大修电压}{期间生产槽日}$$

13.3.3 电流效率

计算公式见本书2.1.1.2。

13.3.4　吨铝直流电耗

计算公式见本书2.2.1。

13.3.5　原材料单耗

电解铝生产中消耗的原材料有:氧化铝、氟化盐(包括冰晶石、氟化铝、氟化钙、氟化镁、氟化锂等)、阳极糊或预焙块。

13.3.5.1　氧化铝单耗

理论上每电解生产出1吨铝消耗氧化铝的量要按下列反应式进行计算:

$$Al_2O_3 \Longrightarrow 2Al + 1.5O_2$$

$$氧化铝消耗量 = \frac{102}{27 \times 2} \times 1000 = 1889(kg/t 铝)$$

式中　102——Al_2O_3 的相对分子质量;

　　　27——Al 的相对原子质量。

可见理论上每生产1 t 铝应消耗1889 kg 氧化铝,但实际消耗量要大于这个数值,为1920~2000 kg/t 铝。其原因是氧化铝在进入电解槽之前会有机械损失如在包装、运输和加料时各个环节都会出现飞扬损失。另外在加工时会有一部分粒度细小的氧化铝(10 μm 以下)很容易随烟气飞扬,使烟气废料中氧化铝含量达60% 以上,如不进行净化则被排入空气中,造成氧化铝损耗。

为了减少氧化铝消耗,除了在生产氧化铝时尽量控制粒度不要过细外,应在从运输到电解生产的每个环节上注意减少氧化铝的机械损失,如电解铝生产中要减少加料时的飞扬损失,净化回收料要设法利用等等。

13.3.5.2　炭素阳极材料单耗

不论是阳极糊或者预焙块,如阳极炭全部生成 CO_2,则按下列反应式理论计算炭的消耗量:

$$Al_2O_3 + 1.5C \Longrightarrow 2Al + 1.5CO_2$$

$$阳极碳的消耗 = \frac{1.5 \times 12}{2 \times 27} \times 1000 = 333\ kg/t 铝$$

式中　12——C 的相对原子质量;

　　　27——Al 的相对原子质量。

可见应消耗333 kg/t 铝。而实际上由于铝的二次反应使 CO_2 有部分被还原为 CO 气体,则阳极气体中还有 CO 气体,所以碳的消耗要考虑这一部分的需求。经过计算,电解铝生产中当电流效率为88%时,生成的 CO_2 仅占阳极气体中的70%,而另外为30% 的 CO(也有少量其他气体),则碳的消耗为433 kg/t 铝。但实际上碳阳极消耗仍大于此值,为500~600 kg/t 铝,其原因如下:

(1)机械损耗:阳极上的炭粒没有参与反应即脱落进入电解质内部成为电解质中炭渣。

(2)在高温下直接与空气接触被氧化。

(3)自焙槽的漏糊,预焙槽的掉块等。

减少炭素阳极的消耗除提高电流效率外,另外还可以通过以下方法减少碳的消耗:

(1)提高炭素材料的机械强度,减少机械性脱落。

（2）防止阳极过热，保护好电解质液面上的阳极表面，防止氧化。

（3）减少漏糊、掉块等现象。

13.3.5.3　氟化盐单耗

氟化盐是电解铝生产中的添加剂。理论上是不参与反应的，也是不消耗的。但实际上由于高温蒸发以及原料中带入水分造成的分解等原因，使氟化盐的单耗约为 40～50 kg/t 铝。其中主要是氟化铝（约占氟化盐单耗的 70%～80%）。这是由于氟化铝的挥发性大，在高温下挥发升华较快，因此损耗较多。为使电解质保持酸性，就必须添加氟化铝以调整分子比。

由于氟化铝易挥发，为减少损耗，在添加时应注意不能直接添加在高温电解质中，而应与氧化铝混合后加在氧化铝结壳面上，然后再覆盖氧化铝保温料，待下次加工时与氧化铝一起打入电解质内。

另外进入电解质中的原料要尽量减少水分，因为水可以将氟化盐分解成氧化铝和氟化氢。这不仅增加了氟化盐的消耗而且还加重了氟化氢有毒气体的排放。

至于其他小剂量添加剂（如氟化钙等）则应尽量减少机械损耗。

13.3.6　整流效率

整流器输出的直流电量与输入的交流电量的比值叫整流效率，整流效率越高，得到的直流电量越多，其转换损失越小。

整流效率计算公式为：

$$整流效率（\%）= \frac{整流器输出的直流电量（kW \cdot h）}{输入整流器的交流电量（kW \cdot h）} \times 100\%$$

14 电解铝生产的烟气净化回收

电解铝生产过程中,除阳极气体以外,还会释放出有害的烟气,这些烟气对人的身体健康,对周围环境都会造成危害。另外,在铝电解烟气中还含有可回收利用的物质。因此,为改善环境,充分利用自然资源,达到生产与自然的和谐,就必须搞好铝电解烟气的净化回收工作。

14.1 概述

14.1.1 电解铝烟气成分

在电解铝生产过程中,从电解槽中会散发出大量烟气,烟气由气态和固态物质所组成。

气态物质主要成分为:氟化氢、二氧化碳、一氧化碳、二氧化硫、四氟化硅、四氟化碳及自焙槽烟气中的沥青挥发分等。

固态物质分两类:一类是大颗粒物质(直径 $>5~\mu m$),主要是氧化铝颗粒,炭粒和冰晶石粉尘。由于氧化铝吸附了一部分气态氟化物,大颗粒物质中的总氟量约为 15%。另一类是细微颗粒,由电解质蒸气凝聚而成,其中氟含量达 45%。

因槽型不同,氟化物在烟气和固态中的分配比例各不相同。自焙侧插槽的气态氟化物约占 60% ~70%;预焙槽的气态氟化物约占 50% 左右。表 14-1 列出了不同槽型烟气的组成。

表 14-1 不同槽型烟气的组成(kg/t)

槽　　型	固体氟	氟化氢	二氧化硫	一氧化碳	烟　尘	碳氢化合物
预焙槽	8	8	15	200	30 ~100	无
自焙侧插槽	2	18	15	200	20 ~40	6 ~10

14.1.2 电解铝烟气的危害

由于电解铝生产中会产生大量含氟的烟气,并且自焙槽的阳极糊烧结也会产生大量的沥青挥发分,而氟与沥青挥发分均会对周围环境及人体健康产生危害。

14.1.2.1 氟对人和动植物的危害

在地球上广泛地存在着氟这一元素,在人们的日常生活中又到处可见,无论空气中还是饮用水和土壤中都含有一定数量的氟,因而在人、动植物体内自然也都含有一定量的氟,但当含氟量超过一定限度时,就会对人的身体健康及动植物生长造成很大的影响和危害。

(1)氟化物对人体的危害:氟是人体正常组成微量元素之一,一般正常平均含氟量大约为百万分之七十左右,每人每天摄入大约 25 mg 的氟,其来源主要是从饮水和食物。如果人生活或工作在氟的污染区,摄入过量的氟,氟就在人体中富集,从而造成对人体健康的严重危害。如患骨硬化、骨质增生、斑状齿(氟牙)、气管炎,支气管炎等疾病。

(2)氟化物对动物的影响和危害:动物通过空气、饮水和鲜、干饲料,体内摄入过量的氟,就会影响动物的生长发育,使动物牙齿磨损加速,患"长牙病",骨骼脱钙,骨质疏松,骨头失去光滑、光泽,变得粗糙多孔。

(3)植物通过土壤、水和空气,吸收了过量的氟,严重的会造成植物枯死,较轻的使植物叶子变黄或生成坏死斑,影响农作物的生长,使之减产或颗粒不收。

14.1.2.2　沥青烟雾对人体的危害

自焙阳极电解槽在生产过程中会产生大量的沥青烟雾,如果经常接触会影响人体健康,引起急性或慢性损害。长期接触沥青烟雾刺激,容易受到的损害有:慢性皮炎,皮肤色素沉着,鼻炎,咽炎,支气管炎等。沥青烟雾中还含有致癌成分。

14.1.3　电解铝烟气中有害成分的来源

电解铝烟气中有害成分的来源有以下几种:

(1)熔融电解质的蒸气,以及被阳极气泡带出来的电解质液滴,主要质点为氟化铝。氟化铝与空气中的水分接触就发生反应:$2AlF_3 + 3H_2O \mathrel{=\!=} Al_2O_3 + 6HF$。从而转变为有毒的 HF 气体物质。

(2)电解过程中产生的氟化氢和发生阳极效应时产生的四氟化碳,发生效应时最高含量可达 20% ~ 40% 。

(3)原料中杂质二氧化硅与氟化盐发生反应生成四氟化硅。其反应式:

$$4Na_3AlF_6 + 3SiO_2 \mathrel{=\!=} 2Al_2O_3 + 12NaF + 3SiF_4 \uparrow (气)$$

(4)自焙侧插槽阳极糊在烧结时,黏结剂沥青的挥发分挥发。

(5)电解铝生产过程中,由于有水分进入电解质而发生生成氟化氢的化学反应。

1)原料(主要指氧化铝,即使在 400 ~ 600℃ ,氧化铝中仍含有 0.2% ~ 0.5% 水分)中的水分进入熔融电解质中在高温下发生分解反应:

$$2AlF_3 + 3H_2O \mathrel{=\!=} Al_2O_3 + 6HF \uparrow (气)$$

$$2Na_3AlF_6 + 3H_2O \mathrel{=\!=} Al_2O_3 + 6NaF + 6HF \uparrow (气)$$

2)当电解质裸露时,空气中的水分也能与高温的电解质发生化学反应。

14.1.4　电解铝烟气的净化方法

铝电解烟气净化回收,根据净化回收工艺和所选用设备情况分为干法和湿法两大类。

干法:用氧化铝作吸附剂,使之产生含氟氧化铝,直接返回电解槽使用,此法具有很多优点,为预焙槽烟气净化所采用。

湿法:湿法净化回收有多种方法,如用清水洗涤、碱水洗涤和海水洗涤等,洗液再通过碱法,氨法和酸法流程加以回收,制取冰晶石,氟化钠,氟化铝等,一般多为制取冰晶石。

虽然烟气净化最简单经济的方法是用水洗涤,但由于水溶解氟化氢后变成氟氢酸,最易腐蚀设备,所以目前各国湿法净化回收多采用碱法。

14.1.5　电解铝烟气的捕集

铝电解烟气净化回收,首要的是要做到有效的捕集电解槽散发出的烟气。

烟气的捕集有三种:一种是在每台电解槽上架设集气罩,利用集气罩子收集烟气(一次捕集)。该法属封闭式,捕集的烟气浓度高,处理量小,有利于净化处理,但要求集气罩轻便。一种是槽子敞开,让烟气自由散发到工作空间,然后用排烟机等设备,捕集包括烟气在内的整个厂房的通风空气量,再加以净化处理。该法属敞开式,所处理的烟气量比封闭式集气罩方法所处理的烟气量大十几倍。另外一种是前两种方法的结合,即单槽集气罩和厂房天窗捕集相结合,此法效果最佳,但投资和运行费用太大。

电解槽结构不同,所采用的集气方式也不相同。

中间下料预焙槽是采用很多小块罩把整个槽子密闭起来,所收集到的烟气通过电解槽一端的排烟支管汇总到电解厂房两侧的排烟总管,再送往净化系统。由于是中间自动加工下料,除出铝和换阳极工作外,其余不用敞开罩子,因此,集气效率高(98%),效果好。

边部加工预焙槽多采用机械或液压传动集气罩,罩盖是整体的。加工、出铝和阳极工作等都必须打开罩盖,因此效果比中心下料预焙槽差,集气效率较低。

自焙上插槽一般在阳极框架周围安装裙罩,用氧化铝密封,收集的烟气浓度大。由于含有高浓度挥发性的碳氢化合物,所以通过燃烧器将烟气中可燃成分烧掉,再进入净化系统,但阳极上部的沥青烟气还需二次捕集。

自焙侧插槽是通过电动卷帘或配重吊门,单槽密闭来集气,收集的气体经架空排烟管道进入净化系统。

电解槽的烟气捕集效果通常用烟气的集气效率来表示。集气效率是指进入系统的烟气量与电解槽排烟量之比。

集气效率高低是净化回收效果好坏的一个主要标志。由于槽子结构不同,所以每种槽型集气效率都有个极限值:中心下料预焙槽为94%～98%;边部加工预焙槽为81%～88%;自焙侧插槽80%～85%;自焙上插槽为80%。

14.2　电解铝烟气的湿法净化

14.2.1　烟气湿法净化方法

湿法净化分为碱法、氨法和酸法等。通常采用的多为碱法或酸法。

碱法:以纯碱溶液为洗涤剂净化洗涤烟气,获得氟化钠溶液再合成冰晶石。

酸法:以水溶液为洗涤剂,吸收烟气中的含氟成分,获得氢氟酸溶液,再用其合成冰晶石等产品。

上述两种方法相比较,碱法具有烟气净化效率高,设备简单,维护方便等优点,但回收产品质量和品种不如酸法好。但酸法由于对设备等腐蚀严重,所以一般采用很少。

14.2.2　烟气湿法净化回收优缺点

采用湿法净化回收烟气优点:

(1) 可同时除去烟气中各种有害成分。

(2) 设备简单,占地面积小。

(3) 运行安全可靠,维护方便。

(4) 净化幅度宽,烟气量的多与少,浓度的高或低都可以。

采用湿法净化回收烟气的缺点:

(1) 不适宜在寒冷天气条件下运行,因洗液容易结冰。

(2) 对烟气中微细颗粒和沥青烟气净化效率较低。

(3) 不溶解物质会在一些设备构件中结垢。

(4) 如果设备管理、维护不善,易产生跑、冒、滴、漏造成二次污染。

14.2.3 烟气湿法净化回收原理(碱法)

用稀碱液在洗涤装置内洗涤电解烟气,烟气中的氟化氢、二氧化碳、二氧化硫等成分分别与碱液发生如下化学反应:

$$Na_2CO_3 + 2HF \xrightarrow{\hspace{1cm}} 2NaF + CO_2 \uparrow + H_2O$$

$$Na_2CO_3 + H_2O + CO_2 \xrightarrow{\hspace{1cm}} 2NaHCO_3$$

$$Na_2CO_3 + SO_2 \xrightarrow{\hspace{1cm}} Na_2SO_3 + CO_2 \uparrow$$

$$Na_2SO_3 + (1/2)O_2 \xrightarrow{\hspace{1cm}} Na_2SO_4$$

从而生成氟化钠、碳酸氢钠和硫酸钠溶解于洗涤液中。其中氟化钠和碳酸钠是碱法合成冰晶石的主要原料。

氟化钠和碳酸钠合成冰晶石的化学过程是将氟化钠浓度积累到 20g/L 左右的溶液与铝酸钠溶液混合,在加热搅拌条件下,发生一系列反应后,最终生成冰晶石。

化学反应过程如下:

$$2NaHCO_3 \xrightarrow{\hspace{1cm}} Na_2CO_3 + CO_2 \uparrow + H_2O$$

由于氢氧化钠的碳酸化使铝酸钠溶液不稳定而发生分解,析出氢氧化铝:

$$2NaOH + CO_2 \xrightarrow{\hspace{1cm}} Na_2CO_3 + H_2O$$

$$NaAlO_2 + 2H_2O \xrightarrow{\hspace{1cm}} Al(OH)_3 + NaOH$$

氢氧化铝又会与溶液中的氟化钠反应生成氟化铝,随后即生成冰晶石:

$$Al(OH)_3 + 3NaF \xrightarrow{\hspace{1cm}} AlF_3 + 3NaOH$$

$$AlF_3 + 3NaF \xrightarrow{\hspace{1cm}} Na_3AlF_6 \downarrow$$

14.2.4 烟气湿法净化回收工艺(碱法)

湿法净化回收工艺流程的常规作业主要由三大过程组成:净化过程、回收过程和分离干燥过程,见图 14-1。

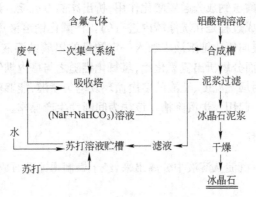

图 14-1 烟气湿法净化回收工艺流程

14.2.4.1 净化过程

电解烟气用碱液洗涤净化烟气中的有害成分,从而获得碱法生产合成冰晶石的原料——氟化钠。

净化过程由三个工序组成:

（1）引风。利用引风机将电解生产过程中产生的烟气,抽送到净化系统中(即洗涤设备下部入口)。

（2）制备纯碱溶液。在具有加热和搅拌条件的溶解槽(化碱槽)中,用水溶液溶解纯碱,并将制备的纯碱溶液用离心泵打入洗涤设备上部。

（3）吸收。吸收是烟气净化中的主要工序。烟气通过洗涤设备与碱液充分接触吸收后,废气经离心气水分离器排放,从而达到净化目的。

吸收过程中,引风机输入净化系统的烟气,自下而上通过洗涤塔内,在与从上至下均匀喷洒的纯碱溶液充分接触过程中,烟气中的氟化氢、二氧化碳、二氧化硫等有害成分不断被碱液吸收。净化后的尾气,经塔顶气水分离器,除去气体中的液滴后排入大气。纯碱溶液吸收氟化氢等成分后,氟化钠浓度不断上升,从塔底流入循环槽中,再用泵打入塔顶返回再次吸收,这样一直循环,直到氟化钠溶液浓度达到控制指标($\rho_{NaF} = 20 \sim 25$ g/L)后,终止循环。

为了保证吸收过程中有较高的净化效率,在操作中根据洗涤塔的类型,控制塔内气流速度(一般空心喷淋塔气流速度为 2 m/s,湍球塔气流速度为 3~5 m/s),同时也要控制碱液的喷淋密度。

14.2.4.2　回收过程

经过净化获得的氟化钠溶液需要合成为冰晶石,才能重新返回电解槽使用。

这个过程主要由两大工序组成:

（1）铝酸钠溶液的制备。在加压密闭反应罐中,将氢氧化铝加入到配制好的氢氧化钠溶液中,经加热搅拌制得。制成苛性比值为 1.3~1.4 的铝酸钠溶液。

（2）合成冰晶石。

合成冰晶石生产可采用碳酸氢钠法或酸化法等工艺。

碳酸氢钠法:该法的合成过程是在合成槽内进行的。合成槽多为混凝土制方形池,内设蒸气加热和搅拌装置。合成时将槽内氟化钠溶液加热到 70℃,充分搅拌,然后缓缓加入一定量的铝酸钠溶液,利用溶液中碳酸氢钠成分起碳酸化作用,析出冰晶石沉淀。该法可连续性进行生产。

碳酸化法:该法的合成过程是在洗涤塔内进行的。将氟化钠溶液用泵打入洗涤塔上部继续循环净化烟气,同时,缓缓向氟化钠溶液中加入一定数量的铝酸钠溶液,由于塔内二氧化碳的作用,使铝酸钠溶液不稳定而分解析出氢氧化铝,氢氧化铝随之与塔内烟气中的酸性成分(NaF)作用合成冰晶石,此时,利用烟气温度、洗液的多次循环及均匀喷淋,能够获得良好的搅拌效果。合成的冰晶石沉淀同溶液一起用泵送沉降槽。该法为间断性生产操作。

14.2.4.3　分离干燥过程

将合成获得的冰晶石沉淀从溶液中分离出来,经干燥制得冰晶石成品,这个过程共有 4 个工序。

（1）沉淀。初步分离冰晶石料浆中的冰晶石固体和碱液。合成槽送来的冰晶石料浆,在沉降槽中沉降,经过 15~16 h 以上静置,比重较大的冰晶石颗粒沉于槽底,形成较致密的沉淀层(称为底流)而与清液分离。底流送泥浆槽过滤,上部清液可利用真空虹吸系统或由泵返回洗涤塔使用。

（2）过滤。将经过沉降浓缩后的底流进行液固分离,获得冰晶石软膏。过滤操作设备是由过滤机及由真空管道相连的真空母液罐组成。过滤时,将泥浆槽中的底流加热到 80℃,用泵送到过滤机过滤,在真空压力差作用下,底流中的碱液经滤布进入真空母液罐,滤液在真空罐内与空气分离后,由母液泵返回洗涤系统使用。而底流中的冰晶石固体则留在滤布表面形成软膏。过滤时要求过滤机的真空度不低于 5.33×10^4 Pa。

(3)洗涤。洗去软膏中所夹带的碱液和冰晶石表面吸附的硫酸钠等杂质。过滤所得到的软膏,经下料斗加入到洗涤槽中,用热水洗涤后用砂泵再送到过滤机过滤分离。

(4)干燥。除掉冰晶石软膏中的附着水分,同时,借助高温将混杂在冰晶石软膏中的部分炭粒烧掉。一般采用逆流式回转窑干燥,操作时,重油经热交换器预热后经齿轮泵,通过窑头喷嘴喷入窑内与空气混合雾化燃烧。冰晶石软膏由窑尾下料口连续下入窑内,在窑内与热空气接触脱水,干燥后的冰晶石由窑头排料口排出,冷却后返回电解槽使用。为保证干燥后成品含水率在1%以下,防止冰晶石在窑头熔化结壳,减少氟的挥发损失,操作中保持窑头温度不超过400℃,窑尾温度不超过200℃。

14.3 电解铝烟气的干法净化

干法净化是指直接用电解铝的生产原料氧化铝做吸附剂去吸附电解铝烟气中的氟化氢等有害成分的净化工艺。具有吸附作用的物质(氧化铝)称为吸附剂,被吸附的物质(氟化氢等)称吸附质。

吸附是指气体分子由于布朗运动接近固体表面时,受到固体表面层分子剩余价力的吸引,而留在固体表面的现象。但是这些被吸附的分子并非永久停留在固体表面,受热就会脱离固体表面,重新回到气体中,这种逆过程就被称为解吸。

吸附分为物理吸附和化学吸附两大类。在吸附剂和吸附质之间,由分子本身具有的无定向力作用而产生的吸附被称为物理吸附。由于产生物理吸附的力是一种无定向的自由力,所以吸附强度和吸附热都较小,在气体临界温度之上,物理吸附甚微。物理吸附时,气体的其他性质对吸附程度的影响较小,吸附基本上没有选择性,吸附剂和吸附质分子间不发生变化,吸附可以是单分子层,也可以是多分子层,吸附速度较快,解吸速度也较快。

但是如果吸附剂具有足够高的活化能,吸附剂与吸附质的分子就会发生电子转移,这个过程就是化学吸附过程。由于进行化学吸附,吸附剂需要足够的活化能,所以化学吸附具有选择性,化学吸附仅限于单分子层的吸附,随着吸附的进行,吸附表面空位减少,吸附速度会明显下降,吸附量的增加将变得缓慢。

要进行吸附过程,首先必须使吸附质与吸附剂之间发生接触。所以影响这种接触几率的因素就会影响吸附的进行。单位时间内碰撞在表面积上的分子数与温度和压力有关。气体压力愈大,温度愈低,碰撞在表面积上的分子数愈多,吸附量增加的几率愈大。因此,当固态氧化铝吸附氟化氢气体时,增加气相氟化氢浓度,降低烟气的温度或至少烟气温度不宜过高,对增加吸附量有重大意义。

吸附净化氟化氢气体,可采用工业氧化铝、氧化钙、氢氧化钙或碳酸钙等作吸附剂。但吸附净化铝电解烟气,采用工业氧化铝吸附剂是最合理的选择,这不仅是工业氧化铝本身的物理、化学性质符合作为吸附剂的条件,而且吸附反应生成物又能满足电解铝生产的要求。

因为在吸附反应中,吸附剂的物理化学性质,对吸附反应的顺利进行和吸附量的多少有直接影响。其中吸附剂氧化铝的粒度粗细对电解生产和吸附净化都有影响。对于电解铝生产过程,氧化铝孔隙多和粒度大,可以加快溶解速度和减少飞扬损失;对于吸附净化过程,粒度大,孔隙多,比表面积大的氧化铝其内部有很多微细孔道,孔隙为吸附分子提供了通道,促进了这些分子能够迅速到达氧化铝内部的机会,有利于对氟化氢的吸附,加大了吸附量。所以,砂状氧化铝对电解烟气的净化能力,比中间状、面粉状氧化铝要好。

当吸附了氟化氢的氧化铝被加到电解质表面时,由于电解槽的保温料层的温度大约在400℃左右,Al_2O_3 的载氟量没有变化,相反是所吸附的氟化氢在此温度条件下转化成稳定的AlF_3 化合物,并没有产生大量挥发现象。在下层高温状态下,即使有少量的水解和升华,也会被上层低温的 Al_2O_3 所吸附。因此,载氟 Al_2O_3 在槽面预热期间,因解析而释放的氟是很少的。这就为干法净化中吸附了氟化氢的氧化铝仍能作为电解铝的原料提供了理论基础。

自 20 世纪 60 年代开发出氧化铝干法净化回收技术后,由于其在整体上具有许多优越性,很快就替代湿法净化回收工艺被广泛的应用在预焙槽烟气净化回收方面。我国的扩建或新建预焙槽的烟气处理均采用了干法净化回收工艺。

干法净化回收工艺之所以逐渐被广泛应用,主要有以下优点:

(1) 流程简单,运行可靠,设备少,净化效率高。

(2) 干法净化回收不需要各种洗液,不存在废水,废渣及二次污染,设备也不需要特殊防腐处理。

(3) 干法净化回收所用吸附剂是电解铝生产的原料氧化铝,不需要专门制备,回收的氟可返回电解生产使用。

(4) 干法净化回收可适用于各种自然条件下,特别是缺水和冰冻地区。

(5) 基建和运行费用较低。

但是,干法净化回收工艺也存在以下缺点:

(1) 净化二氧化硫的效果差。

(2) 原料氧化铝在净化过程中,因多次循环,容易带进杂质。

(3) 吸氟后的氧化铝飞扬较大。

14.3.1　氧化铝和氟化氢的性质

14.3.1.1　氧化铝的性质

电解原料氧化铝主要由 $\alpha\text{-}Al_2O_3$ 和 $\gamma\text{-}Al_2O_3$ 构成。

$\alpha\text{-}Al_2O_3$ 晶格致密,硬度大,密度为 3.9～4.0,吸湿性和反应活性均差。$\gamma\text{-}Al_2O_3$ 晶格不完善,密度较小(3.77),吸湿性和反应活性都较强。$\gamma\text{-}Al_2O_3$ 的反应活性比 $\alpha\text{-}Al_2O_3$ 大十倍,因此,氧化铝中 $\gamma\text{-}Al_2O_3$ 的多少,决定了比表面积的大小和化学活性的强弱,同时还影响氧化铝的粒度,吸湿性和在熔融电解质中溶解速度等性质。可见含有 $\alpha\text{-}Al_2O_3$ 多的氧化铝,其吸附能力要小于含 $\gamma\text{-}Al_2O_3$ 多的氧化铝。

氧化铝的比表面积大小,决定了吸附能力的大小。砂状氧化铝的比表面积比粉状氧化铝的比表面积大得多,所以砂状氧化铝是理想的吸附剂。氧化铝吸附氟化氢的能力常以每 100 g 氧化铝饱和吸附氟化氢的克数来表示。

为满足干法吸附氟化氢的吸附要求,作为吸附剂,氧化铝的比表面积不能低于 25 m^2/g。

由于活性大的氧化铝易吸收空气中的水分,所以如果作为吸附剂,氧化铝则不能储存时间长,最好是新鲜氧化铝。

14.3.1.2　氟化氢的性质

氟化氢无色无味,沸点为 19.5℃,密度 1.2 g/cm^3。氟化氢的负电性很大,氢和氟的原子间键是极性共价键。由于氢和氟的负电性差 1.9 之多(H 为 2.1,F 为 4),所以 H—F 键的极性是相当强的,氢和氟间的成键电子强烈偏向氟的一边。因此,氟化氢具有沸点高,化学活性强,具有同自身以及许多其他化合物进行结合的特性。

14.3.2 干法净化原理

从氧化铝和氟化氢的性质知道,氧化铝颗粒细,微孔多,比表面积大,具有两性化合物的特性,是干法净化回收理想的吸附剂。氟化氢是酸性强,沸点高,负电性大的吸附质。因此,氟化氢很容易被吸附剂——氧化铝所吸附。

从物理化学观点,氧化铝对氟化氢的吸附过程包含如下几个步骤:

(1)氟化氢在气相中不断扩散,通过氧化铝表面气膜到达氧化铝表面。

(2)氟化氢受原子化学键力的作用,形成化学吸附。因为在氧化铝表面上,原子排列成行,这些原子都有剩余价力。当空间的氟化氢气体分子,通过氧化铝表面气膜,接近氧化铝表面时,就会被剩余价力所吸住。

(3)被吸附的氟化氢和氧化铝发生化学反应,生成表面化合物——氟化铝。其反应式如下:

$$Al_2O_3 + 6HF = 2AlF_3 + 3H_2O$$

从上述过程可知,氧化铝吸附氟化氢是化学吸附为主,物理吸附为辅的过程。在吸附过程中,只要提供足够的湍动,使吸附剂与吸附质能充分接触,促进气流扩散并增大传质速率,吸附即可达到很好的效果。所以,在干法净化时,在氧化铝活性已有保障的情况下,关键是要创造有利条件使氧化铝与烟气进行充分接触。

14.3.3 干法净化工艺

由于侧插槽的烟气中还有沥青挥发分,干法净化法对此净化的效果不如预焙槽。所以干法净化回收主要应用于预焙槽的烟气净化。

各预焙电解铝厂的干法净化回收系统设备不尽一样,但基本过程相同,都要经过电解槽的集气、吸附、气固分离、氧化铝输送和排气等几个工序。图 14-2 为预焙槽干法净化设备流程。

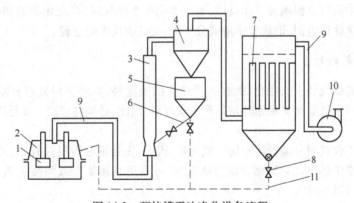

图 14-2 预焙槽干法净化设备流程
1—电解槽;2—集气罩;3—吸附反应器;4—旋风分离器;5—料仓;6—加料管;
7—布袋除尘器;8—料阀;9—烟气管道;10—排风机;11—回料管

铝电解槽 1 的电解烟气由密闭的集气罩 2 捕集,经由烟气管道 9 引入吸附反应器 3(文丘里反应器或 VRI 反应器即"垂直径向喷射装置"),同时,向反应器中,加入一定数量的吸附剂——氧化铝,使气固(氧化铝与烟气)混合接触,进行吸附反应,氧化铝从料仓 5 经加料管 6 连续加入,加料管 6 上装有控制闸阀,控制调整氧化铝的加入量。烟气在喉管处的流速为 14 m/s,氧化铝在反应器 3 中呈悬浮状态,高度分散于气流中,流速为 7 m/s,气固接触时间约 0.8 s,然后进入旋风分离器 4 进行第一次分离,分离下来的含氟氧化铝进入料仓 5,经加料管 6 实现反复循环吸附,亦可排出送电解使用。旋风收尘器排出的含尘烟气进入布袋除尘器 7 中进行最终分离,分离净化后的清洁废气,经由排烟机 10 排入大气。布袋除尘器过滤下来的含氟氧化铝,通过风动流槽返回载氟氧化铝料仓以供电解生产使用。在净化系统中,烟气流的动力均由排风机提供,整个系统均在负压状态下运行。其净化效率:气态氟达 95% 以上,固态氟达 85% 以上,全氟达 90% 以上,除尘总效率达 99% 以上。

干法净化回收的载氟氧化铝全部返槽使用,造成杂质循环,可使原铝中杂质总量增加约 0.04%。因此,在不影响净化效率的前提下,要尽量减少吸附用的氧化铝数量。工业上向铝电解烟气中投入的氧化铝数量称为气固比,在预焙槽烟气净化回收系统中的气固比为 35 ~ 55 g/m³,在自焙槽烟气净化回收系统中的气固比为 45 ~ 80 g/m³。

14.3.4 侧插槽沥青烟气的干法净化

干法净化回收自焙侧插槽烟气工艺流程和原理与预焙槽干法净化基本相同,只是氧化铝对沥青烟气的吸附属物理吸附,不发生化学反应。净化后的吸附料需要经过焙烧,除掉沥青后才能返回电解槽使用。目前在自焙侧插槽上,干法净化并没有被广泛采用,仍为湿法净化。本书对此仅作简单介绍。

14.3.4.1 氧化铝吸附沥青烟气的机理

自焙侧插槽阳极在焙烧过程中,当粘结剂沥青的温度从 140 ~ 150℃ 逐渐上升到 400 ~ 500℃ 时,沥青就会热解,沥青中的低沸点组分首先挥发,从而产生沥青烟雾。软化点低的沥青产生的烟气量多,而高软化点沥青则烟气量将大大减少。

氧化铝对沥青烟气的吸附属物理吸附,要经过以下两个步骤:

(1) 沥青烟气在气相中扩散,呈不规则运动,随着烟气温度降低,沥青烟会冷凝形成气溶胶。

(2) 在扩散中同氧化铝颗粒互相碰撞,通过氧化铝表面气膜,在氧化铝的剩余价力作用下,使沥青烟附着在氧化铝表面,形成分子层或分子团,完成物理吸附过程。

14.3.4.2 吸附料的处理

自焙侧插槽的烟气经干法净化回收后,所产生的吸附料,如果不经处理直接返回电解槽使用,会恶化劳动条件,造成沥青烟循环富集而二次污染,因此,必须经过进一步处理才能返回电解槽。

由于吸附料不但吸附有沥青还吸附有氟化氢,因此,在处理吸附料过程中,要做到既要除掉沥青又要使氟的损失最小。除掉沥青的方法较多:可采用直接加热或间接加热,把沥青驱赶出来;也可采用一次焙烧办法。

通过研究证明,沥青在氧化铝表面呈物理吸附态或凝聚态,是一种易解吸而不易烧除的物质。温度在 300℃ 以上时,沥青会大量析出;400℃ 时沥青已基本解吸完全;550℃ 时解吸则达到最大值。

在烧除过程中,要注意的是:空气量不充足时,沥青可能大量焦化,一旦形成焦粒,烧除温度要在 700℃ 上才可将焦粒烧掉,否则,将增加碳的含量。但是,氧化铝吸附的氟化氢,受热到 300℃ 时,由不稳定形态的化合物转化成稳定的化学结构氟化铝(AlF₃),不容易解吸,在 400 ~ 600℃ 范围内焙烧,含氟氧化铝(吸附料)氟的损失不超过 20%。如果温度超过 600℃,则由于接近氟化铝的升华温度,使氧化铝所含的氟会大量损失。所以焙烧时,要考虑沥青和氟的解吸温度,要严格控制焙烧技术条件在 450～550℃ 的温度,焙烧 10～15 min,这样吸附料氧化铝中沥青残留量只有 0.005%,而氟的损失在 15% 以下。

复习思考题

14-1　电解铝烟气由哪些成分组成,其中有危害的物质是哪类?

14-2　电解铝生产烟气中的有害物质来源有哪些?

14-3　电解铝生产的烟气净化方法有几种?

14-4　电解铝烟气湿法净化的原理是什么,有哪些优缺点?

14-5　电解铝烟气干法净化的原理是什么,有哪些优缺点?

15　氧化铝的输送

氧化铝是铝电解中贮存输送量最大的一种原料,以前,电解铝厂都是采用皮带输送,小车供料,天车供料及人工料箱加料等落后的、劳动强度大、操作环境差的输送方式。随着铝工业朝着自动化、低成本和低能耗的方向发展,各铝厂对氧化铝输送技术要求越来越高:一是要求输送设备运行可靠、造价低廉、维护费用低;二是自动化程度高;三是能耗低;四是密闭性好,无泄漏。而先进的气力输送技术具有配置灵活、密闭性好、输送效率高、运行及维护费用低、不干扰其他工艺作业等优点,正好能满足这些要求。目前气力输送技术已广泛应用到电解铝生产厂家。

氧化铝的气力输送包括稀相输送、浓相输送、斜槽输送和最先进的超浓相输送技术。

15.1　稀相输送

稀相输送技术属气力输送中的动压输送技术,在输送过程中压缩空气的动能传递给被输送的物料,使物料以悬浮或集团悬浮的状态向前流动。由于是靠动能转换传递能量和悬浮态输送,要求风速较高,在能量传递过程中也会因此损失部分能量,加上悬浮颗粒及颗粒与管壁间的摩擦损失,因此能耗高,固气比低,管路磨损快,氧化铝破损严重。因此,稀相输送已逐渐被浓相输送和超浓相输送取代。

15.2　浓相输送

浓相输送技术属气力输送中的静压输送技术,浓相输送在输送过程中不同于稀相输送,它是直接利用压缩空气的静压能来推动物料,且物料是以非悬浮态栓状流动,因此要求的风速低,不存在能量传递和颗粒间的摩擦损失,因此能耗、管壁磨损和氧化铝破损均比稀相输送低。另外,浓相输送还具有配置灵活、占地面积小和自动化程度高等优点。但该项技术一次性投资高,维修量大。

15.3　斜槽输送

斜槽输送技术属气力输送中的流态化输送技术,在斜槽输送过程中,首先让低压风通过分配板使槽内物料流态化,使其具有流体的性质,如果流态化以后的物料所受到的下滑分力大于或等于物料流动摩擦阻力,则物料开始向前流动。在斜槽输送中低压风只起到使物料流态化的作用,而不负责推动物料流动,因此需要的风压、风速都很低。另外物料间及物料与槽壁间不发生强烈的摩擦,所以在能耗、颗粒破损、对槽壁的磨损上都比稀相和浓相低,但是占地面积大。

15.4　超浓相输送

超浓相输送技术是继皮带输送、稀相输送、浓相输送、斜槽输送技术之后发展的一种先进、高效、节能、环保的粉状物料相输送技术,是 20 世纪 90 年代初国际上开发成功的一种新的输送技术,它完全克服了斜槽输送技术在排风布置上的缺点,非常适用于电解铝生产的供料特点,目前已广泛应用于改建和新建铝厂。

超浓相输送是利用物料在流态化后转变成一种固-气两相流体,再根据流动压能和静压能转化原理,使物料在输送槽内进行输送,从而达到向电解车间输送物料的目的。因此超浓相设备的输送物料过程需要经过两个阶段来完成:一是使物体流态化;二是物体流态化以后必须具有一定的压力差,才能使物体流态化后向前推进。

在超浓相输送过程中,首先低压风通过分配板使槽内物料流态化,使其具有流体的性质,同时沿输送方向建立起料柱差,当料柱差产生的动力足以克服流体流动的摩擦阻力时,流态化的物料就向前流动,完成输送任务。在超浓相输送中低压风除完成物料流态化外,还促使物料建立起不同高度的料柱,但低压风并不负责直接推动物料流动的工作,而是利用沿程阻力损失所产生的压力梯度完成输送工作,不额外增加能量。因此除具有斜槽输送的优点外,还克服了斜槽输送的倾斜布置所带来的占地面积大的缺点。

氧化铝超浓相输送系统主要有以下优点:

(1) 设备简单可靠,寿命可达 20 年以上。

(2) 氧化铝流速低,仅为 0.1~0.3 m/s,无氧化铝破损。

(3) 无活动机械部件,维修费用低。

(4) 占地小,投资小,耗能低。

(5) 低压风源,普通风机即可满足要求。

(6) 自动化程度高。

超浓相输送设备系统的主要故障为:

(1) 载氟氧化铝内有杂质。载氟氧化铝内杂质较多,如沙子、载氟物结白垢等。在沸腾板上集结过多,得不到及时清理而形成阻力层使物料不沸腾,形不成流态化,造成供料中断。

(2) 气室进料。因透气板老化、溜槽法兰接头或沸腾板处理不妥当造成气室进料,在某一段造成供风中断使物料不形成流态化,造成供料困难。

(3) 减压阀故障。气源中断造成物料不沸腾,形不成流态化,因其不能直观判断往往造成停料时间过长,影响供料。

(4) 末端槽料位不能正确判断。末端槽料位显示光电开关,因长时间运行表面堆积氧化铝,造成料位不能正确显示,影响供料时间,要进行定期清理确保正确指示。

(5) 运行中局部磨损出现泄漏。超浓相输送是利用风压来促使物料输送的,溜槽局部经常出现磨损,钢板磨穿,氧化铝抛撒,污染了环境,也造成极大浪费,利用点焊或气焊容易造成透气板损坏。

对故障的处理:

(1) 载氟氧化铝粉中含有沙子及其他杂质,在输送过程中,沙子及杂质会沉到溜槽底部,附在沸腾板上,影响透气量,导致设备不能正常运行,应在输送溜槽前端装一套滤网装置能自动将沙子及杂质除去,确保输送系统长期稳定运行。

(2) 电解槽上部圆形溜槽改为方形溜槽,并加装排气装置。电解槽上部溜槽为圆形溜槽,这种溜槽从理论上和实践中都证明输送阻力大,排气性能不好,容易堵料,维修也比较麻烦。方形装置,输送阻力小,输送速度快,不易堵料,便于维修。

(3) 每节气室为单独供风系统,其供风压力靠减压阀进行调节,但其没有监控装置,供风压力只能凭经验进行定性调整,不能进行定量调整,在某一段一旦发生减压阀故障将影响供料工作。应将每个独立气室加装压力表进行直观监控,发现问题能及时处理,方可保证电解槽的正常供料。并在溜槽上合理增加快开孔,快开孔与观察孔相对应,发现该段压力不正常,就可判断为溜槽内杂物过多,这样可对内溜槽所堵沙子及杂质及时清理,保证电解槽正常供料。

(4) 增加溜槽长度,减少溜槽法兰接头,改造压板质量,减少死区数量,加快打料速度,降低能源消耗。超浓相输送运行阻力除了与供风风压调整有关外,还与溜槽接头法兰接头压板数量有关,因为每节溜槽两端有一个 40 mm 宽的钢制压板,这样溜槽两端压板处就不能透气,成为死区。两根溜槽联接处死区为 80 mm。氧化铝走到死区就不能流态化,这样的死区越多,阻力增加,建议将钢制压板做成滤网式压板来减少供风死区,从而使运行阻力相应减少,使输送速度加快。

（5）应定期进行料位开关的清理工作,确保末端槽能正常供料。每区中间增加 3~5 个电解槽末端料箱料位开关,综合各种因素判断供料情况。提高超浓相供氧化铝自动化控制水平,实现风压平衡、配料准确、计量可靠、控制方便、降低人员劳动量、及时供料。

（6）严格执行操作维护规程,加强巡视,定期检修,把隐患消灭在萌芽之中。要备好溜槽、调节阀、透气板等备件,准备好倒链、千斤顶等专用工具,一旦发生供料中断问题,在最短 3~4 h 内进行修复,确保电解槽连续供料。

复习思考题

15-1　电解铝生产对氧化铝输送有哪些要求?

15-2　电解铝生产中氧化铝输送的方式有几种?

15-3　超浓相输送设备系统的故障处理有哪些方法?

16 原铝质量

16.1 原铝质量

16.1.1 原铝中杂质的构成

由电解槽生产出的液体铝,根据所用原料品位的纯度和操作仔细程度的差异所含的主要杂质有所不同。

原铝中的杂质可分为以下三类:第一类是金属元素,如铁、硅、铜、钙、镁、钛、钒、硼、镍、锌、镓、锡、铅、磷等,其中主要杂质元素是铁和硅;第二类是非金属固态夹杂物,氧化铝、氮化铝和碳化铝;第三类是气体,有 H_2、CO_2、CO、CH_4、N_2,其中主要是 H_2。原铝中气体组成如下:H_2 53% ~ 59%;CO_2 2.5% ~ 3.0%;CO 约 20%;CH_4 约 2.5%;N_2 约 3.5%。表 16-1 为铝液中各种金属杂质的含量。

表 16-1 铝液中各种金属杂质的含量(%)

杂 质	含 量	杂 质	含 量
Zn	0.0003 ~ 0.002	Na	0.001 ~ 0.008
Ti	0.002 ~ 0.007	Mn	0.001 ~ 0.007
Cr	0.00035 ~ 0.00157	Mg	0.001 ~ 0.007
V	0.0007 ~ 0.006	As	约 0.0001
Ga	0.006 ~ 0.01	Bi	约 0.00002
Pb	0.0008 ~ 0.0022	Cd	约 0.000001
Sn	0.0002 ~ 0.0004	S	约 0.0007
Ca	0.002 ~ 0.003	Cu	0.005 ~ 0.007

16.1.2 原铝中杂质的来源

原铝中杂质来源有以下几种途径:

(1) 从原料如氧化铝、炭素阳极、氟化盐中带入。

(2) 操作用铁制工具在高温下熔化而进入铝液中。

(3) 操作管理不当,引起阳极钢爪熔化而使铁进入铝液中。

(4) 炉底破损,阴极方钢熔化和筑炉材料(耐火砖等)中的铁硅氧化物被铝还原而使杂质进入铝液中。

(5) 车间卫生不好,风沙尘土进入槽中。

(6) 铝液中气体的来源是因为在电解冶炼过程中,由于高温的作用,铝与碳和空气中的氮发生化学反应,以及阳极气体(一氧化碳和二氧化碳)溶解在铝液中,使铝液受到污染。原铝中的氢和氧化铝来自水汽与铝的反应:

$$3H_2O + 2Al(液) \longrightarrow Al_2O_3 + 6[H]$$

所产生的原子氢极易被铝液吸收,而氧化铝由于颗粒细微,密度与铝差不多,不易从铝液中分离出来,从而使铝液中含有氧化铝。铝液在高温下搁置时间过长,也会吸收氢气,而且铝液吸氢几乎与温度成正比。表16-2为氢在铝内的溶解量与温度的关系。

表 16-2　氢在铝内的溶解量与温度的关系

温度/℃	660	700	750	800	850	900	1000
溶解量/cm^3·(100 g)$^{-1}$	0.65	0.86	1.51	1.56	2.01	2.41	3.9

从表16-2中可以看出,温度越高,氢的溶解量越高;温度降低,氢的溶解量也降低。

16.1.3　原铝的质量控制

要提高原铝质量,在生产中就要做到:

(1)要把好原料质量关,坚持使用符合国家标准和行业标准的原材料。

(2)严格操作管理,避免铁硅等杂质由于操作失误而进入槽内。

(3)在阳极更换或处理电解槽异常情况时,铁制工具如大钩大耙等不得在液体电解质或铝液中浸泡太久,发红变软后应立即更换,以免出现熔化而污染原铝。提高阳极更换质量,准确无误设置阳极精度,尽量避免因设置不准确出现熔化钢爪,使熔融铁水进入槽中。

(4)要掌握好电解槽各项技术条件,尤其是电解质水平,防止电解质水平过高而浸泡即将更换的低阳极钢爪引起熔化。随时检查阳极行程情况,防止因阳极掉块脱落而熔化钢爪。

(5)中间下料预焙槽的打壳锤头也可能因长期磨损而脱落掉入槽中。因此必须随时观察运动部件的磨损情况,及时更换,掉入槽内的必须及时拿出。

(6)避免病槽的产生。原料中的杂质有相当多部分沉积在炉膛边部的电解质结壳中,对正常运行的电解槽,炉膛稳固,这些杂质不会进入液体铝中,但一旦电解槽变热,造成炉膛熔化,沉积在边部结壳中的杂质便会进入液体电解质中,随着电解的进行最终进入铝液,引起原铝中杂质含量升高。

(7)电解槽底部一般会有不同程度的裂纹,在电解槽正常运行时,这些裂纹被沉积物所填充并固化,在一定程度上起着保护炉底的作用,但电解槽处于热行程时,高温使这些沉积物熔化,裂纹会继续扩展并加深,穿透底部炭块而引起阴极方钢熔化,而且通过裂缝进入的铝液会还原耐火材料中的铁、硅氧化物,使铁硅进入铝液,使其杂质含量升高。所以,电解槽建立起稳定的热平衡,保持正常运行,不仅可以高产低耗,而且铝质量有保证。

(8)电解厂房的整洁,也是保证原铝质量的重要条件之一。生产中应保持厂房干净,地坪完好,墙壁、窗户完整,防止尘土进入槽内污染原铝。

因此在生产中把好原材料质量关,严格管理各项技术条件,保持高水平操作质量,使电解槽运行稳定,保持厂房内清洁,不仅可获得良好的生产技术指标,还能获得品级良好的原铝。

16.1.4　原铝的质量标准

非金属杂质及气体杂质的存在将会对铝的加工质量及产品性能有较大影响,如溶解的氢会在铸锭时造成气孔、夹渣等铸锭缺陷。所以铝液在铸造之前需要净化除杂,才能得到符合标准的铝锭。原铝的国家质量标准见表16-3。

表 16-3 重熔用铝锭（GB/T 1196—2002）

牌 号	Al/%（不小于）	化学成分（质量分数）/%							
		杂质/% （不大于）							
		Fe	Si	Cu	Ga	Mg	Zn	其他	总和
Al99.90	99.90	0.07	0.05	0.005	0.020	0.01	0.025	0.010	0.10
Al99.85	99.85	0.12	0.08	0.01	0.030	0.02	0.030	0.015	0.15
Al99.70A	99.70	0.20	0.10	0.01	0.03	0.02	0.03	0.03	0.30
Al99.70	99.70	0.20	0.12	0.01	0.03	0.03	0.03	0.03	0.30
Al99.60	99.60	0.25	0.16	0.01	0.03	0.03	0.03	0.03	0.40
Al99.50	99.50	0.30	0.22	0.02	0.03	0.05	0.05	0.03	0.50
Al99.00	99.00	0.50	0.42	0.02	0.05	0.05	0.05	0.05	1.00

16.2 铝液净化

原铝中所含的金属杂质,只能在电解铝生产环节进行控制。况且这些金属杂质控制在一定范围之内,还能改善铝的性质,因此净化过程并没有去除这些杂质金属的必要,况且这些金属杂质(除少部分金属元素外)也不能用一般净化方法除去或减少。所以,原铝净化就是去除铝液中的各种非金属杂质及气体,以获得较为纯净的铝液作为铸锭用料,因此有时也把它叫做精炼过程。

原铝的净化方法有气体净化法、熔剂净化法、熔体过滤法及其他精炼方法。这些方法各有优缺点,要根据实际加以选择,可单独使用,也可联合使用。

16.2.1 降温除气法

从电解槽里取出的铝液,温度很高(850℃左右),比较浑浊,当真空包内的铝液向开口包转倒时,冒出雾状白烟,说明高温铝液在降温和搅拌过程中,混入铝液中的氟化盐的一部分变为气体从铝液中逸出。当铝液抬包运入铸造厂房后,可以在里面加适量的固体锭(同质量的或配料用的中间合金锭)来降低铝液温度,然后充分搅拌,使包内铝液温度均匀一致,使气体的溶解量降低,这样能使铝液中的一部分气体很快逸出,但除去的气体数量不多。

16.2.2 搅拌和静置除气除渣法

铝液可在开口包内或倒入混合炉内进行适当时间的静置,利用铝液与夹杂物之间的密度差,使铝液中夹杂的氟化盐和炭渣以及气体等一些杂质有机会升到铝液表面,氧化铝颗粒沉降下来而得到澄清净化。有时在静置的铝液表面,可以见到一层极细的黑色物质或灰白的细粉状物;有时在清除开口包的铝渣时,会闻到一股强烈的臭味,这说明静置能使铝液中的非金属杂质上升或下沉。一般来说除细微的悬浮颗粒外,大部分非金属夹杂物会得到去除。静置时间约需 0.5 ~ 1 h。

在铸造过程中,有时见到铸锭表面麻点很密很多(细孔),这是熔体中的气体造成的。消除这种现象的方法是在铸锭前把铝液搅拌数分钟,再静置片刻,就能减轻。因为搅拌使处在铝液底部的不易出来的气体转到铝液上层,逸出压力减小,加速了气体自铝液中逸出的速度。

16.2.3　凝固—再熔净化法

该法是将前述两法结合起来的净化法,只是将温度降到了铝的熔点以下,因为氢在固体铝中的溶解量极小,并利用降温过程的长时间静置使氧化铝颗粒沉降下来。采用此法可以除去铝中所含的氢和氧化铝夹杂物。但熔化成铝液后,要避免高温。由于该法要耗费大量能源并且铝的损耗大,所以此法一般不用。

16.2.4　氮—氯混合气体净化法

气体净化法有用纯氯,纯氮和混合气体进行净化的几种方法。

用纯氯净化效果较好,但劳动条件不好,对设备有腐蚀作用,并且污染环境。用纯氮(99.9%以上)作为净化气体,对大气无污染,且净化处理量大,每分钟可处理200~600 kg铝液,净化过程中造成的铝损失量相对减少,但是净化效果不及前者。目前这两种净化方法都已废弃,而采用了混合气体净化工艺。

用含氯10%~20%,余量为氮的混合气体,通入铝液中进行净化。图16-1为氯气除气过程示意图。该法净化原理如下:

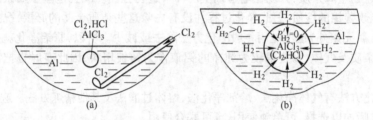

图 16-1　氯气除气过程示意图
(a) 吹入氯气时形成的气泡;(b) 氯气除气过程

(1) 混合气体通入铝液中后,氯与铝反应生成氯化铝(沸点178~183℃)气泡并和氮的气泡同时存在,因为这两种气泡内不含氢气,而铝中存在氢气,因此,利用分压扩散原理,铝液中溶解的氢原子就有向这些气泡扩散并进入气泡的可能,当气泡从铝液中逸出时,就带着氢气升到铝液表面,从而进入大气。

(2) 溶解的氢也会与氯作用变成氯化氢气体逸出。也使氢气进入空气中。

(3) 气泡对铝液中悬浮的细小氧化铝、碳化铝、碳粒等非金属夹杂物,也有浮选去除的作用。因为气泡表面有吸附氧化铝夹杂物的能力,随着气泡在铝液表面消失,夹渣也被带至铝液表面。

(4) 氯气还能氯化比铝负电性的元素(如钠、钙、镁等),而生成相应的氯化物得到去除。其中生成的氯化镁是一种有效的除气剂和精炼剂。但不能氯化铁、铜、锌等金属杂质。

氮—氯二元混合气体净化法优点是:

(1) 混合了两者的优点,使氯气的危害降低。

(2) 保留了氯气化学除气的优点。

氮—氯二元混合气体净化法缺点是:

(1) 净化时间长,生成的渣较多。

(2) 混合气体所含有的少量氧会在气泡与铝的界面上形成氧化铝膜使氢不易进入气泡内,从而降低除气效果。例如含氧为0.5%和1.0%,除气效果分别下降40%和90%。

(3) 氮—氯二元混合气体的净化效果,在吹气量相同时,只有纯氯的三分之一。

为改进氮—氯二元混合气体净化法,采用氮—氯——氧化碳三元混合气体净化法除气,得到的效果更好。三元气体的组成平均为氮74%,氯15%和一氧化碳11%。混合气体中一氧化碳的作用在于夺取混合气体中的氧成为二氧化碳,使混合气体对铝呈惰性;氮的作用是稀释氯,以改善劳动条件。用三元混合气体精炼的时间比用氯精炼的时间要短(用氯精炼的时间一般为10~15 min),精炼的温度为730~780℃。

16.2.5 熔剂净化法

16.2.5.1 熔剂的组成

熔剂净化是利用加入铝液中的熔剂形成大量的细微液滴,使铝液中的氧化物被这些液滴湿润吸附和溶解,组成新的液滴升到表面,冷却后形成浮渣除去。

熔剂可分为精炼剂和覆盖剂两大类。用于净化除气渣的熔剂统称为净化剂,用于防止熔体氧化烧损及吸气的熔剂称为覆盖剂。如生产铝合金时,不同的铝合金所用的精炼剂和覆盖剂不同,为此,应根据合金和用途的不同选择恰当的熔剂。

对用于净化铝及铝合金的熔剂有如下要求:

(1) 熔点应低于铝及铝合金的熔化温度。

(2) 密度应小于铝及铝合金的密度。

(3) 表面张力小、活性大、对氧化渣有很强的吸附能力,能吸收、溶解熔体中的夹杂物,并能从熔体中将气体排除。

(4) 不应与金属及炉衬起化学作用,如果与金属起作用时,应只能产生不溶于金属中的惰性气体。但是熔剂不能溶解于熔体金属之中。

(5) 吸湿性要小,蒸气压要低,挥发性要好。

(6) 不应含有或产生有害杂质及气体的成分。

(7) 要有适当的黏度及流动性。

(8) 制造方便,价格便宜。

铝及铝合金一般是利用碱金属或碱土金属的氯化盐或氯化盐的混合物作为净化剂或覆盖剂。依靠这种熔盐使铝中的氧化铝溶于其中,或吸附在它的表面,从而使氧化铝与铝液分离,达到除渣的目的。由于氢气往往吸附于渣表面,因此当除渣的同时,也能减少氢的含量。所用熔剂对铝液中渣的湿润性越好,就愈能吸附渣。氯化钾和氯化钠等氯盐及它们的混合物,对氧化铝的湿润性很好,因此吸附能力强,常被用来作为净化铝及铝合金液的典型氯化盐。表16-4为几种净化剂的成分和用途。表中所配氟化盐的作用是为了调节黏度与溶解度。熔剂的用量为铝及铝合金量的0.3%~0.6%。

表 16-4　几种净化剂的成分(%)和用途

序号	NaCl	KCl	Na_3AlF_6	Na_2CO_3	NaF	MgCl	熔点/℃	用途
1	75		25				725	覆盖
2	60	25	15				660	净化
3	35		50	15			743	净化
4	45	45			10		600	净化
5	33	33				34		铝镁合金净化
6	40	40	10			10	600	铝镁合金净化

16.2.5.2　熔剂的制备及使用

将所用盐类按比例配好,入炉(煤气炉、油炉和坩埚炉等)熔化,均匀混合,浇铸成块,放在干燥室保管。如果作为净化剂,则在使用前打碎至 20～50 mm 大小,在 200℃的干燥炉内预热 2 h,使用时装在铁筋制的笼子中浸入混合炉底部铝液中来回搅动,至熔剂化完后取出铁笼,静止 5～10 min,捞出表面浮渣即可浇铸。如果是作为覆盖剂,则在使用前碾磨成小于 1.5 mm 的粒度,根据需要将熔剂撒在表面上起覆盖作用。因熔剂都易吸收空气中水分,受潮的熔剂不能用,要干燥后再用。

16.2.5.3　无毒精炼熔剂

用氯化盐精炼的缺点是产生刺激性气体,腐蚀电阻丝,操作条件恶劣,因此有的精炼采用无毒精炼熔剂。表 16-5 列出了几种无毒精炼熔剂的配方。

表 16-5　无毒精炼熔剂配方

序　号	成　分/%								用量/%
	$NaNO_3$	KNO_3	C(石墨粉)	C_2Cl_6	Na_3AlF_6	Na_2SiF_6	NaCl	耐火砖粉	
1	34		6	4			24	32	0.3
2		34	6	4			24	32	0.3
3	34		6		20		10	30	0.3
4		40	6		20	20	14		0.3
5	36		6				28	30	0.5

无毒熔剂的制备:先把各种组分分别彻底烘干,过筛混合,压成圆饼或圆柱,精炼时用工具把无毒熔剂压入铝液中,操作同前法。在铝液中无毒熔剂产生下列反应:

$$4NaNO_3 + 5C \longrightarrow 2Na_2CO_3 + 2N_2 \uparrow + 3CO_2 \uparrow$$

N_2 和 CO_2 都不溶于铝中,上浮中起净化除气作用;耐火砖粉在铝液中烧结成块或粉状物,因密度低,很快浮出铝液表面,$NaNO_3$ 和石墨粉全部烧掉。无毒熔剂中的氟硅酸钠和冰晶石粉既起净化作用又起缓冲作用,加食盐是起缓冲作用,防止反应过快。

无毒熔剂配比可根据情况作调整,反应过慢时,可增加 $NaNO_3$ 和石墨粉的用量;反之则应增加耐火砖粉和食盐的用量。

16.2.6　过滤与吹气联合净化法

在炉内利用惰性或活性气体净化铝液在实践中存在着以下问题:一是在炉内通气因面积大,气泡上升太快,气体分配很难均匀;二是大量应用熔剂后造成劳动条件恶劣和环境污染;三是净化后的铝液在转注过程中由于急速的铝液流不断冲破迅速形成的氧化膜,使铸锭增加了夹渣的可能性。而炉外过滤—吹气联合净化法即可改善这种炉内净化的缺陷。

炉外过滤—吹气联合净化法是以氧化铝球粒和石油焦作为过滤层或以微孔陶瓷管过滤,同时通入混合气体的净化方法。该法能使铝液与过滤层有较大的接触面积以及铝液通过过滤层时会产生涡流,提高了净化效率。图 16-2 为氧化铝作过滤层的铝液连续净化装置;图 16-3 为微孔陶瓷管过滤的铝液连续净化装置。

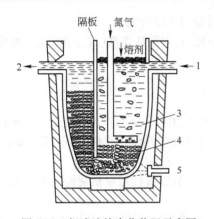

图16-2　铝液连续净化装置示意图
（氧化铝作过滤层）

1—铝液入口；2—铝液出口；3—耐火材料坩埚；
4—刚玉球；5—燃烧器

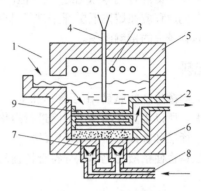

图16-3　铝液连续净化装置示意图（微孔陶瓷管过滤）

1—铝液入口；2—铝液出口；3—加热元件；4—热电偶；5—加热盖；
6—过滤箱；7—多孔透气砖；8—气体吹入管；9—微孔陶瓷管

16.2.7　玻璃丝布过滤净化法

玻璃丝布过滤净化法是用玻璃丝布放在铝液快要流入铸模的通道上，使夹杂物受到机械阻挡而过滤的方法。该法结构简单，制造方便，能除去比玻璃布孔眼大的渣粒，但小于孔眼尺寸的渣粒则不能被除去。玻璃丝布孔眼尺寸越小，过滤效果越好。采用这种过滤法时应注意因玻璃丝布熔点低，铝液温度不能太高，并且放置的玻璃丝布要避免铝液直接冲击，尽量放在铝流平稳的地方。

16.2.8　铝液净化工艺

16.2.8.1　净化温度的控制

金属熔体黏度愈高，除气除渣就愈困难。而其黏度则决定于金属熔体的温度及化学成分。铝液净化时，提高温度可使其黏度降低。但同时熔体的吸气量随温度的升高也会增加。所以，为达到较好的净化目的，净化温度不宜太高。

在熔炼炉中，净化温度控制在熔炼温度范围内即可。

在静置炉内，净化温度的控制以铸造温度的上限作为净化温度的下限，以铸造温度的上限加15℃作为净化温度的上限。

16.2.8.2　熔剂用量和吹气量

熔剂用量一般3～5 kg/t铝。

用氮—氯混合气体净化时，一般每吨金属用量不少于0.75 m³。

熔剂用量及气体用量应根据具体条件有所变化，如在潮湿地区和潮湿季节，则用量要大一些。

16.2.8.3　净化操作时的注意事项

（1）熔剂在使用前应进行干燥，烘干温度应在250～300℃范围内，干燥时间不少于4 h。

（2）熔剂粒度为50～80 mm。

（3）用氮—氯混合气体净化时,其气泡应当细小,熔体翻腾不应过大。

（4）净化过程应在熔体下层开始进行,同时不应存在死角,以保证熔剂（或净化气体）与被净化的熔体有较大的接触面积。

16.3　配料

每个电解槽生产的原铝,由于管理和生产工艺操作等方面的原因,所生产出铝的化学成分有时差异很大。所以铝液在浇铸之前除进行净化之外,还要进行配料操作。配料所要达到的品级是按照国家标准和客户的要求来确定的。

另外配料也使铝液的化学成分符合铸锭的工艺要求,因为铸铝线锭要求铝液的铁硅比大于1。

配料的准备工作在出铝之前就要开始进行。铸造车间要根据当天出铝槽的铝液分析,计算好配料所需要的出铝顺序,然后通知电解车间根据安排好的出铝顺序进行出铝,以满足配料。

配料有液体配料和固体配料两种方式。主要进行铁、硅含量的配料。

16.3.1　液体配料

液体配料是指把不同品位的原铝液混在一起,以达到能铸成预期品位铝锭的配料。混合方法有两种:在抬包内混合与在混合炉内混合。

配料时按下述公式进行:

$$需要配入铝量 = \frac{A - B}{C - A} \times W$$

式中　A——要求达到的杂质含量,%；

B——铝液本身已有的杂质含量,%；

C——配入铝液中的杂质含量,%；

W——需要配料的原铝液量。

在进行配料时,不考虑铝含量,只考虑杂质含量。根据经验,当作为配入铝的含铁量高于含硅量时,可只计算铁量,而硅量不会超过标准。当作为配入铝的含硅量高于含铁量时,可只计算硅量,而铁量不会超过标准。当含硅量和含铁量差不多时,就要考虑到铁硅含量的总和。

16.3.2　固体配料

由于生产情况的复杂性,简单的将液体铝进行混合有时并不能满足配料要求,例如铝线锭就要求铁含量要比硅含量高。所以生产上有时为达到提高铁硅比或者处理等外铝的目的,往往将先做成的含铁5%的 Al-Fe 中间合金锭（或低品位的固体铝）配入到液体铝中,这种配料就是固体配料。固体配料法用在铝线锭和铝合金锭的生产上。配料公式与前述公式相同。

例如,有5 t铝液,经分析其铁含量为0.05%,硅含量0.1%,为满足铝线锭铁比硅高的要求,需配入多少铁含量为5%的中间合金才能使配料后的铝液铁含量为0.25%？

直接代入配料公式:

$$\frac{0.0025 - 0.0005}{0.05 - 0.0025} \times 5000 = 210.5(\text{kg})$$

需配入铁含量为5%的中间合金210.5 kg。

复习思考题

16-1　原铝的杂质有哪几类,它们的来源途径有哪些?

16-2　铝液的净化方法有哪些?

16-3　氯气、氮气在气体净化铝液方法中的作用是什么?

16-4　为什么铝液在浇铸成铝锭之前要进行配料,配料方法有几种?

17 铝锭铸造

电解槽电解出来的铝液一般被浇铸成工业用铝锭和电工用铝线锭,然后出售。工业用铝锭为中间产品,不能直接应用,只能作为工业原料,客户需要重新熔化。所以国家标准(GB/T1196—93)称工业用商品铝锭为"重熔用铝锭",而"铝锭"只是习惯叫法。国际上把含 99.7% 铝的"重熔用铝锭"称为"标准铝"。重熔用铝的规格是 15~22 kg(人工堆垛为 15 kg,堆垛机自动堆垛为 20~22 kg),铝锭的正面有熔炼号(批号)的钢印和检印,背面有商标,锭的端部按照级别不同印有标记。Al99.7% 以上标有一条白色铅油记号;Al99.6% 标有两条白色铅油记号;Al99.5% 标一条红色记号,Al99% 标两条红色记号,Al98% 标三条红色记号。

17.1 铸锭的结晶过程

物质处于固体状态时有两种不同的原子排列结构。一种是原子排列有序的,叫晶体如金属;一种是原子排列无序的叫非金属如玻璃。

液体金属开始凝固时,总是靠近温度最低的地方如边角开始凝固,如果液体金属中有细微颗粒的杂质存在,也会在这些颗粒周围开始凝结。液体金属凝固的过程,就是金属结晶的过程。

结晶时如果没有细微的颗粒作为结晶核心,凝固就慢,所得的晶粒粗大;而细微的核心多,晶粒就细小。形成的晶粒形状分为三种:树枝状晶体、细小的等轴晶体和粗大的等轴晶体。

17.1.1 重熔用铝锭的结晶过程

铸锭属于平模浇铸,当铝液注入铸模后,由于模底和模壁温度较低,因此靠近这些地方的铝液先凝固,凝固(结晶)的方向由模子的底和壁处向中心和上面发展,最后凝固的地方就在铸锭的上部表面中间,见图 17-1。铝从液体变为固体,体积收缩,因此铝锭最后凝固的地方会出现收缩,留下一条沟形缩陷。铝锭各部位的凝固时间和条件不尽相同,因而其化学成分也将各异,但其整体上是符合标准的。液体金属在凝固时会放出很多热量。

铝液凝固的收缩率大致占 6.5%(体积)。如果铝液内含有大量氢气,在凝固时逸出会在铝锭表面形成气孔。

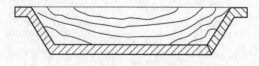

图 17-1　普通铝锭凝固等温线示意图

17.1.2 铝线锭的结晶过程

用半连续铸造法浇铸铝合金锭时,铝液一进入结晶器,在结晶器内表面和底座附近的铝液先开始凝固,由于中心与边部冷却条件不同,结晶是以中间低四周高的形式进行,而与液体铝相隔,中间有一个半凝固的过渡层。以后底座下降,形成外壳,直至凝固部分退出结晶器,而铝液不断从上部进入结晶器中,结晶器的凝固过程继续进行。已退出结晶器的固体铝部分直接与冷却水接触,则固体铝部分本身就成为传递铝液热量的导热体,液体金属结晶的方向由于受到周围冷却水与铸锭本身冷却的结果,是斜向往上和中心发展的,最后凝固的地方处于铸锭轴向中心线上。由于凝固时铝液不断补充,所以铸锭无收缩孔。但是在中心附近,热的传导差,结晶的方向性降低,成为粗大晶粒,使组织疏松。在半连续铸造中,浇口始终保持一个孔穴,一直到铸锭结束。铸造的技术条件改变,孔穴的深度也随之改变。图 17-2 为铝锭结晶方向和孔穴情况。

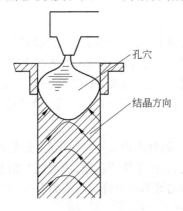

图7-2　铝锭结晶方向和孔穴情况

17.1.3　影响铸锭结晶的因素

17.1.3.1　冷却温度

冷却速度对铸锭结晶起决定性的影响。铸锭冷却速度缓慢,易得粗大的球状晶粒;冷却速度迅速,晶粒就细小,即获得细密的柱状组织。但是冷却速度有一个极限,到了一定限度,即使冷却水量再增加,冷却速度也不能再提高。

17.1.3.2　浇铸温度

浇铸温度对铸锭的质量影响非常大。较低的浇铸温度,易获得细小的晶粒组织,而过高的浇铸温度,易获得粗大的晶粒组织。但是浇铸温度不能过低,过低的温度会引起金属液的流动性不好,而且浮渣不易分离,并使操作困难。

17.1.3.3　浇铸速度

浇铸速度就是铸锭退出结晶器的快慢程度。浇铸速度慢,也就是铸锭退出结晶器速度慢,这样,孔穴就变得平坦,铸锭自下而上冷却的方向性也强,易获得细密的结晶组织。过快的浇铸速度,由于铸锭的热传导有一个极限,反而使中心部分温度升高而使晶粒变得粗大。

17.1.3.4　变质剂的作用

通常为使晶粒细化,有意地在铝合金中加入一种变质剂(如钛),在电工用铝中加入硼,使结晶组织细密。但电工用铝中不宜加入钛,因为会使合金电阻增高。

17.1.4　铸锭的偏析、裂纹和气孔

17.1.4.1　偏析

铸锭偏析是指凝固后的铸锭,其内部各点成分不均匀。多发生在铝合金锭的铸造中。

A　晶内偏析

铝线锭由于杂质较少,晶内偏析并不显著。主要存在于铝合金锭的铸造中,由于铝合金锭在凝固时存在着较大的半凝固区域,使先凝固的晶粒会富集某一种元素,从而产生晶内偏析。它影响着下一步加工制品的强度。消除的方法是把铸锭均匀化加热,使成分富集的元素,向缺少该元素的部分扩散,达到均匀化的目的。

B　重力偏析

由于铝液内含有密度比铝大得多的元素(铁、钛),在静置的时候,这些较重的元素下降到底部,造成上面和下面合金成分不匀,叫作重力偏析。因此在浇铸这些合金时要充分搅拌,浇铸要迅速。在半连续法生产铝线锭时,也经常发现开始铸造的铝液成分的含铁量,比最后铸造的铝液成分的含铁量要高0.02%(由固定式混合炉铸造)。铝合金相差则更为悬殊。

C　逆偏析

当铁量比硅量大时,铝线锭表面就出现云片状浮出瘤,这是铁元素富集的现象,它的生成原因是当铝液在结晶器内生成硬壳后,由于体积收缩,使薄壳与结晶器壁之间形成空隙,热传导性很快降低,薄壳温度回升,使富铁的低熔点成分的铝液渗出,遇冷重新凝固所致。

17.1.4.2　裂纹

这里所说的铸锭裂纹,主要是指由半连续铸造法生产的铝线锭内部裂纹。这些铸锭比较柔软,明显的外部裂纹几乎没有。当铸造速度比较快的时候,铝线锭会出现中心裂纹,有时甚至从底部裂到头,这是因为这种方法浇铸铝锭,最后结晶区汇集在中心线附近。快速铸造时浇孔加深,侧部冷却加强而中心部分冷却减弱,中心区的收缩应力加剧,因此脆弱的中心区出现裂纹。为了避免中心裂纹,主要要使铸造速度合适。同时铸造速度要根据铸锭的直径进行选择。

除了铸造速度快的原因以外,也有铝液流分布不匀,使高温铝液过于集中流向中心区。

在重熔用铝锭收缩孔处,有时也会出现细小的裂纹,这主要由于铸锭上表面出现密集的气孔,使冷却收缩受到阻碍的原因。

17.1.4.3　气孔

在半连续浇铸铝线锭时,几乎不出现铸锭内部存在气孔的现象。即使有,也仅仅在开始浇铸时,由于底座水分未吹干,或大量的模壁润滑油受热发出的蒸气侵入半凝固的铝内,形成浅的条状气孔,范围也只限于铸锭底部,可锯掉底部以除去。

在铸造铝合金锭中气孔却经常出现。铸造用的铝合金,所加的元素较多,半凝固区域较广,因此有时铸锭的凝固并不像纯铝那样方向性强,铝合金液不但接触模子的地方开始凝固,而且接触空气的上表面也开始凝固,只是凝固进行得比较慢些,所以凝固时释放的气体出不来。另一方面在收缩时没有铝液来补充,气孔和收缩孔就藏在铸锭的表面层内。

17.2　重熔用铝锭的铸造

铸造重熔用铝锭的方法有两种:一种是直接用抬包在铸造机上浇铸,被称为"外铸";另一种是经过混合炉在铸造机上浇铸。均采用连续浇铸法。

17.2.1　抬包直接浇铸法

从电解槽里取出的铝液,用开口抬包运入铸造部以后,首先把铝液面的浮渣扒去,然后看温度情况加入适量的固体铝(目的是降低过高的铝液温度,以达到浇铸所需的温度)进行搅拌,静置数分钟以后再次扒渣,接着用天车或专用吊车在连续铸造机上(倾斜式连续铸造机)浇铸。由于无外加热源,所以要求抬包具有一定的温度,以保证铝锭获得较好的外观。如果温度过低,浇至最后会发生包嘴或底部有凝铝现象,而且过低的温度对浇铸操作也造成困难,一般夏季在690~740℃,冬季在700~760℃。

向铸造机模子里注铝液是经过一个可随着铸造机模子摆动的溜子进行的。溜子中间的流道上插一块石棉板,以挡浮渣冲入模子。注满一个模子以后,把溜子移动到另一个模子上。铸造机是不停地转动的,溜子放在铸造机浇铸端的第四个模子端部。这样可保证液流发生变化和换模时有一定的机动性。包嘴和铸造机用溜子联接。铸造机停用48 h以上时,重新启动前,要将铸模预热4 h。铝液经溜子流入铸模中,铝液表面的氧化膜可人工用铁铲除去。流满一模后,将溜子移向下一个铸模,铸造机是连续前进的。铸模依次前进,铝液逐渐冷却,到达铸造机中部时铝液已经凝固成铝锭,由打印锤打上熔炼号。当铝锭到达铸造机顶端时,已经完全凝固成铝锭,此时铸模翻转,铝锭脱模而出,落在自动接锭小车上,由堆垛机自动堆垛、打捆即成为成品铝锭。铸造机由喷水冷却,但必须在铸造机开动转满一圈后方可给水。每吨铝液大约消耗8~10 t水,夏季还需附吹风进行表面冷却。

图17-3为抬包直接向铸造机浇铸的示意图。图中4为开口抬包,由吊车挂钩2把抬包挂起,随着包内铝液的减少,挂钩要逐渐往上升起。倒铝液抬包的操作者站在包轮3旁边的操作台上,慢慢地搬动包轮,使抬包倾转,要控制铝液流量与模子1行走的速度相当。另一名操作者站在抬包对面的铸造机旁,一手提溜子把7移动溜子,另一手提铲子扒去铸锭表面的浮渣。溜子5的一端支在支架6上可以旋转,也可以拿下来,支架可直接固定在铸造机架子上。为了减少渣子产生,可在溜子里放点熔剂或食盐粉末。每块铝锭上要打上熔炼号钢印和检印,打印是用自动打印锤8进行,浇铸另外一包铝液时,印锤要换号码。如果铸造机的铸模温度高时,可用水冷却。

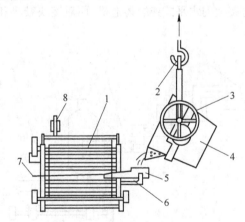

图17-3 抬包直接浇铸示意图
1—铸造机;2—吊车挂钩;3—手搬包轮;4—抬包;5—溜子;
6—支架;7—操作手柄;8—打印锤

抬包倒完铝液以后,如果包嘴有凝固铝,趁热用撬棍把它撬下,溜子也要清理,如果需要,可在溜子里刷一层滑石粉水浆。

在浇铸铝锭时,操作工人要戴上保护眼镜和手套,穿上工作服和工作靴,防止铝液遇水发生喷溅。

目前,抬包直接浇铸法主要是在铸造设备不能满足生产,或来料质量太差不能直接入炉的情况下使用。

17.2.2　混合炉浇铸法

17.2.2.1　铝液的准备

经由混合炉浇铸重熔用铝锭,是将品位相同的铝液倒进炉里,或经配料以后能得到一定品位的其他铝液倒进炉里混合后进行浇铸。如前所述,当铝液温度较高时,可用固体铝降温,降温可在抬包内进行,也可在炉内进行,但是以在抬包内进行为好。浇铸的温度控制在700～720℃。如果铝液品位相同,可以一边浇铸,一边向炉内倒铝。铝液倒满炉后,要对铝液表面进行扒渣操作。如果是液体配料,一定要等配料铝液全部倒进炉后,并进行搅拌后再进行铸锭,以免质量不均匀。向炉内倒铝液为吊车自动倒包或人力搬包。

17.2.2.2　铝液的浇铸

开始浇铸前要把塞杆、溜子和渣铲等工具准备好。然后打开混合炉流出孔的塞子,如果发现塞杆头部的石棉绳已坏,要换一个新的。如发现流孔有凝渣,要用钎子通透。如果用调流器,再把塞杆固定在调流器上。

当采用倾斜式铸造机进行浇铸时,操作与直接外铸一样。只不过包嘴换成混合炉的炉眼。炉眼与铸造机用溜子联接,溜子的流道短一些较好,这样可以减少铝的氧化,避免造成涡旋和飞溅。浇铸时,溜子对准铸造机的第二、第三个铸模,这样可保证液流发生变化和换模时有一定的机动性。

当采用水平式连续铸造机进行浇铸时,采用转盘分配铝液流,浇铸自动进行,见图17-4。该装置适用于铸造速度快和铸锭大的水平式连续铸造机,而对锭块较小和倾斜式铸造机的应用则不适宜。

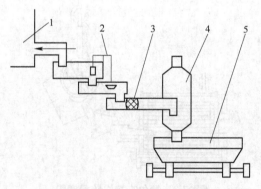

图 17-4　铝流自动分配装置图
1—混合炉;2—浮漂;3—过滤网;4—分配转盘;5—铸模

17.2.2.3　扒渣

重熔用铝锭在未凝固以前,要把表面浮渣扒去,一般由人工进行扒渣。但对生产能力较大的水平式连续铸造机来说,则可能出现来不及扒渣的现象,而使用自动扒渣机能满足这种要求。自动扒渣机每次能向两个铸模上的铸锭表面进行扒渣。扒渣机采用液压传动,渣铲能作升、降、进、退等动作,代替人力操作。与前面所说的转盘分流器相配合,用于水平式连续铸造机上,能减轻浇铸工人的劳动强度。

17.2.3 铝锭堆垛、检验及包装

铸造机的铸模依次前进,铝液逐渐冷却,到达铸造机中部时铝液已经凝固成铝锭,由打印锤打上熔炼号。当铝锭到达铸造机顶端时,已经完全凝固成铝锭,此时铸模翻转,铝锭脱模而出,落在自动接锭小车上,通过人力或堆垛机堆成5块一层共10层(或第一层4块,第二层起5块共十一层54块)的铝锭垛,然后经打捆机将铝锭垛打成四道十字交错形或井字形的钢带捆,钢带是用0.5×19 mm的软钢带,钢带接头采用点焊联接。铸造机由喷水冷却,但必须在铸造机开动转满一圈后方可给水。

在重熔用铝锭生产过程中,成品的检验由工人自检和专责检验员相结合。

合格的成品铝锭应有成分分析报告,确定品位后标上色记。

废品种类有:一个熔炼号内存在两个等级的铝锭、熔炼号不清、重量超过或不足检验标准、飞边、严重波纹和表面有堆积渣子等。

17.2.4 影响重熔用铝锭质量的因素及处理办法

17.2.4.1 铝锭成分前后不均匀

同一熔炼号的铝锭成分前后不均匀,产生的原因是由于配料时没有充分搅拌铝液,尤其是当配入固体铝锭时更容易发生。所以为避免这种现象的发生,就要充分搅拌铝液。

铝锭成分的变化会引起铸锭收缩孔的变化,所以如果在现场发现铸锭收缩孔有所变化,就要及时调整,如向炉内倒入铝液。

17.2.4.2 铝锭表面严重积渣

由于大量的氧化膜渣随铝液流进入铸模,未及时扒除,凝固后就成积渣。

产生大量氧化膜的原因是:

(1)炉子流出孔过小,使高压铝液流速增大,冲破包裹液流的氧化膜所致。

(2)铝液温度过低,使铝液和渣分离不清。

(3)从炉子流出孔出来的液流分成小股冲出,使铝液表面积增加,从而使氧化膜增多。

(4)铝液流落差过大,氧化膜经常被冲破。

(5)扒渣不净,造成表面夹渣。

为减少渣子的产生,要根据具体情况来处理。在上述第一种情况下,要把流出孔通透扩大孔径,以便铝液流出;在第二种情况下,要升高铝液温度,或是向炉内倒进高温铝液或是升高炉温;在第三种情况下,要转动一下塞子或换一个好塞子,使多股铝流变成一股;在第四种情况下,要适当提高溜子,缩短铝液流落差,或者使流道的斜坡放大一点,以减少落差。

除了上述处理办法外,还可以在流出口加些熔剂,同时在溜子的流道上插上一块石棉挡板,使氧化膜渣少产生,或有渣后不直接流入铸模,而被挡板挡住。并且要根据情况随时除去溜子中的渣子。

17.2.4.3 铝锭表面严重波纹

在铝锭铸造时,如果铝锭表面产生轻微波纹,质量检验上是允许的,这是因为连续铸造机在

不断转动的过程中以及模子的撞击,使铸造机产生一定程度的震动,从而在凝固的铝锭表面上出现一圈轻微波纹,这是不可避免的现象。

但是如果由于铸造机发生机械故障、或轨道上有凝铝、或有铝锭卡住就会引起铸造机的剧烈震动,使未凝好的铝锭表面生成严重波纹,对铝锭质量产生严重影响。出现严重波纹时,要检修铸造机或清除轨道。

17.2.4.4　铝锭飞边

铝锭产生飞边的原因:

(1) 在放出铝液流时冲击过猛,使铝液溅出锭模而凝固。

(2) 扒渣时铲子速度太快,使铝液涌出锭模而凝固。

处理飞边的办法:一是放稳铝液流,二是要在铝液未凝固以前,用渣铲把涌出锭模外的铝除去。

17.2.4.5　铝锭重量不符

一般重熔用铝锭的重量有一定的上下波动幅度范围,超过限度就要算作废品。生产上要使铸锭重量合乎要求,需从经验中积累,平时就要注意锭模中铝液的深浅程度,以准确调整铝液流,并且根据经验来估计铝锭重量。

但在自动浇铸的连续铸造机上,铝液流通过浮漂控制,流量是稳定的,铝锭重量不符的现象大为减少。

17.2.4.6　气孔

气孔的产生是由于浇铸温度过高,铝液中吸气较多,在冷却时,气体溢出就造成铝锭表面气孔(针孔)多,表面发暗,严重时甚至产生热裂纹。

17.2.4.7　裂纹

裂纹有冷、热两种裂纹。

冷裂纹是由于浇铸温度过低,致使铝锭结晶不致密,造成疏松而裂纹。

热裂纹则是由于浇铸温度偏高,铝液吸气过多而引起。

17.3　铝线锭(拉丝铝锭)的铸造

铝线锭(又称拉丝铝锭),是由竖式半连续铸造机生产出来的,这种铸造方法,铸锭受到直接水冷,可获得晶粒比较细密而无收缩孔的铸锭,是目前生产铝合金锭的重要方法。

17.3.1　炉料和工具的准备

从电解厂房运入的铝液,需经过液体和固体配料使它的成分达到要求。如果铸造纯铝线锭则要加冲淡铝液或铝—铁中间合金使浇铸铝液中的铁硅比大于1,并且要加入 Al-B 合金使铝液中的钛生成 TiB_2,钒生成 VB_2 以满足电工用铝的特殊要求;如果是铸造变形铝合金锭,则加入中间合金。然后进行净化处理,净化过程可以在炉内进行,将氮和氯(10:1)混合气体通入铝液,并使它均匀分布。净化的温度保持在 720~740℃,时间 15 min。随后再从铝液表面扒去浮渣,静置 0.5 h 后开始铸造。静置的过程也是调温的过程,如果铝液温度过低,应把炉子升温加热;如果温度过高则要打开炉门降低炉温。使铸造的铝液温度保持在 700~710℃。

正式开始浇铸以前,还必须把所用的溜子、分配盘和浮漂预先加热(半连续铸造机旁要准备一台加热炉)。在混合炉流出口附近要经常放几个塞子备用,还要放一个盛滑石粉的水箱。这是因为上述工具在预热前需要刷一层滑石粉浆水。

结晶器要检查一遍,看冷却水孔是否有堵塞情况,如有堵塞就要把孔通透。结晶器里表面如有粗糙或拉痕存在,就要用细砂纸打光,然后刷上润滑油(黄干油等)。

17. 3. 2　浇铸

浇铸过程如下:

(1)把底座水分用压缩空气吹干。

(2)把底座升入结晶器一半高度。

(3)结晶器放上分配盘,盘嘴和浮漂对准每个结晶器中心。

(4)在混合炉流孔和分配盘之间架上溜子。

(5)打开炉子流孔,使铝液流入分配盘,如果发现塞子石棉绳已坏,立即换上新的。

(6)在打开炉子流孔的同时,把冷却水开关稍稍打开点,使少量水进入冷却水套。

(7)等到分配盘铝液达三分之二高时,一起打开分配盘嘴上的塞子,使铝液进入结晶器(铝液进入分配盘前,分配盘各流孔用调流塞子堵上)。

(8)铝液流入结晶器达三分之二高时,下降升降平台同时加大冷却水量,把结晶器内铝液面上的浮渣除去,浮漂起自动调节作用,即进入正常铸造阶段。

在铝线锭的浇铸过程中,混合炉每经7~10天要清理一次,严禁一面加料一面浇铸,不准向炉中加入切头或铝屑。要经常除去溜子和分配盘内的浮渣。并且要观察结晶器内的润滑油是否缺少,如有缺少,则随时加入。

17. 3. 3　浇铸的结束

铝线锭至一定长度(3 m 或 6 m)以后,先堵住炉子流孔,再把溜子内所剩的铝液倒入分配盘内,等到分配盘内的铝液快流尽时,停止升降平台下降,并把分配盘取下清理,以备下次应用。等到铸锭浇口完全冷却后,可继续下降升降平台使铝锭退出结晶器。当铝锭退出结晶器后,关闭冷却水开关,移去水套。然后把铸好的铝锭升至一定高度,再用钢绳捆住,由专用吊车运至锯床进行锯切。同时用压缩空气吹净结晶器里外的水,把润滑油涂在结晶器内壁以备再铸。本次铸造过程即结束。

17. 3. 4　铝线锭的锯切

把铝线锭开始浇铸的端部和浇口部分去掉,锯成长 1100~1370 mm 的铸锭。在每一次铸造的铝锭中要抽出一根铝锭,把中间部位锯一片(5~10 mm 厚),作为检查中心裂纹用。然后利用辊道快速运至堆锭机处打印熔炼号,同时检查铝锭表面,发现有积渣或冷隔时要用风铲刮除,风铲应沿铝锭长度方向清除。痕迹如超过一定深度就算作废品。成品铝锭由堆垛机进行堆垛。30~120 根锭作为一个熔炼号。

17. 3. 5　影响铝线锭质量的因素及处理办法

铝线锭不可避免地要出现缺陷,有些缺陷是不允许的。缺陷无法修正的,列为废品。有的缺陷经过修正后,还能符合技术要求就定为合格品。

17.3.5.1　铝线锭的裂纹

铝线锭其裂纹多出于铸锭内部。其产生裂纹的原因及处理办法如下：

（1）与铁硅比有关。铝液的化学成分对产生裂纹的影响是显著的，尤其当铁硅比小于 1 时，在铝液内就容易产生游离态硅，这种游离态硅能增加金属热胀性，从而产生裂纹，所以铝液中的铁硅比大于 1～1.5 是防止铝线锭产生裂纹的一种有效方法。

（2）与浇铸速度和浇铸温度有关。铝线锭在冷却过程中往往产生不均匀的收缩而使金属内部产生内应力——即所谓残余应力，当内应力超过金属局部强度极限时就被拉裂，产生表面裂纹，因此要把底座的中心稍凹一些，避免因为平底收缩受阻而引起表面裂纹。而当浇铸速度与温度偏高时，就会使锭的收缩力不均衡，产生中心裂纹。所以避免中心裂纹的原则是：在操作规程允许的范围内，铝液温度处于上限，那么铸造速度要取下限；反之，铝液温度处于下限，铸造速度要取上限。

17.3.5.2　铝线锭的表面冷隔

铝线锭表面的冷隔，一般发生在四个角部，见图 17-5。因为四角的冷却强度比面部强烈，结晶器内角部铝液开始凝固而向液面伸展，因为铝液面的表面张力的缘故，所以这个液面边缘呈圆弧形的，凝固后也是这种形状，后来铸锭下降，补充的新铝液不能把凝固圆弧角熔化，就形成一圈一圈的冷隔。

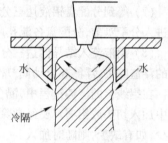

图 17-5　表面冷隔

生成冷隔的原因：

（1）铝液温度低（低于 680℃），液体被氧化皮隔开。

（2）铸造速度慢（速度小于 170 mm/min）。

（3）铝液面忽高忽低。

（4）机械震动。

（5）过量的润滑油。

因此，提高铝液温度和浇铸速度，保持铝液面平稳，操作按规程进行，能够避免冷隔的发生。

17.3.5.3　铝线锭的表面粗糙

铝线锭的表面粗糙是指表面存在疙瘩或粗砂状的密麻点。其产生的原因及处理办法如下：

（1）结晶器里表面不光滑。结晶器经过几次浇铸以后，表面出现粗糙，这是由于高温铝液的侵蚀引起的，如果浇铸铝锭，就会粘住铝，使铝锭表面产生拉痕。因此，在浇铸以前需要用砂布把结晶器里表面打磨光。

（2）结晶器表面缺乏润滑油。当结晶器表面缺乏润滑油时，铸锭表面也会产生铝锭硬壳与结晶器表面粘住，把刚凝固的硬壳拉破或使之粗糙。发生这种情况时，可添加一些加过温的润滑油，就可改善表面粗糙情况。

（3）硅含量大于铁。铝液中硅的含量大于铁时，使整个表面产生断线状的痕迹，即使加润滑油，也无法改变这种情况，只有调整铝液成分。

17.3.5.4　铝线锭弯曲

在铸造过程中，由于底座或水套发生位移，使两者不在同一条中心线上，就会使铸出的铝锭弯曲。在结晶器内的铝液水平面过低时，更易发生弯曲现象。

钢绳传动的竖式半连续铸造机,使用日久也会发生这种情况,竖井深的更易产生这种情况。因此为避免铸锭弯曲,要检修铸造底座与水套的同心情况,使两者的偏离不要太多。

17.3.5.5 铝线锭表面积渣及夹渣

铝线锭表面积渣是由于结晶器内铝液水平的上下不稳,使分配盘嘴里的液流和结晶器内铝液表面氧化膜不断破裂,来不及取出,顺结晶器壁夹在铸锭表面,形成铝锭表面积渣,这是敞露式的分配盘不可避免的现象,除用风铲清理铝锭表面渣以外,没有彻底解决的办法。

铝锭内部夹渣系指铝液中悬浮的氧化物固体颗粒等,在浇铸时进入铝锭形成的。这种夹渣通常称为一次夹渣,主要是由于炉料不清洁、氯化质量不佳、澄清时间不够等等原因所造成。另外,在浇铸的过程中,铝液表面不断被氧化并被一层氧化膜所覆盖,当液面不稳定时,就会使氧化膜破裂而进入铝锭的侧表面,如果这种氧化膜中夹有渣子,则渣子也被一起卷走形成了铝锭的另一种夹渣,称为二次夹渣。在铸锭过程中要经常向结晶器内加入润滑油,如果油内含有渣子则势必也进入铝锭内造成锭中夹渣缺陷。为了防止此种夹渣,要保持清洁的炉料,保证氯化质量,要有足够的澄清时间和排气时间,按时清炉。

17.3.6 铝线锭的检查

17.3.6.1 内部质量检查

铝锭的内部质量检查,分为成分检查和内部夹渣检查。

(1) 成分检查。取试料要在炉子流出口处,分析结果如不符合标准,则再从每一熔炼号的上、中、下层铝锭中各取一个试料进行分析,如仍不符合标准,就定为废品。

(2) 内部夹渣检查。有两种方法:一种是宏观检查,一种是超声波检查或 X 射线等无损探伤检查。宏观检查是将铝锭上、中和下三个部位切取厚度为 15 mm 左右的薄片,在车床车光使表面光滑,干净发亮不应有擦伤,加工后将试片放在光线充足之处,观察有无缺陷,如无缺陷即为合格品,如有缺陷则需放到氢氧化钠溶液中浸蚀 10 min,浸蚀后将试片放大二十倍观察,若缺陷在距试片边缘 3 mm 以外,其尺寸不大于 1 mm 者定为合格;如果缺陷小于 1 mm,但有 5 处者则定为不合格。铸锭的宏观检查比较麻烦,效率低下,观察的面积不大,其代表性也不大。而超声波和 X 射线检查和仪器检查工艺化,自动化,则可大大提高检查效率。

17.3.6.2 外部检查

铝线锭表面应平整光洁,无夹渣。气孔裂纹、冷隔的深度不能超过 2 mm,不允许表面有一圈冷隔,小的夹渣允许修整,修整时用风铲沿铝锭长度方向铲除,铲除后长度不应超过 100 mm,深度不超过 2 mm,如果深度超过要求,即定为废品。冷隔和拉痕也按此处理。铸锭有两面粗糙即为废品,一面较严重者也定为废品。铸锭表面上较密集的裂纹其长度不超过 100 mm,数量最多也不能多于 2 处,深度不超过 1 mm。锭表面裂纹可用目视检查,内部裂纹需切片。

17.3.6.3 铝线锭的晶粒度检查

为使铝线锭拉成的铝线具有优良性能,故对其坯料的粒度有严格的要求。我国铝线锭的晶粒度分为五级,大于五级者为不合格。其检查晶粒度的方法是先将试片车光后用腐蚀剂(腐蚀剂多采用 50 g 金属铜溶于密度为 1.42 的硝酸 300 mL 中)腐蚀后用水冲洗,如果冲洗不净,可放在比例为 1.42 的硝酸中浸泡 10 s 再取出,冲洗干净,观察晶粒显示,然后与标准片对照决定其晶粒度。

17.4　铸造设备

17.4.1　铸造炉

17.4.1.1　混合炉(电阻式反射炉)

A　混合炉的功能和构造

混合炉是铸造铝锭的主要生产设备之一,它的用途是混合各种不同品位的原铝液,以获得一定化学成分的铝液,并进行适当精炼和保温静置,并且也能熔化少量废铝锭。混合炉构造如图17-6所示。混合炉的热源为电阻丝发出的热量。炉容量根据铝液产能的大小确定,有10 t的,也有20 t容量或更大的。

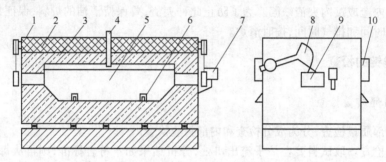

图 17-6　混合炉结构
1—钢板外壳;2—保温砖;3—耐火砖;4—热电偶;5—炉膛;6—铝液流出孔;
7—加铝液流槽;8—炉门平衡锤;9—炉门;10—电阻丝保护罩

混合炉的炉顶有异型耐火砖,供加热元件导入。加热元件一般为镍—铬电阻线圈或扁带,也有用硅碳棒作电阻元件的。炉顶中部留有一个小孔,用以插入热电偶来控制炉膛温度,炉子端部各有一个炉门和加铝液的流槽口。铝液用抬包经过流槽倒入炉内。混合炉靠近铸造机的一个侧面有铝液流出孔两个,作为浇铸时的流出孔和清炉时放干净铝液。混合炉的铝液流出孔一侧靠近铸造机。铸造重熔用铝锭的流出孔炉壳上,装有手动螺杆调流器,以控制铝液流量。

B　烤炉

新砌好的混合炉,要进行烤炉,使整个内衬充分干燥,并使炉膛砖缝里的耐火泥烧结。烤炉温度,起始宜低,以后逐渐升高,最后达到800~850℃。整个烤炉时间约10天。

因为新砌炉的内衬含有较多水分,而炉外壳由钢板包衬,水分不易蒸发。并且炉的底衬很厚(约640 mm),热传导差,因此,为使水分充分烤干,烤炉时间较长,直至最后炉膛表面砖缝耐火泥烧结为止。如果烤炉温度上升过快,大量水蒸气从炉底冒出,会使砖缝耐火泥松动,使铝液易于进入缝隙,而降低炉子保温性能。如果炉子焙烧不干,急忙投入使用,会使铝液长期含气,影响铸锭质量。

混合炉经焙烧后,可先在炉膛表面撒上一层冰晶石粉,以免铝渣粘结住。混合炉在使用前,要把各流出孔用石棉绳扎住的钎子堵住,然后倒进铝液投入使用。

C　清炉

混合炉经使用一定时间后,需要清炉。清炉以前,先在炉膛表面撒一层熔剂,把炉温升到

800℃,放净铝液,然后用长柄铲子和耙子,把炉膛四周和底部的铝渣清除干净,再撒上一层冰晶石粉。

清炉时要特别注意把流出孔的渣子清除干净。如果清除不净,使流孔过小,会造成铝液流量达不到浇铸速度,并且还会产生大量渣子。流孔过小时可用钢钎轻轻锤打,但不宜用重磅大锤使劲打击,以免砖缝松动而漏铝。也可用直流电经炭棒烧灼扩大流孔。也有把流孔耐火砖安装成易拆卸的,必要时把它换掉。

在流孔内和铝液流道上应经常撒点冰晶石粉或熔剂,这样易于清除凝铝或渣子。

D 混合炉的维护与检修

(1)避免炉顶溅上铝液。如果在混合炉内操作不注意(如扒渣和熔化少量固体铝等),把铝液溅至炉顶电阻元件上,如果这些加热元件是镍-铬电阻圈(或带),就容易把这些设施损坏,原因是溅起的铝会与镍及铬形成合金,使能耐高温的电阻元件的熔点降低而熔断;溅起的铝也有可能粘附在相邻两组电阻圈(带)上造成短路打弧光而烧断电阻元件。因此,向炉内操作时,切忌把铝液溅在炉顶上,以延长电热器的使用寿命。

(2)要及时扒渣或清炉。每熔炼一炉铝液,需扒渣一次。到熔炼一定数量的铝液后,就应进行清炉。如果不及时扒渣或清炉,时间一久就会使炉子四壁挂上的渣子,变成坚硬的固体,牢牢地与炉壁耐火砖结为一体,不能除掉也不能熔化,最后造成炉膛缩小,炉子容铝量减少,甚至流出孔堵塞,被迫停炉检修。

(3)要避免混合炉作熔炉用。混合炉的作用是混合不同品位铝液和保温静置,在炉门两端并没有设置熔化固体铝的倾斜坡台,因此它的容量较大,适宜铝液的贮存。如要加少量固体铝熔化,则要用长柄大铲把固体铝小心地送入炉中,不能随便向炉内乱扔,以免溅起铝液或碰坏炉顶异形砖。向炉内乱扔大块废铝块,也会把炉底耐火砖砸坏。

混合炉也不宜用熔剂进行精炼作业,因为熔剂所挥发的物质,同样也会腐蚀电阻元件,影响其使用寿命。

(4)避免用电热的混合炉作为烧油或燃气的炉子。因混合炉没有烟道和烟囱。

(5)要避免剧烈震打炉眼(流出孔)。炉子使用日久,流出孔缩小,处理办法前已述及。

总的来说,混合炉的优点是炉气稳定、氧化吸气小、铝液干净和劳动条件好。其缺点是炉内的铝液温度不均匀,上面高下面低;直放式的流出孔产生氧化渣子多;电热元件寿命短;螺旋式的电阻丝圈或扁带有时会从炉顶悬垂下来。

17.4.1.2 熔炼炉和静置炉

熔炼炉与静置炉,是指两个或三个熔炉和静置炉作为一组熔炼炉群,有一个熔炼炉带一个静置炉,或一个熔炼炉带两个静置炉。在设计上要考虑到熔炼能力与铸造能力相适应,在配置上熔炼炉的位置一般要比静置炉高。

熔炼炉的作用是熔化固体铝和进行精炼。把固体铝放在斜坡上,熔化后流入熔池,铝渣就留在斜坡上。熔炼好的铝液或合金液通过虹吸管或自流方式从熔炼炉转注至静置炉内。静置炉的功能与混合炉相同,主要是调整从熔炼炉出来的铝液温度和成分并对金属液起澄清作用,并且也可以进行氮—氯精炼和浇铸,因此静置炉要靠近铸造机。熔炼炉的加热方式一般以燃气或燃油为主,另外也有烧煤和电热的,是属于反射炉的一种炉形。静置炉与混合炉一样属于电阻加热反射炉,但它的容量大小要与熔炼炉相匹配。

配置熔炼炉的目的主要是为了熔化固体铝,如废锭、切头和锯屑等。如果企业没有大量废料,则不必设置熔炼炉。

17.4.1.3　工频感应炉

电流频率在 50 Hz 和 50 Hz 以下的称为工频,以这种电流频率设计而成的感应电炉称为工频感应炉,见图 17-7。工频感应炉是靠电磁转换作为热源的,容量为 0.25~1.5 t。它的工作原理是当感应线圈通入工频交流电时,装在坩埚中的金属就产生交变磁场和感应电流来加热炉料使之熔化,并使金属流动。这种炉子具有结构简单,维修方便,熔化速度快,金属化学成分均匀等优点,适宜于熔炼合金。它可与静置炉组成联合炉群,固体铝在工频炉中熔化后,注入静置炉中保温精炼和变质处理。坩埚有铸铁和石英砂打结两种。铸铁坩埚在使用时要在内壁涂刷由氧化锌、氧化钛和水玻璃组成的涂料,以保护坩埚不受侵蚀。

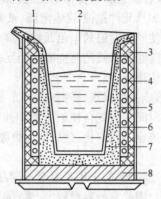

图 17-7　工频感应炉示意图

1—炉口耐火材料;2—铝液面;3—绝缘支架;4—水冷铜感应圈;5—绝热绝缘保护层;
6—坩埚炉衬;7—坩埚模子;8—耐火砖底板

17.4.2　铸造机

根据铝的用途不同,需要把电解出的铝液浇铸成重熔用铝锭、铝线锭以及配入合金元素的变形铝合金锭、铸造合金锭。把铝液浇铸成铝锭的设备就被称为铸造机。浇铸不同的铝锭需要不同的浇铸机。浇铸重熔用铝锭和铸造铝合金锭的铸造机有倾斜式和水平式连续铸造机;浇铸铝线锭和铝合金的铸造机有立式半连续铸造机和横向水平连续铸造机。先进的连铸连轧机和立式同水平半连续铸造机也已得到广泛应用。

17.4.2.1　重熔用铝锭铸造机

连续铸造机为链板式铸造机,其组成大致可分为铸模、运输、冷却、打印、脱模等几个部分。铸模是一个接受铝液并使其冷却凝固的容器,一般有数十个到一百多个,由链板穿成环状,装在倾斜或水平的支架上,由传动装置控制使其作回转运动,运动速度可调,传动装置包括调速电动机,减速器和传动链条。上、下两行铸模之间有冷却水喷射以间接冷却铸锭和铸模,或铸模在冷却水槽中行走间接加以冷却。铸模上方机架的适当地方装备一台自动打印锤,向处于高温并已凝固的铝锭表面打上表示产品熔炼号和生产日期的数码,一次可打出 7 个数码,每过一个铝锭,打印一次,打印锤由打印头、转臂和气缸三部分组成。脱模装置由气缸驱动抬起或下落脱模装置的锤击臂,从而带动锤头锤击铸模背后,使铝锭脱离,脱锭效果好坏与锤击的力量、锭块在模内的结晶状态和冷却程度有关,每过一个铸模锤击一次。

铸造机浇铸铝锭时,铝液在铸造机的一端注入移动的模子内。凝固的铝锭由铸造机另一端脱模后直接掉落在地上由人力堆垛,或通过接收装置被放到冷却运输机的链条上,被输送进水槽,进行直接水冷后再送到堆垛机上进行堆垛。进入自动堆垛机进行堆垛。由于机械化程度不同,铸模的大小和个数以及行走速度(即浇铸速度)也不相同。采用人工堆垛时,铸锭一般不超过 15 kg,铸造速度较慢。而采用自动堆垛机时,铸锭重量可为 20～22 kg,铸造速度快,产量高。

电解铝厂除生产工业纯铝锭以外,有的也生产铸造铝合金锭,这种合金锭重量为 10 kg,因此铸模也相对缩小,但是铸造机的结构与铸造重熔用铝锭的一样。图 17-8 为倾斜式连续铸造机结构。

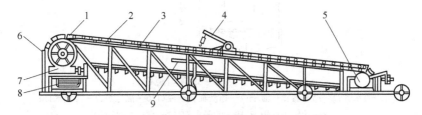

图 17-8　倾斜式连续铸造机
1—铸模;2—链板;3—轨道;4—打印锤;5—重锤;6—打杠;
7—减速机;8—电动机;9—冷却水管

新的和久不使用的铸造机开始浇铸时,需要预热铸模,新换的模子也应预热。加热的方法是用煤气火焰喷射铸模,一边使模子行走,一边加热,使铸模在温度 100～150℃下保持 1 h。如果不充分预热,一旦铸模砂眼里含有水分,注入铝液后会引起铝液飞溅,伤及人身。遇到雨天,即使隔一个班(8 h)的冷铸模,使用时也应预热。因此,要尽量不使铸模隔班使用。

铸模是生铁制成的,使用日久,会产生裂纹,就需要更换。铸模之间不要掉入铝锭,链板上也不要有凝铝,否则在铸模行走时会发生阻卡现象,影响浇铸的进行。

铸造机在使用前,用机油把链板和辊轮作一次润滑,并要试车看铸模行走是否平稳,发现问题,应及时处理。

17.4.2.2　立式半连续铸造机

立式半连续铸造机作为铸造铝线锭(又称拉丝铝锭)的设备曾被广泛使用,但是目前,横向铸造机、连铸轧机已取代它成为铸造铝线锭的主要设备。立式半连续铸造机仅用于变形铝合金锭的生产上。

立式半连续铸造机的工作原理是铝液注入铸模后,经过间接水冷和直接水冷形成铸锭,并以一定速度退出铸模。铸锭至一定长度(一般为 6 m)不能再继续进行浇铸时,重新进行另一次浇铸。一次铸锭的数量有单根或数根,甚至达几十根。

立式半连续铸造机本身由四部分组成:结晶器、水套、底座及底座升降机构,另外地面还有竖井。结构见图 17-9。

(1) 结晶器。结晶器即是铸模,是铸造机的关键部分,变换结晶器的尺寸和形状可以铸出各种不同形状的铸锭。铸锭可以有方、圆、管和板等形状。结晶器是一个由铝合金或纯铜制成的具有上述形状且套有水套的无底铸模,安装在能上下往复振动的摇臂上,以减轻拉丝阻力,避免凝壳与结晶器粘结。结晶器壁厚为 8～10 mm,铸锭直径小于 162 mm 的,结晶器高为 80 mm,铸锭直径大于 162 mm 的,结晶器高为 150 mm。浇铸时底座进入结晶器内,然后放上已经预热过的分配盘。分配盘上的流口数目与结晶器数目相一致。分配盘上的流眼,由一个用浮标控制的塞子启闭。浮标放在结晶器中的铝液表面上。然后在结晶器器壁上涂上润滑油后(有黄干油、机油、

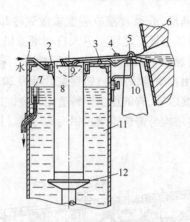

图 17-9   立式半连续铸造机

1—通水管；2—结晶器；3—溜子；4—挡渣板；5—流口；6—混合炉；7—溢流水口；
8—铸锭；9—铝液；10—溜子支架；11—水；12—托盘

动物油、植物油及油漆等）装上分配盘,然后打开水阀供冷却水,打开混合炉眼,使铝液流入分配盘内。当达到 10 mm 左右时,暂时把流眼堵住使结晶器内铝液凝固,使其冷凝成一个凹形壳做假底,以避免底座下降时因铝液来不及凝固而脱落来。然后重新打开分配盘上堵住的塞子。待铝液上升接触浮标后,便可进行自动控制的连续浇铸。在连续不断的浇铸过程中,要经常向铝液与结晶器壁之间加入润滑油,以保持所铸铝锭表面光滑。同时经常清除分配盘内和结晶器内铝液上面的浮渣,同时保证铝液在分配盘内水平面的稳定。以避免线锭表面产生打皱及内部混合夹渣。随着底座的下降,凝固的铝锭被带出结晶器从而得到一整条的线锭,其线锭的长度约 6 m,一次可浇铸 8~12 根。浇完一次后即用电葫芦将铝锭吊出再送到自动圆锯床切割,然后到自动堆垛机进行堆垛。堆垛时每层 10 根,堆 12 层,共 120 根线锭为一垛,堆垛整个过程是半自动化的。

（2）升降机构和底座。结晶器是无底铸模,浇铸之前,把底座从下口插入结晶器内作为模底。底座由纯铝或铝合金制成,周围形状和尺寸与铸锭横断面一样,高度比结晶器的高度稍高一点,插入结晶器的一端面带着一个凹穴或小孔,以便托住铸锭或拉住铸锭,在底座的另一端与升降机的重锤平台相连接,靠升降机构底座在结晶器下方作上升或下降运动。

升降机有卷扬、丝杠和液压传动等形式,但以卷扬传动较为方便。

（3）竖井。竖井为混凝土制成的井筒,深度按实际需要而定,一般在 9 m 左右。井筒壁上装有四根滑杆作为升降平台的滑道。井筒的中上部有下水道孔。井筒使用日久会堆积铝渣或凝铝,影响下降深度,因此要及时清理。

17.4.2.3   横向连续铸造机

立式半连续铸造机中的结晶器的口是在同一水平面上的,铸锭由垂直方向拉出。而横向连续铸造机的结晶器口是在同一垂直面上的,铸锭由横的方向拉出,因此有时称它为卧式铸造机或水平铸造机。

横向连续铸造机用于铸造直径 200 mm 以下纯铝锭、管锭、变形软铝合金锭以及导电用母线等,这种设备不用挖井,不要专用的起重设备而且可以连续铸造,设备比较简单。

横向连续铸造机由三个部分组成:结晶器和冷却系统、拉引系统和同步圆锯。每次可铸造一根或数根铸锭。横向铸造机的设备连接示意图见图 17-10。横向铸造机浇铸示意图见图 17-11。

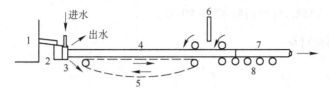

图 17-10 横向铸造机的设备连接示意图

1—静置炉;2—铝液槽;3—结晶器;4—铸锭;5—引链;6—同步锯;7—引锭;8—导轮

横向连续铸造机的浇铸过程是先用引锭插入结晶器,插入的一端开一个引锭口,铝液在这里凝固后由引锭拉出,引锭先由一条链子拉出,经过压紧引轮后,铸锭由压紧引轮拉出再由同步圆锯切断,引锭可从铸锭上卸下。

横向连续铸造机的结晶器,同样是一个关键部件,结晶器的高度却很短,只有 30~40 mm,结晶器的进料口紧紧与铝槽连在一起,因此在进料口周围都要用良好的保温材料衬上,结晶器内壁衬上石墨套,石墨套外再衬上一层硅酸铝纸垫,并涂上黄干油。结晶器结构见图 17-12。

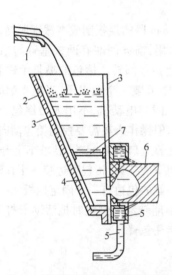

图 17-11 横向连续铸造机浇铸示意图

1—静置炉流口;2—中间罐;3—石棉或镁砂衬里;
4—喇叭碗;5—结晶槽;6—铸锭;7—浇口

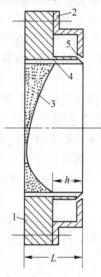

图 17-12 横向连续铸造机的结晶器结构

1—结晶槽内套;2—结晶槽外套;3—喇叭碗;
4—石棉板;5—冷却水喷嘴

17.4.2.4 连铸连轧机

连铸连轧机主要用于生产直径 $\phi9$ mm 的导电线坯,其工艺流程见图 17-13。其中连铸机由结晶轮、导轮、钢带冷却和传动系统等几个部分组成。铸模是一个带凹形紫铜圆环,外包钢带形成铸腔,一边转动一边浇铸,铸模喷水进行强制冷却,使铝液温度迅速下降成为固体。铸出的是一条断面呈梯形的连续铝杆,再经多辊轧机轧制,出来即为直径 $\phi7~9$ mm 的线坯铝杆,可绕成卷,作为冷拉线材。

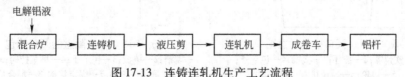

图 17-13 连铸连轧机生产工艺流程

浇铸温度 700~730℃,轧制温度 420~450℃。

17.4.3　铸造的辅助设备

17.4.3.1　堆垛机

堆垛机是一个将从冷却运输机送来的铝锭按照事先设计好的程序进行堆垛的自动化装置。主要由横向辊道、废锭排除机构、铝锭翻转机构、履带输送机、托钩、顶锭机构及记数机构组成。整个功能可分为牵引、翻转、整列和堆垛等部分。脱模的铝锭经堆垛机自动堆成共 11 层 54 块（第一层为 4 块）的铝锭垛。

17.4.3.2　圆锯床

锯切铝线锭用的设备是圆锯床。有人工操作和液压控制两种。

17.4.3.3　开口抬包

开口抬包是盛装铝液的设备。电解槽出来的铝液可用真空出铝包直接运往铸造部门,也可把真空包内的铝液倒入开口抬包,再运往铸造部门。

图 17-14 为常用开口抬包示意图。抬包的外壳由 5 mm 厚的钢板围成半截锥形桶,内面砌耐火砖。它有能转动的横梁,中部有挂环供吊车挂钩吊起用,横梁两端有两根垂臂与抬包转轴相连,一根转轴上装一台减速机,减速机可通过包轮搬动使抬包倾转。抬包的嘴是生铁制成的,可以更换。为了安全起见,抬包口梁与减速机相接的梁臂附近装一个包卡子,当包立起时,卡子把梁臂卡住,以免包梁倒下伤人。改进的开口抬包,减速机附有电动机,不用人力倒包。只要在使用抬包附近的地方装上电气插座,靠电机转动实现倒包,但操作人员需要控制抬包动向。

另一种改进的开口抬包不设减速机,而在抬包一侧的上口装上配重,靠吊车上升实现倒铝液,结构示意图见图 17-15。在混合炉流槽旁装有两个向下的挂钩,抬包嘴边装一个挂环,它能套住挂环钩。在包嘴对面安设一个合适的配重。在梁臂一侧的包边有一个固定挡板和一个活动包卡,包梁立起时,包臂由固定挡板和活动卡子卡住使它不能转动。倒包时把活动卡打开,包梁可以转动。倒完铝后,由配重把抬包摆正,再用活动卡子卡住包臂。

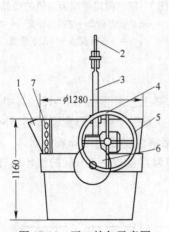

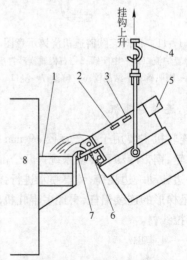

图 17-14　开口抬包示意图　　　　　图 17-15　一侧配重的开口抬包
1—生铁包嘴;2—挂环;3—横梁;4—包卡子;　　1—溜槽;2—挡板;3—包卡子;4—吊车挂钩;5—抬包
5—包轮;6—减速机;7—螺丝　　　　　　　　配重;6—挂环;7—固定挂钩;8—混合炉

17.4.3.4　自动打印锤

铝锭上打熔炼号和年、月、日等需要用打印锤来打印。目前电解铝厂都采用了自动打印锤，由铸造机链板的辊轮带动打印，安装情况见图17-16。图中螺帽1是调整印锤5倾角式仰角用的，弹簧2是印锤复位用，固定孔板3是供调整螺杆4伸缩用的。齿轮形式的数字片，可转动换号。

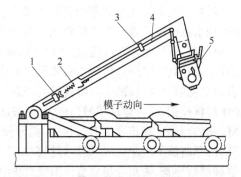

图 17-16　自动打印锤装置示意图
1—螺帽；2—弹簧；3—固定孔板；4—调整螺杆；5—印锤

17.4.3.5　自动打捆机

半自动气动打捆机安装在堆垛运输机的上方，用钢丝绳吊装在弹簧式的平衡器下面，可沿其工字形轨道移动，能在堆垛运输机的全长范围内工作。铝锭垛的打捆沿纵向捆一道，横向捆两道的井字形（或纵向捆一道，横向也捆一道的十字形）的方式进行。气动打捆机由人工直接操作，钢带进行拉紧，锁扣和切断是由打捆机来完成的。

复习思考题

17-1　混合炉操作时要注意哪些事项？

17-2　混合炉清炉的目的是什么？

17-3　重熔用铝锭铸造时的结晶机理是怎样的？铸造时易出现哪些影响铝锭质量的现象？

17-4　铝线锭铸造时的结晶机理是怎样的？铸造时易出现哪些影响铝锭质量的现象？

18 预焙阳极组装

炭素厂焙烧好的阳极炭块需要被送到阳极组装车间进行组装后,才能用于电解生产。阳极组装车间的主要工作是将磷生铁水浇铸在阳极导杆末端钢爪与炭碗之间的缝隙中,使之连接在一起,构成炭块组。炭块组有单块组、双块组和三块组,这要根据电解槽设计的需要而定。

预焙阳极炭块组由三部分组成:阳极铝导杆、铸钢爪头和预焙炭块。铝导杆采用铝合金材质制造。铝导杆要平直光滑,表面氧化膜要少,以减小与阳极母线表面的接触压降。铝导杆与铸钢爪头之间通过特制的铝钢爆炸焊块连接,这种焊块机械强度大,而表面接触电阻很小。

铝导杆与钢爪是能循环使用的部件。在正常生产过程中,铝导杆可能会发生机械碰撞而弯曲、钢爪被电解质熔化、钢爪向内弯曲插不进炭碗里、爆炸焊接合面开裂等情况,所以在重新用于浇铸阳极之前,必须进行整修和严格检查,否则会造成整体阳极炭块组报废,不仅浪费很大,而且影响生产。检验合格的铝导杆钢爪组应符合绪论 Bd(3)的要求。

表面腐蚀老化严重的铝导杆、烧损严重的钢爪或烧损后变短的钢爪均应报废不再修理,标上报废字样返回拆卸淘汰。符合修理范围的钢爪和铝导杆,要进行电焊补焊或校直,钢爪补焊后要手工修磨,修磨后达到表面光滑,符合要求。

浇铸料磷生铁的成分对于铸造性能以及钢—炭接触点压降影响很大。所以要求磷生铁流动性好、热膨胀性强和比电阻低,并且为拆卸容易也要求其在冷态下易脆裂。

磷生铁常规控制的化学成分是碳、硅、锰、磷、硫五大元素,其各自对铸铁的影响如下:

碳:可调整铁水温度;使铸铁膨胀从而抵消冷却时的体积收缩;导电性能好。

磷:收缩性最小;流动性好;冷脆好打。

锰:能增加铸铁的收缩,使铸铁膨胀性变差;有脱硫作用,生成的硫化锰进入渣中;所以铸铁中的锰既有益处又有不利之处,要控制其在铸铁中的含量。

硅:可减少铸铁的收缩。

硫:对铸铁具有热脆性;且硫多铁水流动性变差,易造成气孔收缩缺陷和热裂;硫能增加铁—碳间的压降。所以要尽量减少硫的含量。

浇铸料磷生铁的质量标准见绪论 Bd(4)。

生产磷生铁的原料有铸造用生铁(质量标准见表 18-1)、铸造用锰铁(质量标准见表 18-2)、铸造用硅铁(质量标准见表 18-3)、铸造用磷铁(质量标准见表 18-4)。

表 18-1 铸造用生铁质量标准

牌　　号	Si/%	Mn/%	P/%	S/%
铸 35	3.25 ~ 3.75	0.5	0.1 ~ 0.2	≤0.04
铸 30	2.75 ~ 3.25	0.5	0.1 ~ 0.2	≤0.04

表 18-2 铸造用锰铁质量标准

牌　　号	Mn/%	C/%	Si/%	P/%	S/%
FeMn80C0.7	80 ~ 85	0.5	≤2.0	≤0.3	≤0.02

续表 18-2

牌 号	Mn/%	C/%	Si/%	P/%	S/%
FeMn78C1.0	78~85	1.0	≤2.0	≤0.3	≤0.02
FeMn75C1.5	75~82	1.5	≤2.0	≤0.3	≤0.02

表 18-3　铸造用硅铁质量标准

牌 号	Si/%	Cr/%	P/%	S/%	Mn/%
Si75	72~80	≤0.5	≤0.04	≤0.02	≤0.5
Si45	40~47	≤0.5	≤0.04	≤0.02	≤0.7

表 18-4　铸造用磷铁质量标准

牌 号	P/%	Si/%	C/%	S/%	Mn/%
FeP18	17.0~20	≤3.0	≤1.0	≤0.5	≤2.5
FeP16	15.0~17.0	≤3.0	≤1.0	≤0.5	≤2.5

在浇铸磷生铁之前,钢爪应预先在石墨浆液内浸沾,其作用有以下三点:

(1) 防止铸入铁水时钢爪被侵蚀。

(2) 改善钢爪与铸铁之间的接触状态,有利于导电。

(3) 有利于拆卸时的磷生铁脱落。

组装好的炭块组表面有时被喷上一层铝,目的是减少炭块在电解槽上的氧化损失。

熔化生产磷生铁的设备可用冲天炉或工频感应电炉。对磷生铁的制造工艺本书不再做进一步的介绍。

复习思考题

18-1　预焙阳极炭块组有哪几部分组成?

18-2　浇注料磷生铁中五大元素对阳极组装各有什么作用?

19 电解槽的砌筑

19.1 铝电解槽的砌筑材料

19.1.1 耐火材料

铝电解槽砌筑用的耐火材料有传统的耐火砖和新材料干式防渗料(干式防渗料的理化性能见11.3.7.1)。

铝电解槽内衬的耐火砖采用酸性耐火材料——耐火黏土砖,是含 Al_2O_3 为30%~48%(质量)的硅酸铝质耐火制品。其特点是具有良好的热振稳定性(耐急冷急热性)及较强的抗酸性物质侵蚀的能力,非常适合电解槽工作条件下的使用。其尺寸有 230 mm × 113 mm × 65 mm 和 170 mm × 113 mm × 65 mm 两种规格。其理化指标见表19-1。

表 19-1　耐火黏土砖的理化指标

理 化 指 标	牌　号		
	(NZ)—40	(NZ)—35	(NZ)—30
氧化铝含量/%(不小于)	40	35	30
耐火度/℃(不低于)	1730	1670	1610
0.2 MPa 荷重软化开始温度/℃(不低于)	1350	1300	1300
重烧线收缩/%(1400℃2 h,不大于)	0.7		
重烧线收缩/%(1350℃2 h,不大于)		0.5	
重烧线收缩/%(1300℃2 h,不大于)			0.5
常温耐压强度/MPa(不小于)	25	25	20

表中指标的概念释义:

耐火度:耐火材料在无荷重时,抵抗高温作用而不熔化的性能。是表征耐火材料耐高温性能的指标。

荷重软化开始温度:耐火材料在高温和恒定荷重作用下,产生不同程度变形的对应温度。是表征耐火材料高温结构强度的指标。

重烧线收缩:是指耐火材料在受热或冷却时产生的可逆的热胀冷缩性能。

常温耐压强度:是指耐火材料单位面积上所承受的最大极限压力。

19.1.2 保温材料

铝电解槽采用的保温材料有硅藻土保温砖、石棉板和微孔硅酸钙板。

硅藻土保温砖的特点是残余收缩小。其用于铝电解槽槽底1000℃以下的部位。其尺寸有 250 mm × 123 mm × 65 mm 和 230 mm × 113 mm × 65 mm 两种规格。其理化性能见表19-2。

表 19-2 硅藻土保温砖的理化性能

级 别	耐火度 /℃	体积密度 /kg·m⁻³	显气孔率 /%	耐压强度 /MPa	不同温度的导热系数		热膨胀系数
					温度/℃	导热系数 /kJ·(m·h·℃)⁻¹	
A	1280	500±50	78.25	0.5	50	0.293	0.9×10⁻⁶
					350	0.514	
					350	0.627	
B	1280	500±50	78.25	0.7	50	0.34	0.94×10⁻⁶
					350	0.573	
					350	0.69	
C	1280	500±50	73.14	1.1	50	0.397	0.97×10⁻⁶
					350	0.585	
					350	0.769	

石棉板是用石棉和粘结材料制成的板状保温绝缘材料,用于铝电解槽的底部内衬保温及绝缘。其理化指标为:烧失量不大于18%;含水率不超过3%。其结构和厚度必须均匀,表面光滑。其尺寸为1000 mm×1000 mm,厚度1~20 mm。

微孔硅酸钙板具有容重轻、导热系数低等性能特点。其规格为610 mm×300 mm×65 mm。目前新建槽一般都采用了这种保温材料。其理化指标见表19-3。

表 19-3 微孔硅酸钙板的理化指标

项 目	指 标
抗压强度/MPa	≥0.5
抗折强度/MPa	≥0.3
线收缩率(650℃)/%	≤2
含湿率/%	<4
导热系数(常温)/kJ·(m·h·℃)⁻¹	≤0.2
导热方程式/kJ·(m·h·℃)⁻¹	$0.20064 + 0.00054\,t$
最高使用温度/℃	650

19.1.3 胶结料

电解槽砌筑所用胶结料有碳胶泥和石棉水玻璃腻子。

碳胶泥用于侧部炭块的粘结,其理化指标见表19-4。

表 19-4 胶结泥的理化指标

项 目	固定碳/%	灰分/%	挥发性/%	20℃下针入度
数 据	≥50	≤5	≤45	450~650

石棉水玻璃腻子用于阴极钢棒窗口的密封。其由石棉绒和水玻璃配制而成,配比为:石棉

绒：水玻璃 = 5：1。要求水玻璃的密度在 1.36 ~ 1.38 g/cm³，模数在 2.8 ~ 3.0（模数 M 是指水玻璃中氧化硅与氧化钠的物质的量之比，即分子比）。

19.1.4 阴极糊料

铝电解槽的阴极和侧部炭块间缝隙用专用糊料进行扎固。铝电解用阴极糊料的理化性能见表 19-5。

表 19-5 铝电解用阴极糊料的理化指标（YS65—93）

牌　　号	灰分/%	电阻率 /$\mu\Omega \cdot m$	挥发分 /%	耐压强度 /MPa	体积密度 /g·cm⁻³	真密度 /g·cm⁻³
	≤			≥		
BSZH	7	73	7 ~ 11	17	1.44	1.87
BSTH	7	73	8 ~ 12	18	1.42	1.86
BSGH	4	73	9 ~ 13	25	1.44	1.87
BSTN	5		≤50			
PTRD	10	75	9 ~ 12	18	1.40	1.84
PTLD-1	12	95	≤12	18	1.42	1.84
PTLD-2	10	90	≤10	20	1.42	1.84

铝电解用阴极糊产品用途、施工温度见表 19-6。

表 19-6 铝电解用阴极糊产品用途、施工温度表（YS65—93）

分　类	牌　号	名　　称	使 用 部 位	施工温度/℃
第一类	BSZN	半石墨 周围糊	填充底部炭块与侧部炭块接缝及耐火砖等之间较宽缝隙	110 ± 10
	BSTN	半石墨 炭间糊	填充炭块与炭块之间缝隙	110 ± 10
	BSGN	半石墨 钢棒糊	填充阴极钢棒与炭块之间缝隙	110 ± 10
	BSTN	半石墨 炭胶泥	填充侧部炭块之间较小缝隙	110 ± 10
第二类	PTRD	普通热 捣糊	填充炭块与炭块之间缝隙	130 ~ 140
第三类	PTLD-1	普通冷 捣糊	用于铝电解槽垫层，填充炭块与炭块、炭块与炉壳间缝隙或小型电解槽的整体槽衬	25 ~ 50
	PTLD-2	普通冷 捣糊	用于电解槽阴极燕尾槽的接缝	25 ~ 50

注：1. BSZH、BSTH、BSGH、BSTN 4 个牌号的产品与铝电解用半石墨阴极炭块配套使用。

2. PTRD 这一牌号的产品与铝电解用普通炭块配套使用。

19.1.5 阴极炭块和侧部炭块

对铝电解用阴极炭块和侧部炭块有理化性能和外观两方面的要求。

19.1.5.1 理化性能要求

能用于铝电解槽底部阴极和侧部的炭块有半石墨质、石墨化和普通炭块等几种，其理化性能分别见表 19-7 ~ 表 19-10。

表 19-7 铝电解用半石墨质底部阴极炭块理化性能

牌 号	灰分/%	电阻率/μΩ·m	耐压强度/MPa	体积密度/g·cm⁻³	真密度/g·cm⁻³
	不大于			不小于	
BSL-1	7	40	32	1.56	1.90
BSL-2	8	45	30	1.54	1.87

表 19-8 铝电解用半石墨质侧部炭块(含角部炭块)

牌 号	灰分/%	耐压强度/MPa	体积密度/g·cm⁻³	真密度/g·cm⁻³
	不大于		不小于	
BSL-C	8	31	1.56	1.90

表 19-9 铝电解用石墨化阴极炭块理化性能

牌 号	灰分/%	电阻率/μΩ·m	耐压强度/MPa	体积密度/g·cm⁻³	真密度/g·cm⁻³
	不大于			不小于	
一级	0.8	15	20	1.56	2.20
二级	1.0	20	18	1.54	2.18

表 19-10 铝电解用普通阴极炭块理化性能

牌 号	灰分/%	电阻率/μΩ·m	耐压强度/MPa	体积密度/g·cm⁻³	真密度/g·cm⁻³
	不大于			不小于	
BSL-1	8	55	30	1.54	1.88
BSL-2	10	60	30	1.52	1.86
BSL-3	12	60	30	1.5	1.84

19.1.5.2 外观要求

底部炭块的外观要求为:

(1) 炭块表面应平整,加工后表面的锯痕深度≤10 mm。

(2) 不允许在工作表面和加工槽内表面有裂纹、疏松、空穴。

(3) 掉角周长≤100 mm,工作面上的缺陷长度≤50 mm。

(4) 掉棱周长≤100 mm,工作面上的缺陷长度≤20 mm。

(5) 面缺陷的周长≤100 mm,深度≤5 mm。

(6) 一个面上的裂纹累计长度≤60 mm,宽度≤0.5 mm。

(7) 不允许在炭块表面有跨棱、跨角的裂纹存在。

(8) 炭块表面长度上的弯曲度≤5 mm。

(9) 钢棒槽中心线误差≤4 mm。

侧部炭块的外观要求为:

(1) 炭块表面上的掉块及缺陷,其长度、宽度≤70 mm,深度≤15 mm。

(2) 炭块缺棱、缺角,其长度、宽度≤50 mm,深度≤20 mm,只能有一处。

(3) 跨角裂纹宽度≤0.5 mm;其长度不超过总长的15%。

（4）跨棱裂纹宽度≤0.5 mm，其长度≤50 mm。

（5）炭块表面要清洁、平坦、光滑，无沟槽、空穴、分层及夹杂物。

19.2 铝电解槽的砌筑

电解槽的砌筑方法和所用材料根据槽型的不同有所不同，例如边部下料的电解槽，侧部保温需要加强。但中间下料预焙槽边部不下料，边部有宽厚的槽帮能起到一定的保温作用，因此中间下料预焙槽的侧部可以不砌保温砖，这样有利于边部伸腿的形成。由于中间下料预焙槽已成为当今电解铝生产的主流槽型，所以本章仅介绍该槽的砌筑情况。

当电解厂房建筑施工完毕后，按设计图纸，找出槽基的中心线与轮廓线，开始浇铸混凝土基础，在混凝土基础上再砌有钢筋结构的耐火水泥砖垛，耐火砖垛分为支撑母线砖垛和支撑槽壳砖垛。砖垛上垫衬有钢板和绝缘板。然后将预先制好的槽壳吊装在耐火砖垛上。

槽壳安装好后，开始进行槽底内衬的砌筑。首先在槽底板上铺一层氧化铝粉（<2 mm）找平，然后铺以硅酸钙板（新型微孔硅酸钙板是一种新型隔热保温材料），板与板之间的接缝要小于1 mm，并用氧化铝粉填充。然后在其上干砌两层轻质保温砖，可砌到槽壳四周不留伸缩缝，第一层上铺以氧化铝粉找平，两层之间立、卧缝应错开，所有砌缝小于0.5 mm，并用氧化铝粉填充。保温砖砌好后，铺以30~100 mm厚的氧化铝粉。随后在氧化铝粉上湿砌两至三层耐火砖，其缝隙小于2 mm，并也要互相错开，耐火砖层四周要留伸缩缝30~70 mm。砌完后，将表面泥浆清理，用2 m靠尺检查水平误差，平面度误差小于3 mm。

如果采用先进的干式防渗料时，则可在保温砖表面直接铺设干式防渗料，并用平板振动器压实，分两层完成，第一层压缩高度为110 mm，第二层压缩高度为160 mm，完毕后，表面水平误差<2 mm。然后开始底部炭块的砌筑。

底部通长炭块的安装从出铝端开始安装，安装结束进行炭块间缝的调整，使之符合规定。调整完毕后用水玻璃和石棉绒塞好炭缝，不准移动，并用专用塑料布将炭块盖好以防止其他杂物进入炭缝内。用密封料（石棉水玻璃腻子）堵塞阴极窗口，堵时需从两侧向中间堵塞，一定要密实。

底部炭块安装完毕后，即开始浇注耐火防渗浇筑料，轻质耐火浇注料用于槽的两小头，低水泥耐火浇注料用于两大面的浇注，为的是在阴极棒周围保证严密（防渗浇注料可大大减缓融体侵蚀速度及反应量，在振实密度相对较低的情况下，还能形成一层厚1~15 mm的霞石防护层，能很好地阻止冰晶石的侵蚀）。在48 h后，在浇注好的混凝土上湿砌侧部耐火砖，卧缝<3 mm，立缝<2 mm，表面水平误差<2 mm。随后砌筑侧部炭块，炭块与槽壳之间应预留出40 mm左右伸缩缝，其中填充耐火颗料（氧化铝粉），第一次填充420 mm深，其余待扎固完毕后再填满填实。侧部炭块砌筑采用干砌后抹缝的方法，即先砌炭块然后用温度为50~70℃的炭胶泥填充所有炭缝，卧缝<3 mm，立缝<0.5 mm。目前有用性能优良的氮化硅结合碳化硅材料代替原先侧部炭块的趋势，以提高电解槽的使用寿命。

扎固是将炭块间的立缝、周围缝用炭素糊料扎固填充，使其在焙烧时经过烧结变成烧结体将炭块连接起来，形成一个整体。在扎固前，将槽内清理干净，然后将槽底加热，加热时间冬季不少于12 h，夏天不少于10 h，温度冬季120~150℃，夏季100~120℃。扎固共分八层进行，每层铺糊厚度80 mm，每层扎完后厚度为50 mm，扎完第八层后，再扎一层炭帽，使其高出阴极炭块5 mm，并向每边宽出2 mm。注意帽的两侧与炭块接触处，一定要扎好，做到无缝隙、无毛边。扎固时风压为0.56 MPa。槽底扎固完毕后，将侧部炭块上部与槽沿板间的缝隙也以底糊扎固。注意不要碰动侧部炭块。

砌好的内衬结构可参见图3-8。

20　电解铝生产的废水、废渣处理

电解铝生产的"三废"中,烟气处理已在第14章作过介绍,本章主要介绍废水和废渣的处理。

20.1　废水处理

电解铝厂用水主要是冷却用水。其中整流所、空压站和阳极组装的循环冷却水在使用前后只有温差的变化,冷却塔冷却后可直接循环使用,不需排放。铸造车间冷却水含有少量铝渣及油质,需要先经除油沉淀池除去油质后,再由冷却塔冷却后再循环使用。除了上述设备的冷却用水是循环使用外,电解铝厂的其他用水是需要排放的,其中有分散的用水量较小的风机等设备的冷却用水、锅炉排污、化验室排水等,但是排放量少,并且这些废水均符合直接排放的水质要求。

20.2　废渣处理

电解槽大修时需排出一定量的大修渣,其主要成分是电解槽侧部、底部的废炭块(45%左右)与耐火材料(20%左右)以及残留渗透的电解质沉积层(20%左右)。该渣含有一定量的氟化物,约含有1/3的氟化盐。据测定,该渣各组分中除底部保温砖外,其余各组分的浸出液中氟浓度均超过50 mg/L,混合样浸出液中氟浓度高达1808 mg/L以上,远超过50 mg/L。根据《危险废物鉴别标准》(GB5085.1—5085.3—1996),电解槽大修渣属于危险废物。

一个年产10万吨的电解铝厂,电解槽一般大修期约为4年,则每年大修排出的废渣约为2000 t。因此如何处理和回收废炭块中的碳及氟化盐,也是电解铝生产综合利用的内容。废弃炭素内衬的处理通常有三种方法。

(1)浮选法。浮选法的原理是利用液体对磨细的固体物质湿润性的差异而将炭粒和电解质分开。所用液体为水和某种浮选剂(如松节油等)。在浮选过程中利用机械搅拌产生气泡,使炭粒附在气泡表面被浮起,而电解质却不能,从而将两者分开。

(2)化学法。把废炭块破碎成3 mm的细粒,用0.66%的碱液(如NaOH)溶液,使电解质溶解,分离炭粒后的溶液用于合成冰晶石。

(3)配入法。把废炭块磨细,以少量渐次地配入阳极块或阳极糊内(在不影响质量的前提下)。电解时,这部分氟化盐就进入电解质。

(4)堆场堆放。通过设立具有防渗层的渣场堆放点来堆放大修渣。这是在没有上述设备情况下,所采取的临时措施。

参 考 文 献

1　邱竹贤主编.铝电解.北京:冶金工业出版社,1988
2　邱竹贤编著.预焙槽炼铝(修订版).北京:冶金工业出版社,1988
3　杨重愚主编.轻金属冶金学.北京:冶金工业出版社,1993
4　林玉胜主编.铝电解.延吉:延边大学出版社,2002
5　铝电解专业委员会 2004 年学术交流会论文集(内部资料)
6　铝电解专业委员会 2005 年学术交流会论文集(内部资料)
7　王明海主编.钢铁冶金概论.北京:冶金工业出版社,2001

冶金工业出版社部分图书推荐

书　名	作　者	定价(元)
钢铁冶金原理(第4版)(本科教材)	黄希祐　编	82.00
冶金与材料热力学(本科教材)	李文超　等编	65.00
冶金设备(第2版)(本科教材)	朱　云　主编	56.00
冶金设备课程设计(本科教材)	朱　云　主编	19.00
有色金属真空冶金(第2版)(本科国规教材)	戴永年　主编	36.00
有色冶金化工过程原理及设备(第2版)(本科国规教材)	郭年祥　主编	49.00
有色冶金炉(本科国规教材)	周子民　主编	35.00
重金属冶金学(第2版)(本科教材)	翟秀静　主编	55.00
冶金工厂设计基础(本科教材)	姜　澜　主编	45.00
能源与环境(本科国规教材)	冯俊小　主编	35.00
物理化学(第2版)(高职高专国规教材)	邓基芹　主编	36.00
物理化学实验(高职高专教材)	邓基芹　主编	19.00
无机化学(高职高专教材)	邓基芹　主编	36.00
无机化学实验(高职高专教材)	邓基芹　主编	18.00
冶金专业英语(第2版)(高职高专国规教材)	侯向东　主编	28.00
金属材料及热处理(高职高专教材)	王悦祥　等编	35.00
火法冶金——粗金属精炼技术(高职高专教材)	刘自力　主编	18.00
火法冶金——备料与焙烧技术(高职高专教材)	陈利生　等编	18.00
火法冶金——熔炼技术(高职高专教材)	徐　征　等编	31.00
火法冶金生产实训(高职高专教材)	陈利生　等编	18.00
湿法冶金——净化技术(高职高专教材)	黄　卉　等编	15.00
湿法冶金——浸出技术(高职高专教材)	刘洪萍　等编	18.00
湿法冶金——电解技术(高职高专教材)	陈利生　等编	22.00
湿法炼锌(高职高专教材)	夏昌祥　等编	30.00
湿法冶金生产实训(高职高专教材)	陈利生　等编	25.00
氧化铝制取(高职高专教材)	刘自力　等编	18.00
氧化铝生产仿真实训(高职高专教材)	徐　征　等编	20.00
金属铝熔盐电解(高职高专教材)	陈利生　等编	18.00
铝冶金生产操作与控制(高职高专教材)	王红伟　等编	42.00
金属热处理生产技术(高职高专教材)	张文丽　等编	35.00
金属塑性加工生产技术(高职高专教材)	胡　丽　等编	32.00
稀土冶金技术(第2版)(高职高专国规教材)	石　富　主编	39.00